TABLE
COORDINATE

WEDDING & PARTY

테이블 코디네이트 _웨딩 앤 파티

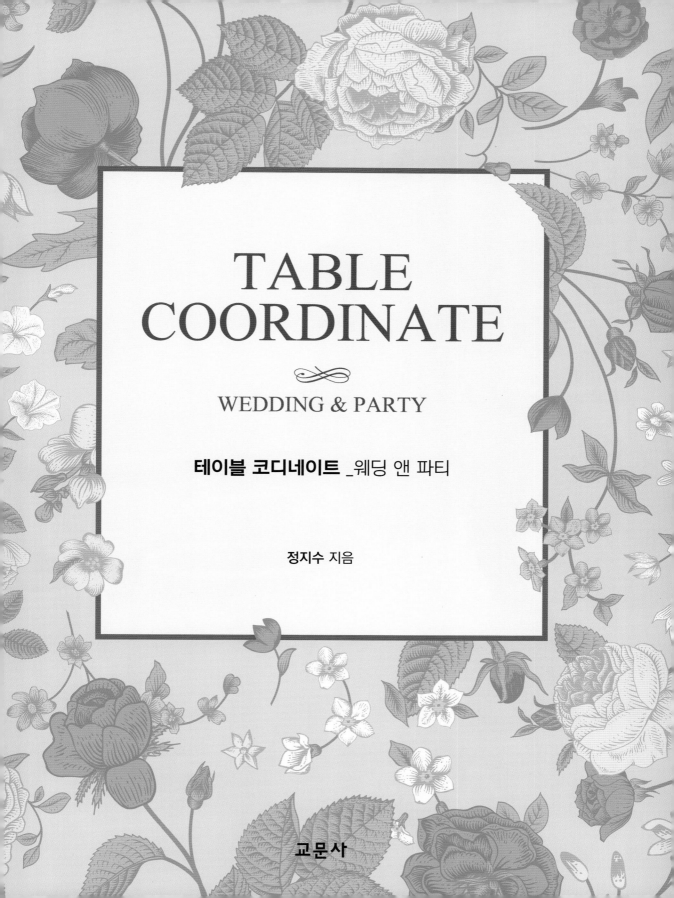

TABLE
COORDINATE

WEDDING & PARTY

테이블 코디네이트 _웨딩 앤 파티

정지수 지음

교문사

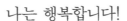

나는 행복합니다!

테이블 코디네이트는 새로운 정서와 소통을 주는 흥미로운 작업이며, 아름답게 연출된 테이블을 볼 때마다 설렘을 느끼고 사랑하게 됩니다. 2000년 미국에서의 웨딩 & 파티 플래너의 생활을 뒤로 하고 우리나라에서 새로운 트렌드의 파티 문화를 처음 알리게 되면서 보람과 기쁨은 배가 되었습니다. 수많은 학생들을 가르치는 교수가 된 지금도 테이블 코디네이트는 저에게 소통이고 자유입니다.

이 책은 테이블 코디네이트의 기초 지식과 웨딩과 파티 분야에서도 쉽게 응용해 볼 수 있는 테이블 연출 기법을 설명하고 있습니다. 테이블 코디네이트 개요를 중심으로 테이블 코디네이트 역사, 테이블 이미지, 플라워, 색채 등 식공간 연출 작업을 실현하면서 반드시 필요한 지식과, 파티와 웨딩의 개념을 이해하고 연구하여 수준 높은 테이블을 디자인하고 실행하는 데 도움이 될 것입니다. 또한 식문화에 필요한 차와 와인, 매너를 통해 21세기 지식기반 사회가 요구하는 식공간 연출가의 탄탄한 기본기를 다지는 좋은 기회가 될 것으로도 확신합니다.

이런 작은 마음이 앞으로 테이블 코디네이트를 연구하는 많은 이들의 마음과 마음을 이어주고 꿈과 용기를 나누는 진정한 즐거움이 되길 바랍니다. 이 책을 쓸 수 있도록 힘을 주고 제대로 사는 법을 알려주신 존경하는 이우영 박사님과 인천문예전문학교 교직원분들께 감사하고 재능을 마음껏 펼칠 수 있도록 언제나 응원해주시는 부모님과 사랑하는 나의 삼남매 도연, 도은, 민서에게 간절하고 소중한 마음을 전합니다.

2015년 2월

정지수

CONTENTS

CHAPTER **12**

웨딩 테이블 이미지

Introduction to Table Coordinate

CHAPTER 1 테이블 코디네이트 개요

생활수준이 높아지고 식문화가 성숙하여 우리의 식탁에도 멋과 맛을 추구하는 오감 만족의 음식문화가 발달하고 있으며, 같은 음식을 먹더라도 분위기에 따라 삶의 질은 크게 달라질 수 있다. 사람들은 이제 서로 함께하는 식공간에서 본능적 즐거움뿐만 아니라 눈으로 맛보고 감성을 느끼고 즐길 수 있는 식탁을 연출한다.

Introduction to Table Coordinate

테이블 코디네이트 개요

테이블 코디네이트 배경과 경향

테이블 코디네이트table coordinate는 식공간의 연출이며, 더 나아가서는 식사를 즐겁게 하기 위한 공간 연출이고 소통의 장이다. 그 배경에는 각 나라의 식습관, 서로 다른 문화가 숨어 있는데, 흔히 사람들에게 "왜 테이블을 꾸미는가?"라고 묻는다면 그것은 어느 경우라도 식사를 좀 더 즐겁게 하고 마주 앉은 사람들과 함께 소통하기 위해서라고 답할 것이다. 그것은 우리 생활방식의 하나이자 기쁨이고 식사를 통해 행복해 질 수 있기 때문이다.

테이블 코디네이트의 배경

음식을 즐긴다는 의미는 무엇일까? 음식의 맛도 물론 중요하지만 현대인들은 이제 음식과 시간을 함께 즐기는 것에 역점을 둔다. 실제로 고객이 레스토랑을 선택할 때 제일 먼저 고려하는 첫 번째 요인이 분위기ambience이고, 둘째 서비스service, 셋째 음식의 맛food taste인 것만 보더라도 이제 배가 고파서 허기를 채우기 위해 레스토랑에 가는 시대가 지나고 맛있는 요리를 즐기는 동시에 보는 즐거움을 경험하고 진정한 감동을 느낄 수 있는 테이블의 즐거움pleasure of table을 위해 레스토랑에 가는 시대이다. 다시 말해 테이블 코디네이트는 여러 가지 테이블 구성 요소를 이용하여 컬러와 형태의 조합에 의해 음식과 테이블의 디자인 구성은 물론 식사를 하는 전체의 식공간을 연출하는 광의적인 의미로 이해되어야 한다. 그리고 양보다는 질적인 면에서 맛과 분위기를 중시하는 자유선택적 욕구를 최대한 존중하는 식탁이 될 것이다.

테이블 코디네이트의 오감 만족

테이블 코디네이트는 식탁 위의 연출뿐만 아니라 식탁을 에워싼 공간 전체에 시각적 측면은 물론 청각 및 후각까지 동등하게 조화시키는 것을 말한다. 시각은 눈을 즐겁게 해주는 테이블 세팅, 전체적인 분위기에서 느끼는 실내 장식이나 음식의 표현 등을 들 수 있고 청각은 은은하면서 감미로운 음악과 심지어 서비스하는 사람의 소리, 사각사각 음식이 씹히는 소리까지도 의미한다. 촉각은 테이블클로스, 손끝에서 느껴지는 냅킨의 부드러움, 글라스, 커틀러리의 촉감을 의미하고, 후각은 음식에서 오는 향미, 와인과 커피에서 느껴지는 감미로움이며, 미각은 혀로 느낄 수 있는 모든 종류의 맛을 의미한다.

▶
테이블 코디네이트

테이블 코디네이트와 웰빙

생활 속의 테이블에는 물리적인 영양 보급味과 정신적인 영양 보급美이 함께 어우러져야 테이블 코디네이트가 완벽해질 수 있다. 테이블은 인간의 기본 욕구인 배고픔을 해소하기 위해 음식을 먹기 위한 도구로 이용된다. 본능적인 포만감으로 잠시 만족감을 얻는 것을 물리적 영양 보급이라 말한다.

즐거운 식사를 하기 위해 연출된 테이블에서 우리는 정신적 영양 보급, 즉 만족감을 얻는다. 테이블이 단순히 색상의 조화나 식기의 배열법을 통해 정신적인 만족을 얻는 것이 아니라 오고 가는 정을 나누는 장소, 대화의 장소이자 쉴 수 있는 마음의 휴식처가 되었을 때 비로소 우리는 살아 있다고 인지하게 되고, 무한대같이 풍성한 웰빙well-being에 빠지게 된다.

테이블 코디네이트와 라이프스타일

테이블은 연령, 가족구성, 생활주기, 가족의 취미, 경제력 등의 차이에 따라 다르게 나타난다. 각각의 기호에 맞는 테이블 연출이 필요하다.

20대의 테이블

현재 '나 홀로 세대'의 증가에 따라 싱글인 20대의 테이블은 기본적으로 현대적 감각을 중시하는 깨끗하고 심플한 스타일이 주가 되며 인스턴트식품을 매우 선호한다. 신혼부부의 경우에는 아기자기하고 예쁘고 달콤하며 사랑스러운 테이블을 연출한다.

30대의 테이블

20대의 여유로움과는 대비되며, 결혼한 경우에는 자녀의 성장과 남편의 늦은 귀가로 인해 주부 혼자서 식사하는 경우가 많으므로 테이블의 연출이 점점 줄어드는 시기이다. 어린 자녀들 때문에 간편한 플라스틱 그릇을 사용하거나 자녀들이 좋아하는 식품과 요리 위주로만 테이블이 전개된다.

40대의 테이블

자녀들은 주로 외식 위주로 식사를 하고 여성들은 전문 요리나 식기 등에 관심을 갖게 되어 조금씩 테이블 연출을 생각하기도 하지만 아직은 엄마의 역할이 필요한 시기라서 바쁘고 마음만 있을 뿐 즉각적인 행동을 하지 못한다.

▼
테이블 세팅

50대의 테이블

인스턴트식품을 멀리하고 부부 중심의 건강식으로 식탁을 전환하게 되는 여유로운 시간을 맞는다. 가족과 함께 품격 있는 식사를 추구하고 경제력이 향상되어 생활수준에 맞는 테이블 연출을 시도하며 부부가 함께할 수 있는 취미를 공유하기도 한다.

60대의 테이블

몸과 마음이 여유로워져 질적 조건을 충족시키는 감성적 테이블의 연출이 이루어진다. 자녀의 결혼으로 인해 가족구성원이 증가되면서 테이블의 크기 및 형태가 달라지며, 자주 손님을 초대해 즐기게 된다. 테이블 연출에 대한 욕구에 따라 구체적인 테이블 세팅 정보를 수집하고 관심을 갖는다.

주제에 따른 테이블

일상의 테이블

가족끼리 함께하는 일상적인 테이블로 배고픔을 해결하고 가족 간의 휴식처가 될 수 있으며, 대화의 장소로 이용된다.

행사 테이블

결혼식, 부모님 생신, 리셉션 등의 파티 행사로 테이블이 연출된다. 서구 문화의 영향으로 파티 지향성이 강하고 개인의 특성과 기호에 맞는 행사를 여는데, 21세기 커뮤니케이션의 중요한 장으로 큰 역할을 하고 있다.

초대를 위한 테이블
초대의 목적과 분위기에 맞는 호스피털리티hospitality가 살아 있는 테이블을 연출한다.

테이블 코디네이트의 경향

종래의 고전주의 양식에서 벗어나 동양사상이 가미되어 편안함과 부드러움을 느낄 수 있는 오리엔탈 스타일과 모든 소재를 자연에서 찾고 싶다는 내추럴 무드가 주류를 이루고 있다. 최근 들어 정신적·육체적 풍요로움을 찾고자 하는 욕구가 증대되어 자연, 건강, 번영이 강조된 웰빙 코디네이션well-being coordination이 부각되고 있다. 또한 아시아 문화에 대한 인기가 높아져 베트남이나 태국 등의 음식문화와 세팅이 관심 대상이 되고, 디자인의 트렌드가 에스닉ethnic으로 집중되면서 다양한 나라의 토속문화에 초점을 맞추게 될 것이다.

행사장 테이블 코디네이트(2011에이미어워드)

간소화된 식탁

최근에는 최소한의 선을 강조하는 인공적 느낌의 플라스틱 등 투명감 있는 소재가 유행하고 심플한 인테리어나 코디네이트가 전 분야에서 각광받고 있다. 식탁 위에 놓이는 아이템의 모티프 역시 화려한 문양보다 간결한 선을 강조하는 등 극단적인 단순미를 추구하는 것을 말한다.

젠

편안하고 천천히 즐기는 식사를 위한 좌식 테이블 세팅을 하고 테마 컬러는 깊고 풍부한 느낌의 검은색, 단색을 중심으로 하는 그레이 계열의 소품들로 컬러를 통일한다. 일종의 식탁의 재패니즘 현상을 일컫는 말이다.

흔히 젠 스타일zen style이라고 하는데, 젠은 선禪의 일본식 발음으로 정결하고 고요한 느낌, 절제미, 심플함을 추구하며 동양적인 간결한 여백의 미를 중요시하는 단정한 이미지 스타일을 말한다. 20세기 후반 정통 공간미를 추구하는 오리엔탈리즘과 서양의 미니멀리즘의 중성적인 멋에서 젠 스타일이 생겨났다.

웰빙

21세기에는 웰빙well-being 트렌드와 맞물려 지중해식 식단과 함께 전통 한식이 건강식으로 세계적인 관심을 받고 있다. 한식은 건강도 지켜주고 친환경에도 잘 맞는다. 한식의 부가가치를 좀 더 올리려면 다양한 메뉴와 수준 높은 테이블 스타일링이 알맞게 조화된 한식의 트렌드가 필요하며, 개인 만족을 추구하는 정서적인 상품을 찾아내야 한다. 식생활은 질과 가치, 다양성, 세계화를 지향하므로 앞으로 우리 것이 세계적이라는 인식과 함께 전통이 미덕으로 자리하는 시대를 맞이하게 될 것이다.

테이블 세팅

테이블 세팅tale setting은 조리된 음식을 맛있고 멋있게 즐기기 위해 식탁 위에 시각적인 변화를 주는 것이다. 식탁은 그 위에 장식되고 세팅된 것들을 통해 분위기를 부여 받으며 사람과 사람이 함께 어우러져 음식을 나누어 먹는 행복한 모습을 통해 비로소 완성된다. 편안하고 완벽한 식탁을 꾸미며, 일정한 규칙에 따라 디너웨어, 글라스웨어, 커트러리, 리넨류 등 장식적인 요소들을 꾸미고 배열한다. 테이블 세팅을 할 때는 식공간 연출의 기본 3요소가 되는 Who, When, Where, 즉 인간·시간·공간=間에 바탕을 두어 상황에 맞는 규칙과 매너, 그리고 색과 계절감을 고려하여 조화를 이루도록 해야 한다.

테이블의 구조

편안한 식공간 연출을 위한 가장 기본적인 요소에는 테이블과 의자의 선택이 중요하다. 테이블의 형태로는 아직도 르네상스 이전 트리클리늄triclinium의 영향으로 좌우 대칭적인 구조를 이루는 것이 많은데, 식탁을 고를 때는 식사를 하는 사람의 수, 움직임의 범위, 식사하기 편한 높이를 반드시 고려해야 한다.

▶
테이블의 구조

테이블의 형태

구분	2인용	4인용	6인용
사각형	가로: 65~80cm 세로: 75~80cm 높이: 70~80cm	가로: 125~150cm 세로: 75~80cm 높이: 70~80cm	가로: 180~210cm 세로: 80~90cm 높이: 70~80cm
원형	지름: 60~80cm 높이: 70~80cm	지름: 90~120cm 높이: 70~80cm	지름: 130~150cm 높이: 70~80cm

　식탁의 기본적인 크기로는 1인용 테이블 세팅 공간, 즉 식기를 세팅할 수 있는 공간은 최소한 가로 45cm×세로 35cm가 기본 면적보통 사람의 어깨넓이 45cm+ 무리 없이 손을 뻗을 수 있는 범위 35cm이다. 이것을 개인 식공간personal space, 1인분의 공간이라고 한다. 현대는 자기중심적 사고로 인하여 1인분 공간 기준이 확실하기 때문이다. 그러나 식사하면서 움직일 수 있는 공간의 확보나 식탁 위에 올리는 소품이나 센터피스식탁 중앙의 꽃 장식를 놓을 여유를 생각하면 가로 60×세로 45cm 면적이 필요하다.

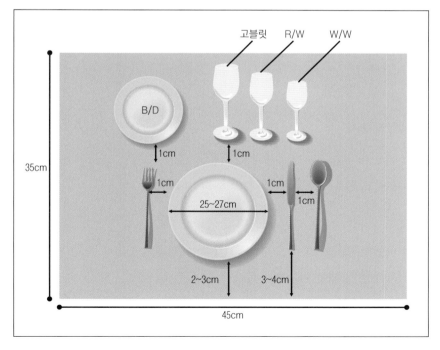

개인 식공간

식탁과 의자의 배치

여유 있고 편안하게 식사하기 위해 테이블과 벽과의 관계는 1.5m가 적당한데 식탁과 의자 사이의 간격이 최소 1m는 되어야 사람이 의자를 빼서 이동하는 경우에 부드럽게 움직일 수 있고 통로가 최소 50cm 이상은 되어야 사람이 앉아 있는 등쪽과 벽 사이를 자유롭게 왕래할 수 있다. 식탁의 모양이나 크기에 따라 의자의 배치, 사람의 움직임을 생각하면 두 사람이 사용하는 식탁의 경우는 되도록 자리를 붙여 대화하기 쉬운 분위기를 만들어 주고 둥근 식탁에 의자를 배치할 때는 식탁 다리에 의자가 부딪치지 않게 하는 세심한 배려가 필요하다.

테이블 세팅의 기본 원리

테이블 세팅의 기본 목적은 실용성과 아름다움을 조화시켜 이미지를 완성시키는 것에 있다. 우리들이 흔히 생각하는 테이블 세팅에서 나이프는 오른쪽에, 포크는 왼쪽에 놓는 것과 같은 기본 테크닉도 중요하지만 그것 이상으로 스타일을 완성하기 위한 이미지의 구성도 매우 중요하다. 테크닉은 이미지를 표현하기 위한 하나의 수단이며 반복하는 것이므로 몸에 익숙해져야 한다. 자신만의 독창적인 테이블 세팅은 우리의 식문화를 풍요롭고 유쾌하게 만들 수 있다.

일반적인 테이블 세팅의 순서

언더 클로스 깔기
테이블클로스 아래에 언더 클로스를 움직이지 않도록 고정시킨다.

테이블클로스 깔기
테이블클로스를 깔아준다. 사각형 탁자의 경우 중심선이 테이블의 중앙에 오게 하고 내려온 테이블클로스 길이가 네 방향이 똑같아야 한다.

테이블 세팅 순서도

센터피스 올려놓기

테이블 중앙에 센터피스를 놓는다. 테이블 길이를 3등분하여 가운데 지점에 놓고 시선을 방해하지 않는 높이로 한다. 뷔페의 경우에는 사람이 서 있을 때의 눈높이에 닿는 듯해야 장식효과가 있다.

접시의 세팅

자리에 앉았을 때 테이블의 끝에서 2cm 정도의 간격을 두고 플레이스 플레이트를 깔아준다. 그 위에 디너→샐러드 접시의 순으로 세팅하고 접시를 잡을 때 손가락이 표면에 직접 닿으면 접시가 더러워지므로 주의한다.

커틀러리의 세팅

접시를 가운데 두고 오른쪽에 나이프칼날은 안쪽으로 향함 바로 옆에 스푼을 놓고 접시의 왼쪽에는 포크를 세팅한다. 접시와 커틀러리 사이의 간격은 1~2cm 정도가 적당하다.

빵 접시와 버터나이프 세팅

빵 접시는 메인 접시의 왼쪽 위편에 놓고 버터나이프는 빵 접시 위에 가로로 올려놓는다.

촛대와 냅킨 세팅

디너의 경우는 초를 세팅한다. 센터피스와의 조화를 고려해서 선택한다. 냅킨은 분위기에 맞게 잘 접어 메인 접시의 중앙 혹은 그 왼편에 놓는다.

글라스 세팅

글라스는 다룰 때 주의해야 하므로 테이블 세팅의 맨 마지막에 세팅하도록 한다. 글라스는 메인 접시의 오른쪽 위편에 나오는 음료의 순서에 따라 손에서 가까운 곳부터 배치한다. 글라스를 세팅할 때는 항상 지문 등으로 더러워지지 않도록 다리 부분stem을 잡도록 한다.

사람 수와 테이블 크기

테이블의 형태나 크기에 따라 분위기는 달라진다. 한 사람이 차지하는 공간은 60cm 정도이고 캔들은 두 사람 당 하나의 비율로 배치된다. 테이블의 형태, 손님의 수, 센터피스, 캔들 스탠드의 위치에 따라 각기 다르다.

정찬에서의 좌석 위치

서양에서는 손님을 초대한 포멀한 정식 상차림의 경우 좌석 배치가 중요한 의미를 갖는다. 호스트host, 남자 주인, 호스티스hostess, 여자 주인를 중심으로 지정된 좌석에 앉는다.

다음은 정식 상차림의 배치도이다. 제일 중요한 남자 손님man of honor, 제일 중요한 여자 손님woman of honor의 좌석 위치를 살펴본다.

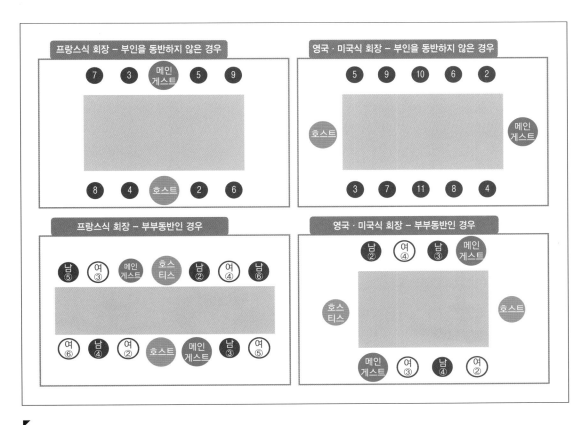

▶
정찬(긴 테이블)의 좌석 위치도

각 나라의 테이블 세팅

서양의 테이블 세팅

서양의 테이블 세팅은 각 나라마다 차이가 있다. 주로 영국에서 도입된 세팅으로 영국식은 메뉴에 필요한 모든 것을 올리는 게 기본이다.

일상적인 서양의 세팅에서는 간편한 상차림을 하게 되는데, 보통의 경우에는 테이블클로스 대신 런천 매트를 이용하기도 한다. 테이블 스타일은 디너, 런치, 블랙퍼스트 등 다양하게 나타난다.

영국식 테이블 세팅

영국에서는 메뉴에 필요한 식기, 모든 커틀러리, 글라스 등을 모두 식탁 위에 늘어놓는 것이 정석이다. 접시의 중앙에 냅킨을 세팅하고 메인 접시의 오른쪽에 스푼과 나이프를 세팅하고 커틀러리는 바깥쪽부터 안쪽으로 순서대로 사용한다. 글라스도 화이트 와인글라스, 레드 와인글라스, 워터 글라스, 샴페인 글라스 등을 세팅한다. 빵 접시도 반드시 세팅해둔다. 영국의 전통적인 테이블 스타일은 고풍스럽고 격조 있는 클래식 스타일을 원칙으로 하는 경우가 많다.

▶ 영국식 포멀 세팅

정식 디너 테이블　디너는 정찬을 말하며 가장 중요한 식사 중 하나이다. 풀코스 세팅을 원칙으로 하며 포멀한 느낌이 들도록 식기는 자기를 사용하고 커틀러리와 글라스 역시 최상으로 선택하여 격조 있는 테이블이 되도록 한다.

프랑스식 테이블 세팅

프랑스식에서는 영국식과 달리 커틀러리는 서브되는 요리에 필요한 만큼 세팅해 놓거나 그때 그때 요리와 함께 서브되는 것이 특징이다. 빵 접시는 정식을 제외하고는 세팅하지 않는다. 프랑스 테이블 세팅의 경우 커틀러리가 엎어져 있는 것을 볼 수 있는데, 이는 커틀러리에 귀족의 문장이나 가문의 마크가 조각되어 있어 초대된 사람에게 소중한 표식을 보여주기 위해서이다. 글라스의 배치도 일자형보다는 지그재그의 배치로 식탁 위의 공간을 절약한다. 식기는 고급스런 자기가 중심이고 테이블은 화려하고 우아한 엘레강스 스타일이 많다.

약식 디너　포멀formal의 형식에서 변형된 약식의 디너인 세미 포멀semi formal 형태를 말한다. 커틀러리, 글라스 등 테이블웨어 선택 시에 약식 디너는 정식 디너보다는 형식을 간소화시킨 것이라고 보면 된다.

미국식 테이블 세팅

미국은 신대륙 개척기에 당시 영국의 음식문화가 기초가 되어 발달하다가 점차적으로 웰빙을 추구하는 동양의 오리엔탈 무드에 관심을 가지게 되면서 음식문화가 다양화, 다민족화되었다. 미국은 다민족 국가이기 때문에 세계 각국의 음식이 모두 모이게 되어 여러 나라의 음식문화를 혼합한 퓨전 음식이 많이 있다. 미국은 유럽과 달리 간편한 식사를 지향하고 실용성이 강조된 식사를 하는 편이다.

캐주얼한 모닝 테이블

아침 식사인 블랙퍼스트breakfast는 영국식과 유럽식의 2가지 스타일이 있다. 영국인은 아침 식사에 비중을 두고 푸짐하게 하는 편이고 유럽식 아침 식사는 프랑스를 중심으로 한 일상적이고 심플한 메뉴라고 할 수 있다.

　브런치는 아침 식사와 점심 식사를 겸한다. 런치 테이블과 마찬가지로 캐주얼한 가벼운 세팅을 한다.

동양의 테이블 세팅

문화권마다 서로 다른 상차림의 구조를 나타낸다. 이러한 차이가 나타나는 배경에는 각 나라의 식공간이 연유한다. 식단이 차려지는 형태 측면에서는 상차림이 한 번에 나오는 공간적 배열과 음식이 시간을 축으로 하여 하나씩 나오는 상차림의 시간적 배열을 들 수 있다. 서양의 상차림은 시간적 배열에 가깝고 동양의 상차림은 공간적 배열에 가깝다.

한국식 테이블 세팅

한국의 상차림은 주거 형태와도 밀접한 관계가 있어 온돌 생활이 주를 이루었으므로 앉아서 먹기 편하게 상에 차리는 형태로 발전했고, 인원수에 따라 상의 모양과 크기도 달라졌다. 상차림이란 한 상에 차려 놓은 주식 및 반찬의 가짓수, 배열방법을 말하는 것으로 한국의 상차림은 조선 시대를 바탕으로 규범이 중시되던 시기에 체계화되었으며, 크게 궁중의 상차림과 반가의 상차림으로 나눌 수 있다.

일본식 테이블 세팅

일본의 상차림은 우리나라와 같이 밥상, 밥그릇, 국그릇, 종지, 보시기, 접시 등으로 차리고 숟가락은 없으며 젓가락만을 사용한다. 일본 요리를 '눈으로 먹는 요리'라고 하는 것은 식품의 조합이나 색상, 형태, 식기와의 조화가 뛰어나다는 말이다. 상차림에서도 꽃잎 등 자연

한식 상차림

적인 장식을 사용하거나 음식의 식미를 향상시키기 위해 여러 가지 아이디어를 내기도 하며 음식을 담을 때도 가능한 적은 양을 담아 식기에 여백의 미를 나타낸다.

중국식 테이블 세팅

중국의 상차림은 8인용 식탁이 기본으로 8명이 넘으면 상 2개를 준비한다. 식탁의 중심 부분에 약간 높은 회전대lazy susan를 놓아 여러 명이 음식을 돌려가면서 먹을 수 있다. 요리를 먹을 때는 함께 먹을 수 있는 분량을 커다란 접시에 담아 내오고 개인 접시에 나누어 먹는다. 따라서 이때 담은 요리는 풍성하고 먹음직스럽다. 젓가락은 25cm 정도로 길이가 길며 음식물을 집는 끝 부분이 뭉뚝하다.

태국식 테이블 세팅

중국, 인도, 포르투칼의 영향을 받아 독특한 음식문화를 발달시켰다. 태국의 상차림은 저녁 식사에 비중을 두는 편이다. 인도의 영향을 받아 쌀가루, 밀가루, 녹두가루로 만든 국수가, 중국의 영향을 받아 굴 소스를 사용한 볶음 요리가 많다. 식사량은 적은 편이고 과일, 과자, 떡 등의 간식을 즐긴다. 중국 이주민이 많아서 조리기구는 중국 냄비, 중국 칼, 그물수저, 큰 나무도마 등을 사용하고, 음식은 젓가락으로 먹으며 나이프는 사용하지 않고 쌀이 주식으로 상에 한꺼번에 차려 먹는다.

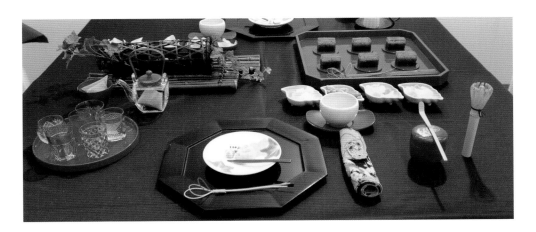

▶ 일본식 테이블 세팅

▶
태국식 테이블 세팅

베트남식 테이블 세팅

베트남은 중국, 인도, 프랑스의 영향을 받으며 다양한 음식문화를 형성했다. 베트남은 전통적으로 음식을 모두 상 위에 올려놓고 각자 개인 접시에 덜어 먹는다. 개인 접시인 작은 질그릇과 숟가락, 긴 중국 젓가락을 사용하는데 젓가락 위에 질그릇을 엎고 숟가락도 엎어 놓는다.

인도식 테이블 세팅

인도는 이슬람 문화의 영향을 강하게 받았다. 인도의 정식 요리에는 오목하고 작은 그릇에 음식을 1가지씩 덜어 '탈리thali'라는 금속제의 큰 쟁반에 담아내거나 둥글고 큰 접시에 모두 담아내는 것이 있다. 탈리에는 쌀, 또는 난nan, 빵이나 차파티chapati, 밀가루를 반죽하여 구운 음식와 달dhal, 커리curry 2~3가지, 아차르achar, 일종의 김치, 다히dahi, 요구르트 등을 담아낸다. 음식은 보통 손가락을 사용하여 먹고 뜨거운 음식을 먹을 때는 나무 숟가락을 사용하기도 한다. 오른손으로 식사를 하고 물을 마실 때 컵을 입에 대지 않고 입안에 부어 넣는다.

▶
인도식 테이블 세팅

테이블 코디네이트 아이템

테이블 세팅을 위해 식탁에 놓이는 테이블클로스, 식기류, 커틀러리, 글라스, 센터피스 등 식탁장식 소품을 통틀어 테이블웨어table ware, 테이블톱table top 혹은 테이블 코디네이트 아이템table coordinate item이라고 한다. 테이블 코디네이트 아이템은 기본 생활양식이나 장소에 따라 혹은 음식의 서빙 스타일이나 기호도에 따라 크게 달라질 수 있다.

식기

식기는 음식을 담아내는 그릇의 총칭으로 음식에 따라 종류가 다양하다. 서양 식기의 종류로는 주 요리인 고기를 담기 위한 큰 접시와 빵 접시, 후식 접시 등이 있다. 현대에는 식기로서의 기능성과 함께 대담하고 화려한 무늬나 컬러풀한 색상을 사용하는 디자인 감각요소도 배제할 수 없다.

서양 식기의 용도에 따른 분류

19세기까지 서양 식기인 플레이트plate, 즉 접시는 아침, 점심, 저녁 등 식사하는 시간대에 따라 다르게 정해지고 접시의 크기는 규격화되어 있었다. 그 후 각각의 용도에 맞게 다양한 크기의 접시가 생겨나게 되었다. 플레이트plate는 프랑스어 'plat'에서 유래했으며 원형 모양이라는 의미가 있고 평면적인 형태로 깊이가 거의 없어 플레이트웨어plate ware라고 한다. 깊이가 있는 그릇은 홀웨어hall ware라고 하는데 딥웨어deep ware, 혹은 국물이 있다는 뜻의 볼bowl이라한다. 그 외에도 우리가 알고 있는 커피 잔이나 티 잔을 커피 컵 앤 소서coffee cup& saucer, 티 컵 앤 소서tea cup & saucer라고 한다.

도자기의 재질에 따른 분류

도자기는 일단 사용하는 재료에 따라 토기, 도기, 석기, 자기, 골회 자기 등으로 구분하고 소성온도에 따라 연질soft paste자기, 경질hard paste자기로 나눌 수 있다.

명칭별 서양 식기의 용도와 크기

명칭	형태	크기	용도
플레이스 플레이트 (place plate), 서비스 플레이트 (service plate)		30cm 내외	손님의 자리를 나타내주는 접시로 디너 플레이트 밑에 깔아 두는 자리 접시이다. 다양한 컬러와 무늬로 식탁을 더욱 화사하게 한다.
디너 플레이트 (dinner plate)		27cm 내외	디너 접시로 메인디시의 육류나 생선 요리를 담는다.
샐러드 플레이트 (salad plate)		23cm 내외	전채 요리, 샐러드를 담는데 어울린다. 아침 식사나 런치용, 뷔페 접시로 사용한다.
디저트 플레이트 (dessert plate)		18cm 내외	디저트, 치즈에 어울리며 식전주의 안주 접시로 사용하기도 한다.
브래드 플레이트 (bread plate)		15cm 내외	빵을 놓는 접시로 사용되며 처음부터 테이블 위에 세팅해 놓는다.
시리얼 볼 (cereal bowl)		15cm 내외 깊이 2cm	오트밀이나 콘프레이크 등의 아침 식사대용으로 사용한다. 사이즈는 일정하지 않으며 다양한 형태가 있다.
뷔페 플레이트 (buffet plate)		35cm / 39cm 43cm / 61cm	파티 요리를 담는 접시로 각자 덜어먹거나 서비스를 받는다.

명칭	형태	크기	용도
샌드위치 트레이 (sandwich tray)		30cm 내외	애프터눈 티 파티에서 한입 크기로 샌드위치를 담는데 사용한다.
수프 튜린 (soup tureen)		91oz	식탁에서 수프를 나누어 먹을 때 필요한 그릇이다. 수프, 스튜 등을 담는다.
커버드 베지터블 (covered vegetable)		51oz	국 요리나 익힌 야채 등을 담는 그릇이다.
수프 컵 앤 소서 (soup cup & saucer)		12oz	건더기의 크기가 작은 수프나 크림 수프에 알맞다.
버터 보울 (butter bowl)		20cm 내외	버터를 담아두는 볼이다. 빵에 버터를 발라 먹을 때 사용한다.
푸르트 샐러드 볼 (salad bowl)		14cm	푸르트 펀치볼이나 샐러드 볼로 사용한다.
그레이비소스 보트 (gravy sauce boat)		20cm	그레이비소스를 담는 볼로 사용한다.

(계속)

명칭	형태	크기	용도
커피 컵 앤 소서 (coffee cup & saucer)		7.5oz	향을 즐기기 위해 입구가 좁고 조금 긴 것이 커피 컵이다. 소서는 평평한 형태와 오목한 형태가 있다.
티 컵 앤 소서 (tea cup & saucer)		7.5oz	커피 컵보다 입구가 넓고 높이가 낮다. 홍차의 색과 향을 즐기기에 좋다.
커피포트 (coffee pot)		42oz	몸체가 긴 형태로 커피를 따를 때 커피 찌꺼기가 나오는 것을 막기 위해 주둥이가 몸체의 위에 위치한다.
티 포트 (tea pot)		34oz	커피포트보다는 길이가 짧은 것으로 티를 담아내는 데 사용한다. 티의 점핑(jumping)을 위해서 티 포트는 둥근 형태이다.
크리머 (creamer)		8.5oz	밀크나 크림을 담아두는 포트이다.
슈거 포트 (covered sugar)		7.5oz	설탕을 넣어두는 포트이다.
피처 (pitcher)		21oz	주스나 우유, 물을 담는 데 사용한다.

구분	원료 및 특징
토기	섭씨 700~1000℃의 저온에서 굽는다. 유약을 바르지 않는 경우가 대부분이고 깨지기 쉬워서 식탁에는 놓지 않는다.
도기	1100~1200℃의 비교적 저온에서 굽는다. 토기보다는 진보된 형태로 연질, 경질, 반자기질 등의 도기가 있다. 18세기 중엽 웨지우드에 의해 개발된 도기가 가장 유명하며, 고급 식기, 타일, 장식품, 위생용기 등으로 사용한다. 착색이 쉬워 다양한 색과 무늬를 즐길 수 있다.
석기	1200~1300℃의 중간 온도에서 굽는다. 강도가 도기보다 높고 실용성이 커서 실험용구와 외장타일, 전기시설용품에 사용된다. 영국에서 대량 생산되고 있는 실용기(實用器)들이 이에 속한다.
자기	1300℃ 이상의 고온에서 굽는다. 태토의 색깔은 백색으로 고령토가 사용되는데 고령토는 원래 중국의 고령지방에서 출토된 것이다. 백색 자기를 만드는 주원료이고 돌 성질의 경질자기와 본차이나라고 하는 연질자기가 있다. 연질자기는 소뼈가루를 섞어 구운 것으로 엷은 우유 빛의 부드러운 광택을 지니고 있다.

서양 식기의 역사

유럽에서 자기가 퍼지게 된 것은 13세기 마르코 폴로의 중국 여행 이후부터였다. 자기를 뜻하는 포셀린porcelain이란 말이 생겨난 것도 이때였다. 16세기 이후부터 중국에서 유럽으로 많은 자기가 유입되면서 왕후, 귀족들은 금값에 버금가는 비용을 기꺼이 지불하고 열광적으로 자기를 수집했다. 중국 자기China가 본격적으로 개발된 7~8세기 이후 천년동안 세계시장을 지배하게 된다. 이후 이슬람 문화권이 8세기 초 지중해와 이베리아 반도까지 정복하면서 경이로운 자기 문화가 꽃피우게 된다. 특히 '이스파노 모레스크hispano moresque'라는 석유錫釉 도기를 유럽에 전수하는 등 성과가 있었다.

이탈리아 마욜리카 도자기

마욜리카는 원래 스페인의 동쪽에 위치한 마욜리카

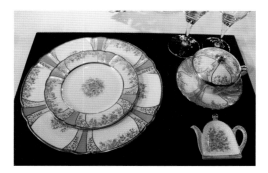

서양 식기

유럽의 도자기

섬의 상인에 의해 전파된 도기인데, 이탈리아에서 이스파노 모레스크를 능가하는 디자인에 더 뛰어난 자기 기술을 발전시켜 스페인으로 역수출을 하게 되었다.

유럽 도자기의 기념비 - 독일 마이센의 탄생

유럽의 모든 왕후, 상인, 도공들은 당시에는 엄청나게 고가인 백색 자기를 수입하는 것이 부담스러워 다양한 방법으로 제조법을 밝혀내고자 노력했다. 그러나 비슷하게 만들 수 있었지만 동질의 자기를 만들지는 못했다. 작센국의 제후인 아우구스트공이 자신이 관할하는 마이센의 성 내에 공장을 만들고 연금술사인 보드커, 화학자인 하이젠을 초빙하여 외부 유출을 엄격히 금지시킨 후 연구에 연구를 거듭하다가 1710년 중국식 자기 제조비법을 밝혀내는데 성공했다.

세계시장을 장악한 영국의 본차이나

1743년 동인도 회사를 통해 자기 제조 기법을 넘겨 받은 영국에서는 다행히 도자기의 원료가 되는 점토나 고령토 등의 흙이 좋아 단시간 내에 자기 기술이 발전하게 되었다. 당시 독일이나 프랑스 등에서는 국왕이 자기 사업을 국영화했지만 영국에서는 중산층의 자유무역가들이 도자기 생산에 참여하여 점토에 뼈를 섞어서 만드는 골회骨灰 자기라는 신제품, 즉 '본차이나'를 개발하는 쾌거를 올렸다.

영국의 본차이나는 1748년 기본 재료에 동물의 뼛가루를 넣고 구운 다음 완성되었는데, 부드럽고 투명도가 높으며 독특하게 반짝이는 도자기였다. 영국에서 본차이나를 구운 최초의 가마는 보우 가마인데, 이러한 독특한 기술은 이후에 영국 도자기 업계에 크게 공헌하게 된다. 보우 가마의 제품은 독일 마이센과 비교했을 때 비교적 구입하기 적당한 가격이었고 일상 식기로도 중산층에게 인기가 있었다. 또한 1761년 웨지우드는 아름다운 유백색의 도자기인 경질도기크림웨어를 만드는 데 성공한다. 이후 크림웨어는 실용 도기의 대명사가 되어 많은 가정에 보급되기도 했다.

중국으로 역수출된 유럽 도자기

18세기 유럽에서 도자기 수요가 경쟁적으로 많아졌을 때 중국제 도자기의 영향력은 절대적이었으나 마이센을 시작으로 금색이나 현란한 색상으로 꾸민 유럽 자기 예술은 점차 인기를 끌게 되었다. 청나라 시대에는 프랑스의 세브르 자기가 역수출되어 청나라 궁정에서 인기를 얻게 되면서 3세기만에 종주국으로 되돌아오게 되었고 20세기 말에는 유럽 고급 브랜드가 세계시장을 완전히 장악하게 되었다.

영국에서는 도자기를 생산하는 도시를 가리켜 포터리pottery라고 부른다. 도자기를 총칭할 때 부르는 용어에는 포터리 외에도 포셀린porcelain, 차이나china 등이 있다. 좀 더 세분하게 분류하면 포터리는 '도기'를, 차이나는 '자기'를, 본차이나는 '골회 자기'를 지칭한다.

명품 도자기 브랜드

마이센

1709년 유럽에서 최초로 금속산화물을 이용해 밝은 색깔을 내는 순백자를 만드는 데 성공한 후 280년간 수작업의 전통을 지키고 있는 독일의 명품 브랜드이다. 도자기에 바로크와 로코코 문양을 도입했으며 특히 1739년 출시한 '블루어니언'은 폭발적인 인기를 한 몸에 받았다. 마이센Meissen은 중국풍, 일명 '시누아즈리chinoiserie' 패턴과 전쟁의 한 장면, 귀족들이 즐기던 연극의 한 장면을 사실적으로 묘사한 것이 특징이다. 마이센의 대표 문양은 푸른 빛깔의 쌍검으로 유럽 최고의 명품 브랜드로 각광 받고 있다. 마이센의 자기는 유럽 각국의 왕실을 크게 자극하여 도자기업계의 판도를 중국에서 유럽으로 바꾸는 발판을 만들었고 유럽 도자기의 역사라고 말할 만큼 그 명성이 뛰어나다.

로열 코펜하겐

덴마크의 화학자 뮐러가 율리아나 마리 왕비의 적극적인 지원 아래 1755년 덴마크 도자기 제작소를 창립하면서 로열 코펜하겐Royal Copenhagen이 제작되었다. 로열 코펜하겐은 덴마크 왕가를 위해 도자기를 만든 명품 브랜드로 덴마크를 비롯한 유럽 각국의 왕실에서 사랑 받았다.

18세기 유럽에서는 금, 은, 주석 등의 금속 재질 식기를 사용하는 것이 일반적이었으나 중국을 통해 수입된 백자를 자체 기술로 생산해내는데 성공한 후 자기에 핸드페인팅으로 그림을 그렸다. 특히 코펜하겐은 독특한 코발트 색조로 덴마크의 들꽃을 섬세하게 표현했다. 코펜하겐은 이러한 코발트 색조의 화려한 그림이 1350℃의 고온에서 청초한 매력을 지닌 블루로 다시 탄생하기 때문에 '로열 코펜하겐 블루'라고 칭한다. 중국 원나라 시대의 당초 문양을 소재로 한 '블루 플루티드 플레인blue fluted plain'과 덴마크의 꽃이라는 의미인 플로라 다니카flora danica는 최고급 명품 도자기로 자리매김하고 있다.

헤렌드

동유럽을 대표하는 도자 회사인 헤렌드Herend는 헝가리의 대표적인 명품 식기이다. 도자기를 조각하여 모양을 만드는 투각법과 은세공으로부터 아이디어를 얻어 점토를 실처럼 만들어 형태를 짜 올리는 망 세공법이라는 차별화된 제조 방법으로 유명하다. 헤렌드는 1851년 영국 국제박람회에서 빅토리아 여왕이 윈저성에서 사용할 식기세트를 주문한 것을 계기로 유럽 상류 사회와 왕실 귀족에게 알려지기 시작했다.

헤렌드의 특징은 청화백자 위에 펼쳐진 자연을 모티프로 꽃과 나비 등의 중국 문양이 많이 그려져 있는 것이다. 화려한 색채를 사용하여 최고급 아름다움과 품질을 유지하는 브랜드라는 이미지가 있다.

웨지우드

영국의 대표적인 브랜드인 웨지우드Wedgwood는 1759년 조사이어 웨지우드Josiah Wedgwood가 창설했으며 영국적인 품위와 디자인, 실용성을 고루 갖추고 장인정신을 바탕으로 세계시장을 선점하고 있다. 전사법transfer printing을 응용해 만든 작품으로 특유의 아름답고 우아한 자태가 특징이다. 1773년에는 왁스 비스킷이라는 재스퍼웨어를 탄생시켰다.

또한 러시아의 예카테리나 여제를 위해 도자기 세트를 주문 받아 납품했을 정도로 웨지우드의 크림웨어는 인기를 끌었다. 로코코 양식과 아르누보 디자인이 테이블웨어에 도입되면서 18세기 영국의 도자기는 자연의 아름다움을 식탁 위에 올려놓아 또 다른 심미감을 맛보게 했다.

베르나르도

프랑스의 대표적인 식기로 1863년 베르나르도Bernardaud가 프랑스의 작은 마을 리모주Limoges

에 도자기 공장을 세우고 자기를 굽기 시작하면서 탄생한 브랜드이다. 전통적인 문양이나 꽃 디자인을 넣어 시대의 경향에 따라 식기를 발전시키고 있으며 프랑스적인 감각과 견고함과 함께 우아하면서 과감한 디자인을 선보이고 있다.

리차드 지노리

1735년 카를로 지노리 후작이 피렌체 인근 도치아doccia에서 이탈리아 최초로 도자기 디자인을 확립했고, 이후 1896년 밀라노의 리차드사와 합작하여 이탈리아의 대표 브랜드 리차드 지노리Richard Ginori가 탄생하게 되었다. 특히 리차드 지노리는 시대적 흐름 속에서 이탈리아를 대표할 수 있는 섬세한 조각 작품을 도자기에 투입하여 새로운 도자문화를 탄생시켰다. 네오 클래식의 차분한 모양과 색감이 특징이며 모던하고 심플한 디자인을 작품에 많이 도입했다. 그러나 리차드 지노리는 2013년 재정이 어려워져 구찌gucci사에 매각되었다.

▶
명품 도자기

레녹스

미국을 대표하는 도자기인 레녹스Lenox는 1889년 월터 스코트 레녹스가 미국 뉴저지주 트랜터에서 처음 생산을 했고 1918년 미국 대통령에게 인정받아 최초로 백악관 정찬용 디너세트를 납품하여 '대통령의 식기'라는 타이틀을 얻게 되었다. 윤기 있는 유약을 발라 상아색이 나게 처리하여 높은 투명성을 보여주는 것이 특징이다. 단순하면서도 고급스러운 미국 최초 자기 브랜드로 명성이 있다.

식기류의 보관

식기류는 취급하는 방법에 따라 반짝반짝 빛이 나기도 하지만 식기를 함부로 사용할 경우 그 빛을 잃어버리기도 한다. 항상 주의를 기울여 소중하게 다루어야 한다. 다양한 식기류를 보관하려면 한정된 공간에서 효율적으로 수납하는 것도 신경을 쓴다.

접시와 접시 사이에는 종이나 포장용 에어버블을 접시에서 빠져나오지 않게 끼워 넣고 무거운 접시나 큰 접시는 되도록 아래쪽으로 놓고 사용빈도가 많은 것은 꺼내기 쉬운 위치에 놓는다. 또한 시판 중인 플레이트 홀더를 사용하면 수납장의 공간을 유용하게 사용할 수 있다.

커틀러리

서양식 상차림에서 우리의 수저에 해당하는 나이프, 포크, 스푼 등 음식을 먹기 위해 사용되는 도구를 총칭해서 커틀러리cutlery라고 한다. 이 3가지 식탁 위의 도구 중 가장 먼저 사용되는 것은 스푼이며, 플랫웨어plat ware, 혹은 실버웨어silver ware라고도 한다.

커틀러리의 용도에 따른 분류

커틀러리는 금, 은, 도금, 스테인리스 등 다양한 재질과 형태로 구성되어 있으며 사용하는 용도에 따라 크기나 형태가 다양하다.

커틀러리 종류와 사용법

구분	형태	용도
디너 스푼 (dinner spoon), 디너 나이프 (dinner knife), 디너 포크 (dinner fork)		메인디시용으로 크기가 크며 스푼은 수프용이고 나이프와 포크로 쓰이는 것은 육류용이다. 처음부터 테이블에 세팅되어 있고 나이프는 고기가 쉽게 잘리도록 날이 날카롭다.
피시 나이프 (fish knife), 피시 포크 (fish fork)		생선 요리용 나이프로 생선을 자를 때 생선살이 흐트러지지 않도록 메인디시용 나이프에 비해 나이프의 폭이 넓다. 포크도 형태가 넓은 것이 특징이다.
애피타이저 나이프 (appetizer knife), 애피타이저 포크 (appetizer fork)		전채 요리, 샐러드용으로 적당하고 샐러드 포크는 생 채소가 미끄러지지 않게 포크의 폭이 넓게 디자인되어 있다.
디저트 스푼 (dessert spoon), 디저트 포크 (dessert fork)		디저트용으로 스푼은 아이스크림 스푼이 마련되지 않는 경우 사용하고 커피, 티스푼에 비해 약간 넓적하다. 디저트용 포크는 식후에 케이크 등을 먹을 때 사용한다.
부용 스푼 (bouillon spoon)		수프용 스푼으로 맑은 수프를 먹을 때 접시 바닥에 잘 닿을 수 있도록 스푼의 밑부분이 둥글게 디자인되어 있다.
티스푼 (tea spoon), 커피 스푼 (coffee spoon)		식후에 마시는 커피나 홍차에 곁들여 나오는 스푼이다.
서빙 스푼 (serving spoon), 서빙 포크 (serving fork)		요리를 덜어 먹을 때 사용하고 요리를 서빙할 때나 큰 접시에 담긴 것을 덜 때 편리하다.

(계속)

구분	형태	용도
슈거 텅 (sugar tong)		차나 커피를 마실 때 슈거 포트에서 각설탕을 집을 때 사용한다.
서비스 텅 (service tong)		뷔페 음식을 서비스할 때 사용한다.
케이크 서버 (cake server)		잘라 놓은 케이크나 파이를 덜 때 사용한다.
브레드 나이프 (bread knife)		빵, 케이크, 파이 등 부드러운 음식을 자를 때 사용하고 천천히 칼날을 움직이면 깔끔하게 잘린다.
버터나이프 (butter knife)		버터를 잘라 빵 등에 바를 때 사용하고 보통의 경우 테이블에 세팅되어 있으며 개인용으로 사용한다.
치즈 나이프 (cheese knife)		치즈를 쉽게 자를 수 있다.

TABLE COORDINATE Wedding & Party

커틀러리의 선택

현재 커틀러리 소재로 사용하는 것은 스테인리스, 은, 진주, 금도금, 플라스틱, 상아, 나무 등이 있다. 클래식한 테이블 세팅의 커틀러리는 손잡이 등에 화려한 은 세공이 특징이며 특히 프랑스의 엘레강스한 식탁에서는 커틀러리가 뒤집어져 있는 것을 볼 수 있는데, 이는 화려한 면을 즐겁게 감상하라는 뜻이다. 모던하고 캐주얼한 식탁에는 그 분위기에 맞는 커틀러리를 준비한다. 클래식하고 엘레강스한 식탁에는 주로 은제품 등 도금하거나 세공이 정교한 것, 모던한 식탁에는 스테인리스, 플라스틱 등 디자인이 심플하고 장식이 적은 것이 알맞다.

커틀러리는 대대로 집안에서 대물림되고 있기 때문에 가문의 전통과 이니셜로 각인되기도 한다. 커틀러리는 은제품을 제일 고급으로 취급하고 순은제품과 도금제품을 실버웨어 silverware라고 부른다.

커틀러리의 역사

먹기 위해 최초로 사용된 것은 인간의 손과 치아였다. 사람들은 사냥한 고기를 치아로 잘게 찢어 나누어 손으로 먹었으며 오랫동안 손은 먹기 위한 도구였다. 그 다음 식기도구로

스타일에 따른 커틀러리 선택

스타일	특징
클래식 스타일 (classic style)	은이나 금 또는 도금한 것을 주로 이용하며 화려하고 육중한 디자인이다.
엘레강스 스타일 (elegance style)	스푼, 포크의 뒷면까지 섬세하게 디자인한 것이 특징이며 뒤집어서 놓는 것이 프랑스 엘레강스 스타일이고 매우 여성적 스타일이다.
모던 스타일 (modern style)	금 또는 은제품 커틀러리를 놓는 것은 금물이다. 매우 심플하고 장식성이 거의 없는 디자인이 독특하고 차가운 분위기를 표현한다. 식기들도 장식성이 적고 이미지가 같은 것을 선택한다.
캐주얼 스타일 (casual style)	손잡이부분에는 플라스틱, 메탈, 나무 등 다양한 소재를 사용하고 경쾌한 느낌이 있다.
포멀 스타일 (formal style)	손잡이 끝부분이 완만하게 곡선으로 처리된 디자인으로 스테인리스 제품이 많으며 가정에서 어떤 식기와도 조화를 이루며 무난하게 사용한다.

역사에 등장한 것이 스푼이며, 이는 요리를 하기 위한 도구였다. 스푼은 BC 2000년 무렵 나타나기 시작했고 처음에는 조개를 스푼으로 쓰다가 그 뒤 오랫동안 나무로 만든 스푼을 사용했다. 유럽에서 스푼에 관한 속담이나 전해지는 이야기가 많은 것은 스푼이 옛날부터 생활의 상징, 즉 먹는 일의 대명사였기 때문이다. 스푼을 벽에 건다는 것은 죽음을 의미했으며 스푼을 바꿔 둔다는 것은 새롭게 무언가 시작한다는 뜻이었다. 개인용 스푼이 역사에 등장한 것은 중세부터이다. 이 무렵 스푼은 은 같은 고가의 소재로 만들게 되었고 가치 있는 물건이 되었다. 은 스푼을 갖고 태어났다는 말은 부유한 집안의 태생을 말하고 나무 스푼을 갖고 태어났다는 말은 가난한 환경에 태어나 자란 것을 뜻한다. 16세기 영국에서는 은을 얼마나 많이 갖고 있는지가 집안 재산을 측정하는 비유로 사용되기도 했다. 유럽에서는 아기가 태어나면 스푼을 선물하는 풍습이 있는데, 그 스푼은 평생 끼니 걱정 없이 행복하게 살라는 축복의 의미가 내포된 '사도의 숟가락apostle spoon'으로 불렸다.

나이프는 처음에 무기로 사용되다가 마침내 식탁에 등장했다. 허리에 찬 무기의 하나인 나이프는 식탁 위에서 사용하는 것이 아니라 고기를 자를 때만 이용하고 자른 고기는 오직 손으로만 먹었다. 또한 남의 집에 초대받았을 경우 스푼, 포크, 나이프가 넉넉하지 못했기 때문에 오랫동안 자신의 스푼, 포크, 나이프를 가지고 다녔다. 중세의 파티에서는 '크레덴자의 나이프'라는 것이 있었는데, 여기서 크레덴자라는 말은 이탈리아어로 '믿는다'는 뜻으로 은으로 만든 나이프를 서비스 나이프서빙하기 위한 공용 나이프로 사용했다. 암살의 위험에 시달리던 귀족들은 은 나이프로 음식 속의 독을 판별할 수 있었는데, 이는 조선 시대 궁중

▶
여러 가지 종류의 커틀러리

이야기에서도 쉽게 접할 수 있다.

포크가 식사용으로 사용된 것은 16세기부터이다. 포크가 지금처럼 사용되기까지는 많은 시간이 필요했다. 음식을 먹을 때 손 이외에 다른 것을 사용하는 행위가 신에 대한 모독으로 받아들여졌고 신으로부터 받은 신체의 일부를 신성하게 사용하는 것이 가장 옳은 일이라 믿고 있었기 때문이다. 뜨거운 음식을 먹을 때는 가죽으로 만든 손가락 끝에 낀 색sack을 사용했다는 것이 흥미롭다. 그러나 포크는 식사용이 아닌 다른 용도로는 꽤 오래전부터 사용했다. 나무로 만들어 마른풀을 들어 올리는 건초용 풀카fulca가 커다란 포크처럼 생겼다. 이처럼 풍습이나 사용하는 도구가 다른 우리에게는 그저 우스운 이야기로 들릴지 모르나 그 당시 서양인에게는 매우 심각한 일이었다. 사람의 생각은 거의 비슷하므로 포크를 사용하여 식사를 하면 매우 편리할 거라는 의견에는 일치했지만 실제로 사용하는 데에는 많은 용기와 결단이 필요

▶ 프랑스 왕 앙리 2세의 왕비 카트린 드 메디시스

했다. 이처럼 관습에 의해 오랫동안 저지되던 포크를 식탁에 오르게 한 것은 한 여성이 있었기 때문이다. 최초로 포크를 사용한 나라인 이탈리아 피렌체 지방의 명가 메디치 가문의 딸인 카트린은 프랑스의 왕 앙리 2세와 결혼하면서 요리사와 나이프, 포크, 스푼 등의 은 커틀러리를 함께 가져 갔는데, 이를 계기로 프랑스 상류 사회에서는 식탁의 파격이 벌어졌다. 오늘날 프랑스 요리가 정평이 난 것도 카트린 드 메디시스의 힘이 밑받침되었는데 그녀가 프랑스로 시집 올 당시만 해도 프랑스는 이탈리아에 비해 품위 없게 식탁을 연출하고 음식이 대부분 맛이 없었다.

17세기에는 3가지 커틀러리가 짝을 맞추어 식탁에 오르게 되었고 18세기까지 커틀러리의 디자인은 심플하고 남성적 느낌이었으며 그 이후에는 여성적인 느낌의 장식성 강한 디자인이 주를 이루었다.

명품 커틀러리 브랜드

크리스토플

160년 역사를 지닌 커틀러리의 명품 브랜드인 크리스토플Christofle은 1830년 베르샤유 궁전

의 전속 보석상이었던 조셉 부비가 설립했고, 전 세계 왕실에 널리 사용되는 식탁 위의 예술품으로 칭송 받고 있다. 화려한 것을 선호하는 나폴레옹 3세의 만찬회에서 왕가의 공식 은식기로 지정되었으며, 견고하고 수명이 긴 커틀러리로 명성을 쌓았고 단순하면서도 격조 높은 디자인으로 인기가 있다. 이 커틀러리에는 프랑스라는 단어와 정부가 인증하는 문양이 새겨져 있다.

에르퀴스

목사 에드리안 세레루테 피용이 1857년 프랑스 우아즈 지방의 에르퀴스 지역에 금은 도금 제품 제조회사를 설립하면서 브랜드 에르퀴스Ercuis의 장구한 역사가 시작되었다. 전극을 이용한 금은 도금에 법랑을 새긴 테이블웨어와 은도금 금속 식탁 제품이 발달했고 이후로도 새로운 제법을 연구하고 생산량이 확대되었다. 커틀러리에는 고밀도 니켈이 포함된 니켈동鍊이 사용되며, 튼튼하고 단단하며 흰 색을 띠게 하는 세밀한 공정을 거쳐 은이 도금되고 장식과 연마작업을 거쳤다. 장인의 세심한 손길과 고밀도 기술, 전통 장식이 특징인 브랜드 대표상품이 되었다.

조지 젠슨

1904년 덴마크 코펜하겐에서 창립되었다. 창설자 조지 젠슨Georg Jensen은 어려서부터 조각에 관심을 가지고 많은 열정을 쏟았다. 건축가이자 화가·디자이너였던 요한 로드와 함께 참신

▶
다양한 종류의 우아한 커틀러리 전시

한 기법을 구사하며 전통에 얽매이지 않은 창의성이 넘치는 작품을 선보였다. 부조浮彫 기법과 검게 그을리는 기술, 해머 자국을 그대로 남기는 독자적인 기법은 은제품의 아름다움과 수제품의 멋을 강조한다. 심플함에 시정詩情까지 느껴지는 디자인은 커틀러리의 기능성과 세련미를 극대화하는 미의 결정체이며, 은 예술품이라고 칭할 정도이다. 북유럽을 대표하는 은제품 회사로 국내외 유명 미술관에도 소장되어 있다.

커틀러리의 보관

커틀러리 중에서 가장 관리하기 어려운 것은 은으로 만들어진 제품인데, 은 전용 클리너를 부드러운 천에 발라서 잘 닦고, 습하거나 공기와의 접촉에서 쉽게 변질·변색되므로 정기적으로 손질해둔다. 사용한 커틀러리는 흐르는 물에서 닦고 물기를 잘 제거한 후 커틀러리 케이스flatware roll에 넣거나 한꺼번에 겹쳐서 쌓거나 하지 말고 포개지지 않도록 한 자루씩 랩으로 싸서 보관하면 좋다. 서랍 등에 수납할 경우에는 탈산 소재ageless, 실리카겔건조제, 활성제 등을 넣어서 수납한다.

글라스웨어

테이블을 세팅할 때 사용하는 음료 잔을 글라스웨어glass ware라고 한다. 글라스는 주로 유리 잔을 사용하며 음료에 따라 가장 맛있게 마실 수 있는 형태가 연구되어 장식성이 높은 것과 기능성이 있는 실용적인 것 등 종류가 다양하다.

테이블 세팅에서는 주로 와인글라스를 세팅하는데 와인글라스는 무색투명하고 무늬가 없는 심플한 디자인으로 다리가 길고 입 부분이 좁은 것이 좋다. 글라스는 입에 직접 닿아 거기에 담긴 액체의 향과 맛을 직접 느끼므로 입에 담는 감촉을 고려하여 음료에 맞는 모양을 고르지 않으면 안 된다.

글라스의 용도에 따른 분류

글라스는 음료에 따라 형태와 크기가 각기 다르고 스템stem이 있는 것과 없는 것이 있다. 테이블 세팅에서는 매우 중요한 요소이다. 글라스웨어의 종류는 매우 다양한데 기본적인 모

종류별 글라스의 형태와 용도

구분	형태	용도
리큐어 글라스 (liqueur glass), 셰리 글라스 (sherry glass), 칵테일글라스 (cocktail glass)		식전주 혹은 칵테일용으로 사용한다. 리큐어는 알코올 도수가 높아 글라스의 크기가 작다. 칵테일 글라스는 마티니 등의 칵테일 전용 글라스이다.
화이트 와인글라스 (white wine glass), 레드 와인글라스 (red wine glass)		화이트 와인글라스는 레드 와인글라스보다는 작은 잔을 사용하는데 차가운 와인이 따뜻해지는 것을 피하고 한 번에 적은 양이 들어가면 따뜻해지기 전에 다 마실 수 있기 때문이다. 레드 와인글라스는 향이 퍼질 수 있도록 크기가 큰 것이 많다.
샴페인 큐브 (champagne cube), 샴페인 글라스 (champagne glass)		발포성 와인용 글라스인 샴페인 큐브는 축하의 자리에서 건배용으로 사용하고 셔벗이나 아이스크림을 담기도 한다. 샴페인 글라스는 기포를 감상하고 향기를 빠져나가지 못하게 하기 위해 길고 샤프한 형태의 오므라진 입구가 특징이다.
고블릿 (goblet)		고블릿은 주로 물을 담는데 와인글라스보다 큰 것으로 고른다.
비어 글라스 (beer glass)		비어 글라스는 물이나 주스, 우유 혹은 맥주용으로 사용된다.
브랜디 글라스 (brandy glass)		브랜디 글라스는 향을 즐기기 위해 입구가 오므라져 있고 손바닥으로 따뜻하게 하면서 마실 수 있도록 크기가 크고 짧다.

구분	형태	용도
텀블러(tumbler), 록 글라스(rock glass)		텀블러는 주스, 물, 위스키워터 등 다양하게 사용할 수 있다. 록 글라스는 위스키나 브랜드 온더록을 즐길 때 사용하고 큰 얼음이 들어가기 쉽도록 주둥이가 넓다.
샷 글라스 (shot glass)		위스키 등을 스트레이트로 마실 때 사용하는 작은 글라스이다.
디캔터 (decanter)		디캔터는 와인을 옮겨 놓는 병으로 레드 와인의 침전물을 제거하고 향이 공기와 접촉하게 하여 좀 더 와인 맛을 좋게 하려고 사용한다.
카라페 (carafe)		카라페는 미네랄워터를 담기도 하는데 뚜껑이 없는 것을 주로 사용한다.

양에 따라 고블릿goblet과 텀블러tumbler로 나눌 수 있다. 고블릿은 중간이나 손잡이 부분이 가는 줄기처럼 생긴 것으로 물이나 와인 샴페인, 코냑 등을 마실 때 사용한다. 텀블러는 위아래의 크기가 비슷하거나 아래로 갈수록 약간 좁아지는 모양으로 칵테일이나 음료를 마실 때 주로 사용된다.

글라스의 선택

우리가 흔히 레스토랑에서 볼 수 있는 내열유리로 만들어진 글라스는 급열, 급냉 등의 강한 자극에도 잘 깨지지 않아 대중적으로 많이 쓰이고 있다. 값비싼 글라스의 대표격으로 여겨지는 크리스털 유리 글라스는 커트 방법에 따라 빛나는 아름다움 덕에 고급스러운 분위기 연출 시에 많이 사용되고 있다. 워터 글라스물 전용 글라스와 와인글라스는 혼동되기 쉬운

▶ 각양각색의 글라스 디자인

데 워터 글라스는 다소 키가 작고 묵직한 형태가 많으며 여기에 아름다운 장식을 더하거나 색을 다양화시킨 것이 많다. 글라스를 배치할 때 가장 혼동하기 쉬운 것이 화이트 와인글라스와 레드 와인글라스의 구분 방법인데 레드 와인글라스는 지름이 화이트 와인글라스보다 큰 것으로 선택한다.

디캔터와 카라페는 와인을 담기 위한 병이다. 와인을 물 대신으로 마신다고 해도 과언이 아닌 유럽에서는 통에 들어 있는 싼 와인을 사두었다가 필요한 양만큼 다른 용기에 옮겨 담아서 마신다. 이럴 때 사용되는 것이 카라페이고 레스토랑 등에서 하우스 와인이 들어 있는 용기가 이에 해당된다. 디캔터는 본래 연대가 오래된 고급 레드 와인에 쌓인 침전물을 제거하기 위하여 위에 있는 맑은 와인을 다른 용기에 옮겨 담을 때 생겨난 것이고 마개가 있다. 기본적으로 와인을 위한 좋은 글라스는 무색투명의 무늬가 없는 심플한 디자인에 다리가 가늘고 길며 입부분이 조금 좁은 것이 좋다. 글라스는 와인의 색깔이나 투명도를 시각적으로 즐길 수 있도록 와인의 무게감을 보다 향기롭게 하는 디자인으로 만들어야 한다.

글라스의 역사

글라스 어원을 알아보면 영어나 네덜란드어에서는 '반짝반짝 빛나는 것'이라는 의미로, 이탈리어에서는 '깨지기 쉬운 것', 러시아에서는 '투명한 것'이라는 의미가 있다. 이처럼 각국의 유리에 대한 사고방식이나 제작 방법에는 저마다 조금씩 다른 차이가 있다.

역사적으로 유리를 처음 만든 지역은 메소포타미아였으며 일상적으로 유리를 사용하게 된 것은 로마 시대이다. 그 후 10세기가 되면서 유리 제작은 도시국가 베네치아를 중심으로 번영했으며 장식성이 높고 아름다운 글라스가 차례로 만들어졌다. 당시 유리는 베네치아의 독점 산업으로 기술의 유출을 막기 위해 글라스를 만드는 장인들은 무라노 섬에 유배되었다. 이 섬은 현재에도 베네치안 글라스로 유명한 곳이다. 그러나 섬에서 탈출한 장인에 의해 글라스 세공 기술은 체코슬로바키아, 네덜란드, 영국 등 유럽 각지에 유출되었다. 15세기에는 현재의 글라스 형태에 가까운 소다석탄 유리가 제작되었는데 이때부터 베네치안 글라스는 서서히 쇠퇴하게 되었다. 대신 등장한 것이 17세기 영국에서 탄생한 크리스털이다. 납을 포함한 이 소재는 종래보다 훨씬 투명도가 높고 경질이어서 오늘날 테이블 글라스의 원형이 되었다.

글라스에는 5가지 기법이 있다. 우선 베네치안 글라스에는 에나멜 광택의 무늬가 나타났다. 그 후 16~17세기에 유럽 각 지역에서 독자적인 글라스가 제작되는 시대가 열리자 투명하고 경질인 유리가 만들어지게 되었고 커팅 기술이 탄생되었다. 거의 같은 시기에 회전축에 부착된 원반으로 그림 무늬 모양을 조각해내는 그라빌 기법도 탄생되었고 글라스에 가해지는 기술의 원형이 완성되었다. 글라스의 제조 방법을 조금 살펴보면 글라스에는 녹여낸 유리를 탁상에 휘감아서 공기 중에서 부풀리면서 모양을 완성시키는 방법과 압착하여 만드는 프레스 글라스 방법이 있다. 마침내 글라스는 아르누보, 아르데코시대를 맞이하게된다. 유리공예 작가로 유명한 르네 라리크가 투명 크리스털과 반투명 크리스털의 구성을 제안했다.

세계적인 글라스 브랜드

베네치안 글라스

이탈리아 베네치아의 유리그릇이 식탁을 장식하게 된 것은 15세기 르네상스 시대 때부터였다. 유럽의 황후, 귀족이 무라노 섬에서 만든 베네치안 글라스Venetian Glass를 소유했다고도 전해진다. 현재도 이탈리아의 많은 공장이 전통 기술 그대로 이 글라스를 생산해내고 있다.

바카라

1764년 프랑스 로렌 지방 바카라 마을에서 창설된 바카라Baccarat는 '왕자의 크리스털'로 알려지면서 프랑스의 왕 루이 15세를 비롯한 황후, 귀족, 러시아의 황제, 유럽 각국의 왕족에게 사랑 받은 예술성이 높은 크리스털 제조업체이다. 특별한 빛을 발하는 커팅 기술이 독보적이다. 엄격한 품질관리 과정을 거치며 전 세계 90여 개국에 수출하고 있다.

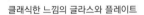
클래식한 느낌의 글라스와 플레이트

크리스털 글라스

라리크

1905년 프랑스 아르데코 양식의 디자이너로 유명한 르네 라리크에 의해 창립된 라리크Lalique
는 투명한 크리스털에 표면을 하얗게 한 특유의 프로스테드기법frosted crystal, 광 없애는 기법이 이
무렵에 확립되었으며, 식물에서 응용한 곡선을 살린 디자인 제품 등이 유명하다.

　2대 마르크에 의해 소재가 크리스털로 바뀐 후 프랑스 크리스털 예술을 대표하는 메이커로
부동의 지위를 획득하고 있다. 3대 마릭 로드의 시대를 거쳐, 현재에는 메종의 창조력과 아이
디어, 그리고 모든 제조법을 살려 새로운 제품을 추구하는 라리크 정신으로 독창적인 제품을
만들어내고 있다. 투명 크리스털과 프로스테드 크리스털이 연출하는 라리크만의 매력에 컬
러 크리스털을 더하는 등 무한한 미의 추구정신을 통해 새로운 미래를 개척하고 있다.

워터포드 크리스털

워터포드 크리스털Waterford Crystal은 예리하고 깊은 커팅, 무거운 맛이 있는 안정된 형태, 클래
식한 디자인이 특색이다. 당시 가장 유명한 크리스털 세공인이었던 펜로즈 형제가 영국의
존 힐을 초청하여 1783년에 핀란드 제5대 도시인 워터포드에 공장을 세웠다. 존의 제조 기술
로 인해 크리스털의 영롱함, 투명함, 섬세한 커팅 면에서 각광을 받았다.

　영국의 왕 조지 3세의 특별 주문을 계기로 워터포드 크리스털의 명성이 순식간에 유럽으로
퍼졌고, 바다를 건너 여러 나라 귀족들의 부의 과시물이 되었다. 핀란드 정부가 1961년에 J. F.
케네디 대통령 취임식에서 이 회사 제품의 센터피스를 축하선물로 증정한 후 인기를 끌었다.

생 루이

1586년에 출발하여 1767년에 왕립王立 생 루이Saint Louis 유리공장으로 발전했다. 1781년에 프랑스에서 처음으로 연鉛을 배합한 크리스털을 제조하여 화려함을 더했다.

기술자들의 힘을 모아 만든 오팔 컬러, 이중 크리스털 등 컬러 크리스털이 유명세를 타고 각국의 왕실과 공기관 조달용으로 각광을 받았다. 섬세한 장식을 가능케 하는 화학적 방법과 금채金彩 장식 개발에도 높은 성과를 보이고 있다. 각 나라 정상들의 만찬에 즐겨 사용되는 '티스루'와 '토미'가 대표 제품이다. 왕조풍의 섬세하고 화려한 크리스털은 생 루이의 진수이다.

돔

1878년 창립한 돔Daum은 프랑스 유리 공예계의 리더격인 존재이다. 아르누보 시대에 인기를 끌었던 글라스 공방에서 컬러 글라스를 분말로 해서 굳힌 형태로 우아하고 아름다운 디자인, 매력적인 색은 정평이 나 있다. 세계박람회에서 여러 번 그랑프리를 수상했으며 프랑스에서 혼수품으로 인기가 높다.

코스타 보다

북유럽을 대표하는 스웨덴의 메이커인 코스타 보다Kosta Boda는 단순하고 소박한 디자인을 선호하는 북유럽인의 취향을 살려 글라스가 다소 두껍고 사용하기 쉽다. 단순한 형태에 가는 커트를 더한 그릇 등 동양인의 취향에도 잘 맞는다.

보헤미안 글라스

체코슬로바키아의 보헤미아 지방에서 만들어진 보헤미안 글라스Bohemian Glass는 에나멜의 금박을 입힌 새로운 스타일로 아름답고 중후한 커트의 꽃병, 글라스, 샐러드 그릇 등으로 유명하다. 깊은 블루나 화려한 핑크 등 컬러 글라스와 금을 조화시킨 것도 많다.

라인 글라스

라인 글라스Line Glass는 보헤미안 글라스와 전통을 함께한다. 독일에서도 커트와 아르누보풍의 디자인, 에나멜 금채 기법 등이 다른 여러 기법과 함께 발전했다.

글라스웨어의 보관

글라스웨어는 식기 중에서 가장 깨지기 쉬우므로 충분한 주의를 기울여 취급해야 한다. 글라스를 올바르게 다루는 법에 대해 알아보기로 한다. 먼저 크리스털 글라스를 사용한 후에는 다른 식기보다 먼저 씻도록 하고 깨지는 것을 막기 위해 물기를 수도꼭지 가까이에서 털지 않도록 한다. 보관할 때는 지문이 남지 않도록 장갑을 끼고 취급한다.

세제로 닦기

기름기가 있거나 냄새가 나는 식기는 따로 분리하고 글라스 전용 스펀지나 브러시로 깨끗하게 닦고 미지근한 물로 헹구고 물기를 뺀다. 이때 수세미나 거친 스펀지를 사용하면 상처를 주기 쉽기 때문에 사용하지 말아야 한다. 물로 닦으면 오물이 남아 있거나 물기가 잘 제거되지 않아 물방울 흔적이 남게 되므로 주의해야 한다.

커트 부분의 때나 얼룩 지우기

커트의 움푹 들어간 부분에는 물때가 끼기 쉽기 때문에 털로 된 브러시 등에 식초 혹은 레몬과 소금을 혼합한 것을 묻혀 문지르면 더러운 것이 떨어진다. 에탄올, 알코올 등을 사용해도 효과는 같다.

마른 행주로 닦기

물을 뺀 글라스를 보풀이 없는 면행주 등으로 뽀드득 소리가 날 정도로 닦는다. 이때 글라스를 맨손으로 잡지 말고 글라스에 행주를 씌워 그 부분을 잡아서 닦으면 지문 등이 생기지 않고 빛이 난다.

리넨

리넨linen은 원래 영어에서 마麻를 가리키지만 테이블 아이템에서의 리넨은 테이블 세팅에 사용되는 모든 천을 총칭하며 테이블클로스table cloth, 러너runner, 매트mat, 냅킨napkin 등이 있다.

리넨의 종류

테이블클로스

우리 생활 속에서는 테이블이 보급되기 시작한지 얼마 되지 않아 테이블클로스를 사용하는 것에 대해 그리 익숙하지는 않다. 그러나 테이블클로스table cloth는 식탁의 분위기를 살리는 데 중요한 역할을 한다. 테이블클로스는 리넨마의 총칭이 가장 격식 있는 포멀한 소재이며 면, 폴리에스테르, 레이온 등이 있다. 대체로 마 소재는 튼튼하고 실의 굵기나 짜는 방법에 따라 두께를 다양하게 연출할 수 있으며, 얼룩이 쉽게 지워지고 세균의 번식

테이블클로스

이 어렵다는 점 등이 장점이지만 형태가 변하거나 주름이 쉽게 잡히고 취급이 불편하다는 점, 값이 좀 비싸다는 단점도 있다. 천연 소재인 아사, 면, 마로 만드는 것이 일반적이며 이러한 재질은 세탁이 용이하다.

언더 클로스

보통 사용하는 테이블클로스 아래에 언더 클로스under cloth를 까는데 식기의 미끄럼을 방지하고 식기의 소리를 흡수하는 효과가 있으며 테이블에 중후함을 더해주고 부드러운 분위기를 주면서 동시에 글라스나 커틀러리 등을 놓았을 때 충격을 막는 쿠션 역할을 해준다. 그러나 언더 클로스가 보이지 않는 부분이라며 고정시키지 않고 적당히 깔면 아름다운 실루엣이 나오지 않고 한쪽으로 밀릴 수 있으므로 주의한다. 소재로는 비닐 코팅지나 고무 제품의 기성품이 있으나 낡은 흰 시트나 모포를 사용해도 좋다.

플레이스매트

테이블 세팅을 할 때 한사람, 한사람의 자리가 특별하게 보이도록 깔아주는 것이 플레이스매트place mat인데 테이블클로스에 얼룩이 생기는 것도 방지해주고 다양한 분위기를 연출하기도 한다. 주로 런치용으로 캐주얼하게 사용해서 런천 매트luncheon mat라고도 한다. 소재로는

플레이스매트

마, 목면, 화학섬유, 종이, 고무, 나무 등 다양하게 사용된다. 원칙적으로 테이블클로스와 매트는 함께 사용하지 않으나 요즈음에는 효과적 연출을 위해 함께 사용하기도 한다. 세팅을 할 때는 되도록 글라스까지 플레이스매트 안에 들어올 수 있게 하고 테이블클로스나 식기와의 조화를 잘 생각해 깔도록 한다. 기본 사이즈는 45×35cm 정도이고 디자인은 분위기에 맞게 선택할 수 있다.

러너

식탁 자체의 디자인을 강조하는 영국에서는 식탁을 테이블클로스로 전부 다 가리지 않고 식탁의 라인, 나뭇결 등을 살리면서 식탁 중앙에 옆으로 길게 깔아주는 러너runner를 사용한다. 폭이나 길이는 자유롭게 선택할 수 있는데 깔고 나서 양쪽 끝이 15~20cm 밑으로 떨어지면 무난하다. 테이블클로스와 함께 사용하는 경우에는 테이블클로스보다 길게 늘어지게 하는 쪽이 좀 더 멋있고 우아하게 보인다. 무늬가 있는 테이블클로스에는 무지의 러너를, 무늬가 없는 테이블클로스의 경우는 무늬가 있는 러너가 어울린다.

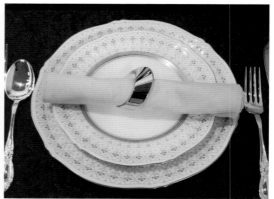

냅킨

냅킨

최근 들어 생활수준의 향상에 따라 품격 있는 식공간 연출이 요구되면서 냅킨napkin의 사용빈도가 높아지고 있다. 일반적으로 냅킨은 옷이 더러워지는 것을 방지하고 입을 닦거나 식탁에 포인트를 주기 위해 세팅한다. 냅킨은 테이블클로스와 같은 소재, 색상을 준비하거나 테이블클로스와 같은 소재이면서 대비색이 되는 것을 사용하면 강조의 효과를 낼 수도 있다. 식기의 컬러에 맞추어 선택한다. 크기는 용도에 따라 다양하다.

▶
냅킨과 냅킨링

도일리

1700년대부터 1850년까지 영국 스트랜드가Strand에 있는 유명하고 오래된 포목상에서 발명한 장식적인 모직을 가리키는 용어였으나 시간이 지나면서 빅토리아 시대의 사람들이 실내의 여러 곳을 덮어 장식하는 리넨 레이스로 뜻이 바뀌었다. 도일리doily는 접시 위나 겹쳐진 자기 사이에 넣어 그릇과의 마찰 시에 나는 소리를 방지한다. 10cm 정사각형이나 원 모양 천으로 레이스나 자수 혹은 종이로 되어 있다.

냅킨의 사이즈별 용도

용도	크기	특징
디너(formal)	50×50cm, 60×60cm	격식 있는 포멀한 자리에서는 보다 큰 냅킨을 준비하고 다마스크나 리넨으로 제일 큰 직물을 사용한다.
모닝, 런치(casual)	40×40cm, 45×45cm	아침이나 점심 식사용으로 쓰이고 캐주얼하게 표현되므로 소재는 면, 폴리에스테르, 비닐코팅도 사용한다.
티(tea)	25×25cm	티 파티 용도로 레이스나 자수를 사용한 얇은 것이 많이 사용된다.
칵테일	15×15cm	가장 작은 칵테일 냅킨은 파티에서 음료를 받을 때 글라스 밑에 깔고 사용하기도 한다.

리넨의 선택

리넨은 색이나 소재, 혹은 표현 방법에 따라 전혀 다른 분위기를 연출할 수 있다.

테이블클로스를 깔 때 색의 코디네이터는 중요한 포인트가 되며 식기가 놓이는 테이블클로스의 색이 주조색인 경우가 많다. 엷은 색에서 점차 짙어질수록 캐주얼에 가까워지고 체크무늬나 줄무늬를 선택한다. 천의 조직을 구성하고 있는 실이 가늘수록 포멀 스타일에 가깝고, 굵고 두꺼우면 캐주얼 스타일에 어울린다. 또한 식기와의 조화를 생각해서 무지일 경우는 테이블 세팅이 그리 어렵지 않으나 리넨이 꽃무늬 혹은 기하학적 패턴이 되면 세팅의 테크닉이 반드시 필요하다. 만일 식기의 무늬가 꽃무늬, 풀 무늬가 많이 디자인된 경우 식기에 담겨 있는 컬러 하나를 끌어내어 단색의 테이블클로스를 깔거나 그렇지 않을 경우 아주 작은 꽃무늬나 아주 큰 무늬를 선택한다. 좀 더 안정감 있는 느낌을 주고 싶다면 매트를 깔아본다. 계절이나 기분에 따라 테이블클로스의 표현 방법은 아주 다양하다.

스타일별 테이블클로스의 선택

스타일	컬러	소재	크기	특징
포멀 (formal)	흰색	마, 다마스크, 면마 혼방	테이블 아래로 50cm 이상 내리기	고급스런 느낌으로 격식 있는 자리에 어울린다.
세미 포멀 (semi formal)	흰색, 아이보리, 단색 및 파스텔	마, 면, 레이스	35~45cm 내리기	적당히 격식 있는 자리에서 어울린다.
엘레강스 (elegance)	꽃무늬, 단색	마, 레이스, 자수	35~45cm 내리기	자수나 레이스는 섬세한 아름다움, 개성을 연출할 수 있다.
캐주얼 (casual)	줄무늬, 체크무늬, 컬러풀한 꽃무늬	폴리에스테르, 두꺼운 면, 마	25~35cm 내리기	자유롭고 캐주얼한 연출에 어울리고 두께가 얇지만 얼룩 등이 잘 빠지고 구김이 없어 사용하기 편리하다.
모던 (modern)	무채색, 큰 무늬	폴리에스테르, 마, 프린트	35~45cm 내리기	현대적이고 감각적인 연출 시에 사용되고 무채색을 많이 쓴다.
내추럴 (natural)	그레이, 카키색 등 특별한 색	마, 면(두툼하고 거친 느낌), 오건디	35~45cm 내리기	자연 그대로를 표현하거나 민속적 느낌을 강하게 표현할 때 오건디(organdy)를 사용한다.

구분	테이블 리넨 표현 방법
봄	산뜻한 초봄을 살리는 잔잔한 무늬의 화사한 핑크색 톤이나 싱그러운 신록의 초록색으로 표현한다.
여름	바다 느낌이 물씬 풍기는 블루 계열의 스트라이프로 활기차고 시원한 분위기를 표현한다.
가을	부드러운 오렌지색이나 차분한 느낌의 갈색으로 가을의 풍성함을 만끽해 본다.
겨울	베이지 컬러나 그레이 등 무난한 컬러로 초겨울을 표현하고 한겨울에는 강한 느낌의 자주색으로 식탁을 강렬하고 품위 있게 표현한다.

리넨의 역사

고대의 냅킨은 아포마그다리apomagdalie라고 부르는 것인데, 밀가루 반죽 덩어리를 조금씩 잘라 손을 닦고 난 후 버리기도 했다. 로마 시대에는 '손을 씻을 필요가 없는 성찬'이라고 하면 고급스럽지 않은 연회를 가리켰다. 바꿔 말해 손이 지저분해지는 요리일수록 고급이며 손님은 손을 씻고 냅킨이나 타월이 아닌 헝겊으로 손을 닦았다. 테이블클로스가 식탁 위에서 사용된 것은 14세기부터이다. 그러나 이 시대에는 보드 클로스board cloth라고 하여 나무다리에 걸쳐 있는 폭이 좁은 판 위에 깔았던 것으로 당시는 모두 손으로 식사를 했기 때문에 보드 클로스는 바닥까지 길게 늘어져 있었고 식사의 사이사이에 손님은 클로스를 들어 올려 입을 닦거나 손을 닦았다. '베리공작의 호화로운 기도서' 그림을 보면 서빙을 하는 집사가 어깨에서부터 긴 천을 늘어뜨리고 있다. 15세기에 등장한 이 천은 보드 클로스 외에 타월의 역할도 했던 것으로 장방형 바스타월 형태로 손을 닦는 것은 냅nap이라고 부르고, 작은 것은 킨kin이라는 의미로 불렀으며 이 냅킨napkin을 현재처럼 사용했다. 중세인들은 고기를 나이프로 잘라서 손으로 먹고 남은 뼈나 음식 찌꺼기는 바닥에 버렸다고 하니 오늘날에는 상상할 수도 없다.

16세기에는 항해술이 발달하고 진기한 물건들이 동양에서 유럽으로 건너갔다. 다마스크 직물이나 융이 그 예이다. 상류층은 바다를 건너온 고가의 물건을 구매한 후 그 물건이 자신의 지위를 상징한다고 생각했다. 이 당시 그림을 보면 융이 테이블 위에 깔려 있는데 융은 이 후에도 사용되었다. 당시 어떤 연회에서는 식사가 시작되고 나서 끝나기까지 6번이나 테이블클로스의 색상이 바뀌었으며 맨 마지막에 가장 좋은 융을 깔았다. 후에 이 융은 펠트로 바뀌고 오늘날의 언더 클로스under cloth로 발전하게 된다. 이집트에서 수입된 리넨을 사용하던 유럽 상류층은 당시 중국의 견직물, 중동지방의 직물 등과 특히 시리아의 다마스크damask, 1가지 색실로 조직의 형태를 특수하게 하여 만든 무늬도 사용했는데, 그 당시 상류사회의 식탁에서 빠지지 않는 장식물이 되었다.

특히 테이블클로스는 수준 높은 생활양식을 보여주는 상징이 되기도 했는데 프랑스 로코코 시대에는 퐁파두르 후작 부인이 목면 테이블클로스를 처음 사용했고 루이 16세 시대에는 마리 앙투아네트 왕비가 당시 최고의 사치품인 실크 오건디를 선보였다.

리넨은 패션과 건축 분야에도 영향을 주고받으면서 곡선, 직선, 주름 등의 변화를 주는 즐거운 식탁의 한 요소일 뿐만 아니라 현재는 인테리어와 패션까지 확대되고 있다. 18세기에 이르러 리넨은 현재와 같은 형태로 정착되어 주름 없이 깨끗한 모양새를 갖추게 되고 섬유 기술이 발달하여 화학섬유가 사용되기도 했지만 아직까지도 최상의 리넨은 흰색 순면이다.

리넨의 보관

테이블클로스는 포멀 스타일에서 캐주얼 스타일까지 다양하게 구비한 후 선택해서 사용하는데 어떤 종류의 테이블클로스는 손질 방법에 따라 청결하게 오래 사용할 수 있다. 일단 얼룩이 보이면 바로 세탁을 한다. 대개의 더러움이나 얼룩은 사용한 즉시 빨면 간단하게 뺄 수 있다. 그러나 소재나 얼룩의 정도에 따라 드라이클리닝을 맡겨야 하는 경우도 있으므로 유의한다.

얇은 리넨이나 레이스 소재는 손으로 비벼 빨아서 얼룩을 제거하는 것이 좋고 다마스크 직물은 그물망에 넣어 세탁기에 빨고 말릴 때는 네 귀퉁이를 잘 펴서 모양을 바로 잡은 후 뒤집어서 말린다. 화학섬유 제품은 세탁기에 그대로 넣고 빨아도 되며 풀을 먹여야 하는 리넨마의 경우는 세탁만 해서 보관하다가 사용하기 직전에 스프레이 풀을 뿌려 다려서 사용한다. 미리 풀을 먹인 채로 오래 보관해두면 색이 누렇게 변하므로 주의한다. 와인의 얼룩은 가제에 물을 적셔서 두드린 뒤 비누나 중성세제로 빤다. 홍차의 얼룩은 벤젠으로 두드려 유분을 떨어뜨린 후 비누로 세탁한다. 세탁 후 건조기에 넣어 반쯤 건조되었을 때 테이블클로스의 주름을 펴서 말리면 다림질을 하지 않아도 된다.

센터피스

테이블 세팅에서 센터피스centerpiece는 중앙에 놓는다는 의미로 식탁의 중앙 장식물을 의미한다. 이것은 유럽의 왕후, 귀족들이 권력이나 부를 나타내기 위해 많은 사람을 초대해 식탁 위에 고급 식기나 장식품을 놓고 감상하게 하는 전통에서 유래되었다. 또 러시아에서는 요리를 1가지씩 내오는 식습관지금의 코스 요리 스타일에 따라 식탁 중앙 공간이 비게 되자 소금, 후추, 설탕 등의 조미료와 네푸nefu라는 배 모양의 그릇에 귀한 과일을 담아 놓으면서 지금의 센터피스가 되었다. 센터피스로는 꽃을 많이 사용하는 것이 일반적이지만 과일이나 야채 등의 자연 소재와 도자기로 된 꽃이나 촛대 장식품 등 인공 소재를 놓기도 한다. 센터피스를 놓을 때 주의하여야 할 점은 다음과 같다.

센터피스로 생화 꽃을 이용할 때 꽃의 키가 마주 앉은 사람의 얼굴이나 음식을 가릴 만큼 커서는 안 되고 향기도 너무 진하면 음식의 풍미를 느낄 수 없으므로 꽃을 선택할 때 유의한다. 높이는 앉아서 보아 부담스럽지 않게 25cm를 넘지 않도록 하고, 팔꿈치를 세웠을 경우 그 높이가 약 45cm 이하로 눈높이를 가리지 않는다. 높게 할 경우는 아주 높게 해서 센터피스 사이로 보일 수 있도록 하기도 한다. 최근에는 늘어진 가지를 테이블클로스 위에 뻗게 하여 우아함을 강조하고 '로즈 페달'이라 하여 꽃잎을 식탁 위에 뿌려 화려하고 엘레강스한 분위기를 연출하기도 한다.

▶ 센터피스

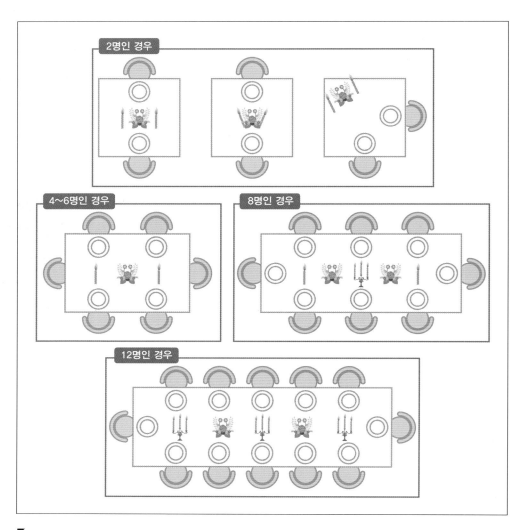

▶
센터피스의 위치

식탁 소품류

피겨류

피겨류figures는 본래 '장식물'이라는 의미인데 장식적인 효과가 있으며 냅킨 홀더냅킨 링나 네임 카드 등이 해당된다. 크기에 따라 부르는 방법이 조금 다른데 인형과 새, 작은 동물상, 소금 담는 작은 통을 피겨라고 부른다. 장식성과 실용성을 동시에 지닌 식탁 위의 소형 장식물을 의미한다. 크기가 큰 화기 등은 센터피스로 지칭한다.

캔들

최초의 초candle는 밀랍beeswax, 벌꿀을 채취하고 남은 찌꺼기를 가열·압축시킨 것으로 만든 것이었다. 식사 시간과 인원을 고려해서 알맞게 초를 세팅해서 식사를 마치고 초를 끌 경우 입으로 불어서 끄지 않고 초를 끄는 도구인 캔들 스너퍼candle snuffer를 사용한다.

▼
식탁소품류

어태치먼트

테마에 맞는 장식적인 효과를 주기위해 식탁의 공간을 채우는 작은 물건을 어태치먼트attachment라고 말하는데 도자기 장식물이나 리본, 초콜릿, 구슬 등의 장식물이 이에 해당하고 추억의 물건 등 어떤 것이라도 테마가 되어 식탁을 아름답게 연출하는데 사용할 수 있다.

레스트

커틀러리를 받치는 물건인 레스트rest는 주로 캐주얼한 분위기에 사용되며 장식적 효과를 주는데 사용되는 소품이다.

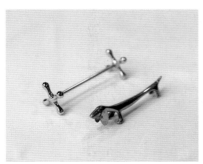
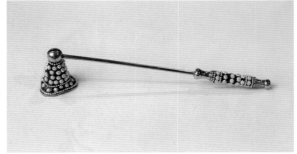

▼
레스트와 캔들 스너퍼

History of the
Table Coordinate

CHAPTER 2 테이블 코디네이트 역사

현(現) 시대의 문화는 이전 시대의 양식 위에 새로운 시대의 양식이 더해서 서서히
발전해가는 것이므로 연도가 바뀐다고 문화가 완전히 바뀌는 것은 아니다. 그러므
로 식탁의 역사를 배우는 것은 각 나라의 요리나 테이블 세팅의 흐름과 본질을 보
다 깊이 있게 이해할 수 있는 좋은 방편이 된다.
옛 벽화나 회화에서 식탁사를 유추해 보고 그 안에서 세팅의 변천사를 배우고 추
측하여 상상하는 작업을 통해 '테이블 세팅'의 역사가 완성될 것이다.

History of the
Table Coordinate

테이블 코디네이트 역사

서양 테이블 코디네이트 역사

그리스 시대

그리스 시대Greece, BC 2000~AD 30의 BC 7세기 연회는 저녁부터 시작되었으며, 침대와 데이 베드의 원형인 '클리네kline'라고 불리는 긴 의자에 가로로 누워서 식사를 했다. 이것은 고귀한 인간에게만 허용되는 위엄 있는 식사 방법이라고 여겼다. 연회는 보통 남자들만 참가하는 것이 일반적이었지만 가끔은 피리 부는 여자나 춤을 추는 여자들이 고용되기도 했다. 손님이 도착하면 우선 신발을 벗기고 노예들이 발을 닦아주었다.

클리네 옆에는 사각으로 작고 낮은 3개의 다리가 있는 연회용 테이블이 있었다. 그 테이블에 요리를 얹어 메인테이블마다 옮겨 놓고 식사가 끝난 뒤에는 테이블마다 요리에 사용된 접시를 치웠다. 축제일의 밤에는 토론용 좌석이 설치되어 밤새도록 술을 마시면서 철학이나 정치를 논의하기도 했다.

로마 시대

로마 시대Rome, BC 510~476의 사교의 중심은 캐나라고 하는 연회에서 시작한다. 캐나의 특징은 트리클리늄triclinium이라고 하는 침대에 엎드려 도로소라는 쿠션을 끼고 눕거나 기대서 식사를 했는데 로마인들은 커다란 침대 하나를 U자형으로 배치했다. 침대 위에서는 항상 한쪽

팔꿈치를 붙이고 몸을 움직여 음식을 먹었다. 트리클리늄과 같은 높이의 테이블이 앞에 있어 팔을 뻗어 손가락으로 음식을 집어 먹었는데 로마인들은 이런 식사법을 상류층의 식사법이라고 여겼고, 신분이 낮은 사람에게는 허용하지 않았다.

고대의 식사 모습

식사는 전채에 상당하는 요리로 시작되어 새고기, 돼지고기나 쇠고기, 생선 등 산해진미를 이용한 메인 요리, 디저트의 순으로 제공된다. 또한 악사의 연주와 함께 노래나 춤이 펼쳐지면서 연회는 계속된다. 손님은 각자 냅킨을 가지고 참가해서 그것으로 손을 닦기도 했으며 새로운 코스 요리가 나올 때 남은 요리를 싸가지고 가는 데도 사용했다. 정찬에 초대되었을 때는 토가toga라는 가벼운 식사복을 가지고 가기도 했다. 봄베이의 벽화에는 유리집이나 유리그릇, 은제품의 술잔이나 스푼 등이 그려져 있으므로 당시 식탁에서 사용했다는 것을 알 수 있다.

중세

중세medieval, BC 476~AD 1450에는 왕후, 귀족의 성 등에서 성대한 향연이 열렸다. 향연의 관심은 요리보다는 요리의 외관이나 잔치의 전개에 있었다. 중세 초기에는 식사 전용 테이블이 없었기 때문에 큰방에 판자를 놓고 마루까지 닿는 길이의 테이블클로스를 깔아 오늘날 테이블의 느낌이 나게 놓았다. 이 테이블 위에는 냅킨의 역할을 하는 2번 접은 톱 클로스top cloth가 깔렸다. 테이블클로스는 여러 번 겹쳐 놓아 코스가 끝날 때마다 위의 천을 걷어내고 사용했고 마지막에 남은 천을 공동의 냅킨처럼 사용했다.

당시에는 도자기가 없었기 때문에 '트렌처'를 식기 대용으로 사용했다. 트렌처는 나무나 금속 도마 위에서 두껍게 자른 빵을 이용하여 둥글게 만든 것인데 통밀가루나 호밀에 누룩을 넣지 않고 만든 빵을 4일 동안 숙성시킨 후 원형이나 직사각형으로 잘라 흡수성이 있는

중세의 식탁 풍경

코스 요리 사이의 앙트르메

접시로 사용했다. 식사의 말미에는 트렌처를 먹기도 했다. 손님 각자가 들고 온 나이프로 트렌처 위에 고기를 놓고 손이나 나이프로 잘라 먹었고 테이블은 ㄷ자 형태로 배치되어 초대된 사람들은 긴 의자에 가로 일렬로 벽을 등지고 앉았다. 그 중 가장 신분이 높은 사람이 가장 높은 좌석에 앉거나 혼자 의자에 앉았다. 그 앞에는 권위의 상징인 네프가 놓였다. 네프는 배 모양의 용기로 금은 세공으로 장식이 되어 있었다. 자물쇠가 채워진 구조로 소금, 향신료를 넣었으나 크기가 큰 것에는 주변의 나이프, 스푼, 냅킨 등을 넣기도 했다.

방의 한쪽 구석에는 식기선반뷔페이 놓여 있어 영주들이 귀중품으로 들고 다녔던 금은 식기류를 놓아두거나 연회를 할 때에는 물과 와인을 따르는 장소로 사용하기도 했다. 수프를 먹을 때는 얕은 주발에 담아 먹었다. 마실 것은 그때마다 식사 시중을 드는 사람을 불러 식기 선반에서 가져오게 시켰다.

코스와 코스 사이에는 앙트르메entremets, 즉 여흥餘興이 있었다. 이것은 식사와 식사 사이에 빈 공간에서 악사들의 연주, 동물들의 행진이나 시 낭송 등을 하는 것으로 요리도 이 공간에서 서비스되었다. 센터피스 역할인 네프로 식탁을 장식한 것도 이때부터이다. 나이프와 포크를 식사 도구로 사용했으나 대부분의 사람들은 나이프만 사용하고 손으로 식사했다. 이런 관습은 16세기까지 계속되었다.

르네상스 시대

식탁의 르네상스Renaissance Age, 1450~1643라고 일컬어질 만큼 현란한 식도락 문화가 꽃을 피우고 요리를 단순히 음식이 아니라 예술로 승화시킨 시대이다. 15세기에 이탈리아에서 일어난 르네상스의 물결이 16세기에는 유럽 전 지역으로 번졌다. 프랑스로 시집 온 메디치가의 카트린은 프랑스 식탁과 요리에 혁명을 일으켰다.

아름다운 도기나 우아한 포크의 사용 등 식탁에서 쓰이는 도구나 장식물 및 식탁예절이 훨씬 정교하고 복잡해졌다. 또한 16세기 양식의 특징으로는 식사 뒤에 나오는 과일이나 단맛이 주로 많은 '고라시온'이 새로운 식사양식의 하나가 되어 설탕절임한 과일, 건조과일, 생과일, 비스킷 등을 수북이 식탁 위에 놓은 채 각각 자유롭게 가져다가 먹었다.

카트린이 가지고 온 포크가 처음 사용된 것은 프랑스의 왕 앙리 3세 시대1574~1589부터이다. 코르네토cornetto라고 불리는 드레이프drape가 있는 옷깃이 유행했고, 턱까지 닿는 옷깃이 더러워지지 않도록 포크가 처음 사용되었다.

바로크 시대

바로크 시대Baroque Age, 1620~1740의 연회는 스케일이 엄청나게 큰 향연이다. 루이 14세는 구경꾼이 지켜보는 가운데 공개 회식을 개최하기도 했는데, 이는 권력 과시의 수단이었다. 큰 건물 안에 대규모 무대 장치를 설치한 연극 무대는 왕후, 귀족들의 눈과 입을 즐겁게 해주었다. 멀찍이 둘러서서 구경하는 사람들에게는 향연이 끝난 뒤 남은 음식을 먹도록 허락했다. 공개 회식의 다른 한편으로는 내륜內輪, 절친한 사람, 내부 사정을 잘 아는 사람의 소수사람들끼리 서로 마주 앉아 식사를 하는 스타일도 생겨났다. 이 식사 방식은 서비스와 방식에 변화를 주어 유럽의 귀족 사회에서 주류가 된 프랑스식 서비스로 발전했다.

프랑스식 서비스는 3가지 코스로 구성되었으나 한 종류씩 나가는 것이 아니라 한 코스에 나갈 음식들을 한 번에 내는 형태였다. 좌우대칭으로 늘어놓은 요리는 놓는 자리가 정해져 있고, 개인용 접시도 식탁 위에 규칙적으로 배치되어 있었다.

이 시대에 초콜릿과 차가 등장하여 식문화에 중요한 의미를 남겼으며 사람들이 원탁 등에서 자신의 개인용 접시를 앞에 두고 마주보고 앉아서 식사를 하는 형태가 등장하여 적은 인원이 식사를 즐길 수 있는 현재의 스타일과 매우 흡사했다.

독일의 작센지방 '마이센'은 바로크 예술의 생동감을 표현한 바로크풍 자기로 격찬을 받기도 했다. 나이프, 포크는 여전히 덜어 먹는 도구로 쓰이고 음식을 먹을 때는 쓰지 않았으나 17세기 중반에야 모두 식사 시에 포크를 사용하게 되었다.

또한 꽃 예술의 등장으로 다양한 꽃과 과일, 채소, 조개로 만든 화려한 센터피스가 발달했다. 바로크 시대의 충만한 생동감이나 장중한 위압감, 남성성 등이 표현되었다.

로코코 시대

로코코 시대Rococo Age, 1710~1774의 '로로코'는 로카이유rocaille에서 유래한 것으로 지하 인공 동굴인 그로토groto에서 볼 수 있는 바위, 물, 조개, 이끼와 같은 것을 총체적으로 지칭하는 말이다. 로코코는 세련미나, 화려함, 여성적이며 감각적인 표현이다.

이 시대에는 퐁파두르 후작 부인의 세련된 취향에 인해 식문화가 발전했고 독일 마이센의 영향을 받은 세브르 도자기가 유명하다. 또한 여성적 실루엣을 강조하는 로코코 패션을 위해 다이어트 식사법이 유행했다. 식사에는 좀 더 형식적인 순서, 청결, 우아함이 있었고 요리기술도 비약적으로 발전했다.

▶
로코코 시대의 우아한 만찬

저택 안에는 식사 전용의 '식당'이 생겼고 원형 테이블도 사용되었다. 실내장식, 가구, 식기, 커틀러리 등이 계속해서 디자인되었고 테이블에는 같은 디자인으로 통일된 디너세트, 금은 커틀러리가 놓였다. 테이블클로스는 레이스와 자수, 부드러운 질감의 로코코 디자인으로 변화되어 보다 호화롭고 섬세해졌다. 또 자기로 만든 인형으로 귀족의 식탁을 더욱 우아하게 장식했다. 사람들은 중세 이후 접시 옆에 놓인 나이프, 포크, 스푼을 능숙하게 사용하게 되었다.

신고전주의

신고전주의neoclassic, 1760~1860는 18세기 후반에서 19세기 초를 말하는데, 프랑스 요리에서 19세기는 황금시대이다. 프랑스 서비스 방식이 세계의 공식 작법으로 정착하였다. 서비스에 관해서는 프랑스식 서비스와 러시아식 서비스가 논쟁이 되었으나 최종적으로 정착한 것이 프랑스 요리와 서비스 방식이다.

19세기에는 저명한 요리사가 많이 배출되었고 요리사는 자유로운 예술가이므로 각국의 대사관이나 유명한 레스토랑 등에서는 서로 초빙하려고 애쓰게 되었다. 19세기 초 직물산업의 기계화로 인해 면직물이 대량생산되었으며 다양하게 염색했으나 리넨은 흰색이 가장 선호되었다.

빅토리아 시대

빅토리아 시대Victoria Age, 1837~1901는 산업화와 도시화를 근간으로 산업혁명이 일어나면서 도자기와 실버웨어가 대량생산되었다. 영국에서는 흰 빵과 육류의 소비가 증가했으며 최초의 채식주의도 등장했다. 중상류층에 차tea의 보급이 확대되어 홍차문화가 확립되었으며, 미국에서는 음식 관련 산업이 발달했고 농업의 기계화, 전문화가 이루어졌다. 식기는 영국 본차이

▶ 프랑스식 서비스의 우아한 멋

▶ 빅토리아 시대의 정찬 모임

나bone china가 개발되어 도자기의 투명도와 견고함이 한층 증대되었다. 커틀러리는 자연 문양을 넣어 포도와 넝쿨이 섬세하고 아름답게 표현되었다. 테이블클로스는 흰 면에 자수를 하여 전체적으로 깔끔하게 처리했고 황금색의 실크로 우아함을 강조하고 화려함을 더했다. 센터피스는 은제나 도제로 된 호화로운 장식물을 가득 놓아 부를 자랑하는 것을 즐겼다.

아르누보

19세기 말부터 20세기 초에 유럽과 미국에서 유행한 양식인 '새로운 예술'이라는 의미의 아르누보art nouveau, 1880~1920는 인간성의 회복과 자연과의 조화를 목표로 한 양식이다. 산업혁명 이후 대량생산으로 만들어진 기계화되고 획일적인 제품에 반발해서 자연에서 유래된 아름다운 곡선을 디자인의 모티프로 삼아 유동적인 곡선, 당초무늬식물의 덩굴이나 줄기를 일정한 모양으로 도안화한 장식 모티프 또는 화염 무늬타오르는 불꽃 모양을 본뜬 모티프 등 장식성을 자랑했고 수공예적 곡선을 살린 장식이 특징이다. 아르누보 장식에는 불균형에 의한 조화, 좌우 비대칭이 최대한 강조되어 있다.

일반인의 미식에 대한 관심이 고조되었으며, 뷔페, 카페테리아 식사법이 등장하고 부르주아 계급 간의 사회적 조화를 위한 티 파티가 성행했다. 일본풍의 분위기로 연꽃, 대나무 등 동양 감성에 매료되어 지역 특성에 관심을 기울인 일본 향토요리에 대한 관심이 높아졌다. 식기는 수공예품이 주로 이용되었다. 식물, 꽃, 나뭇잎 등의 자연주의 양식에 기초한 무늬나 추상적인 곡선 무늬가 디너웨어에 많이 장식되었다.

커틀러리는 손잡이 부분이 꽃으로 장식되어 있거나 곡선으로 표현된 제품이 많이 생산되었다. 아르누보 시대의 리넨은 에스커브s-curve의 아름다움을 살리기 위해 부드러운 재료를 많이 사용했고 레이스, 시폰, 오건디 등의 부드럽고 얇게 비치는 천을 선호했다.

아르데코

아르데코art deco, 1920~1939는 1925년에 개최된 현대 국제 미술의 약칭에서 유래되었으며 이전의 아르누보 양식과는 정반대로 직선이나 입체를 살린 기하학적인 경향이 강하다. 기하학적인 모양, 압도적인 색채에는 정확히 계산된 아름다움이 있다.

아르데코의 모티프는 지그재그직선이 번갈아 좌우로 꺾인 모양, 지구라트고대 피라미드 형태의 신전을 본뜬 모양, 선버스트구름 사이로 새어 나오는 강렬한 햇살 모양의 불꽃 문양이다. 금색과 은색은 아르데코의 모던함을 표현하는 색으로 강하게 대비를 이루고 현대적이며 대담한 분위기를 보여주는 역할을 했다. 꽃무늬 패턴을 식기 표면에 전체적으로 전사하기도 하고 그릇의 가장자리에 색 라인을 넣거나 추상적이거나 기하학적인 패턴으로 제작했다. 커피잔 세트는 도자기로 제작되기보다 금과 은이 복합적으로 사용된 제품이 많았다. 직문 디자인은 추상성을 강조한 대담한 기하학적 모티프로 이루어졌고 꽃의 모티프와 아프리카, 동양의 에스닉 모티프가 첨가되었다.

모던

모던modern, 1900~이라는 말은 기술적으로 앞서 있고 물질적으로 부유하며 자유로운 삶을 의미한다. 기능성을 중시하고 장식성을 배제하는 디자인으로 합리성과 기능성을 중시해야 한다는 기본 틀이 확고한 양식으로 현대에는 모든 스타일이 모더니즘 디자인의 영향을 받고 있다.

모던 테이블 세팅은 형식이나 규칙 없이 자유롭게 세팅하는 캐주얼 테이블 세팅의 한 표현인데, 샤프한 이미지를 부각시키는 것이 가장 큰 포인트가 된다. 스테인리스나 돌은 식기뿐만 아니라 테이블클로스 없이 사용해도 모던한 세팅이 된다. 모던을 가장 확실히 표현할 수 있는 테이블 세팅 색으로는 검은색, 하얀색, 회색 등의 무채색이 있으며, 무채색을 조화시켜 세련되고 도회적인 이미지로 표현할 수 있다.

식기는 각이 진 접시나 스테인리스, 돌 소재의 식기를 이용하여 새롭고 신선한 분위기를 연출할 수 있고, 커틀러리는 스테인리스 스틸이라는 신소재가 발견된 후 디자인과 내구성 등이 혁신적으로 발전하

식탁에서의 모던 디자인

였다. 나이프의 손잡이가 길어지고 디자인의 변화, 소재의 다양화에 인해 선택의 폭이 넓어 졌으며 디자인적 경향으로는 장식을 최소화한 미니멀 스타일의 양식을 보여주고 있다.

현대

시대와 함께 테이블 세팅은 변하고 있다. 로마 시대에는 누워서 먹는 것이 위엄 있는 식사 법이었다면 중세에는 앙트르메를 즐기거나 일루션 푸드illusion food를 손으로 움켜쥐고 먹는 것을 즐겼는데, 그 이유는 신으로부터 받은 손 이외의 다른 도구를 사용하는 것은 신에 대한 모욕이라고 여겼기 때문이다. 르네상스 시대에는 이탈리아의 카트린 드 메디시스가 프랑스의 왕 앙리 2세에게 시집을 오면서부터 프랑스의 식문화에 큰 영향을 미쳐 현대의 디저트 뷔페desert buffet와 같은 컬렉션이 탄생했다.

바로크 시대와 로코코 시대를 지나면서 식탁의 세팅 방식이나 서비스 방식도 다양하게 변모되었고 그 시대의 경제적인 흐름에 맞추어 1980년대에는 캐주얼한 아메리칸 뉴욕 스타일new york style, 1990년대에는 깔끔하면서도 간소한 젠 스타일zen style이 주류를 이루었다.

2000년대에는 다시 슬로푸드slow food의 영향을 받아 정찬용 테이블이 각광을 받고 있으며, 현대인의 건강지향적인 사고에 부합하여 미래의 식탁에서는 보다 건강한 삶을 영위하기 위해 정신과 육체의 조화된 균형이 궁극적인 목적이 될 것이다. 시대가 변해도 사람들의 '食'

▶ 전통미를 살린 현대적인 테이블 세팅

에 대한 생각은 변하지 않을 것이다. 거기에는 먹기 쉽게, 서비스하기 쉽게, 그리고 반드시 아름다움이 함께 있어야 하며 이제 현대인들은 경제성장에 따라 풍요로운 삶의 질에 관심이 높아졌으며, 테이블 식공간을 단순히 먹고 마시는 자체로 만족하지 않고 삶의 가치와 여유로움, 자신을 나타내는 중요한 수단으로 여기게 되었다.

한국 식문화 역사

한국의 식문화와 식기 변천사

상고 시대

한반도에 인류가 본격적으로 살기 시작한 것은 BC 4000년경인 신석기 시대이다. BC 2333년 최초의 부족국가 고조선이 건국되어 농경문화가 발달되었다. 곡신제, 추수감사제 같은 국가 단위의 제천행사에는 제기가 쓰이고 술이 등장했다. 제천행사 때는 음식을 공동으로 만들었고 현재 식사 방법 중의 하나인 뷔페 형식의 식사가 진행되기도 했다.

고조선 시대에는 소형 용기가 등장하기 시작해 공동 식기에서 개인 식기로 변화되었으며 오늘날 같은 형태의 숟가락이 사용된 것도 특징이다. 낙랑고분에서 발견된 효자도 속에는 자식이 늙은 어버이에게 숟가락으로 음식을 떠먹이는 장면이 있어 숟가락이 보편적으로 사용된 것을 짐작케 했다. 매미 모양의 세 발이 달린 청동제 소반과 돌칼도 식도구로 사용되었다.

삼국 시대

삼국 시대BC 57~AD 935에는 농경문화가 확립되었고 목축과 어로는 보조 역할에 머물렀다. 본격적인 농업 시대로 접어들면서 쌀 생산이 증대되고 불교문화도 삼국의 정치·경제 발전에 큰 영향을 미쳤다. 절대 왕권의 확립, 귀족문화의 발달에 의해 귀족식, 서민식이라는 식생활의 계급수준이 생겨나 절대 권력을 갖춘 왕실은 화려하고 사치스러운 식생활을 영위하고 궁중 음식이라는 한식문화가 확립되었다. 식기의 종류와 상의 형태가 다양해지고 귀족들은 도자기, 순금기, 유리기 등 사용 목적에 따라 식기를 구별했다. 벼농사의 발달에 의해 주식과 부식이 분리되었다. 숟가락, 젓가락, 독항아리, 절구, 맷돌, 식도, 국자, 솥과 시루가 등장해서 조리기술이 현저히 향상되고 식생활 역시 풍부해졌다.

삼국 시대의 벽화 속에 보이는 음식문화 풍경은 마주 앉아 식사하는 입식상 차림이고 남성 위주였다. 귀족층의 끼니, 반찬 수는 5~6개 정도였으며 밥그릇은 왼쪽, 국그릇은 오른쪽에 놓는 식생활 관습이 있었다.

고려 시대

고려 시대918~1392에는 대외적 교류와 교역이 활발해서 송나라에 나전칠기와 고려자기의 비색을 전해주고 몽고와도 교류했다. 고려 왕조는 불교를 더욱 발전시켜 지도 이념으로 삼고 육식을 억제하자 육류조리법은 더욱 쇠퇴하여 채식 먹거리가 연구되었다. 더불어 사찰음식도 크게 발달하여 당나라에서 유행한 차가 불교문화와 결합하여 다도가 유행하기도 하고 찻상에 곁들이는 과정류가 발달하기도 했다.

고려 후기에 북방 민족인 거란과 몽고의 침입 이후 육식이 다시 부활하여 다양한 육류조리법이 발달했고 회로도 즐겨 먹었으며, 고기 요리의 향신료인 후추의 수입도 증대했고 생선은 포를 떠서 저장했다.

고려 시대에 한식기는 고급화, 귀족화되었으며 유기, 칠기, 금은기, 고려청자 등 일상용기대접, 찻잔, 접시, 완, 주전자, 합와 장식용기꽃병, 연적, 특수용기전병, 종, 향료에 이르는 다양한 그릇들이 실용을 넘어 미학과 예술의 차원에서 만들어지고 사용되었다. 식사는 일반적으로 1일 2식을 했으나 손님을 대접할 때는 3식으로 했다. 풍요롭고 화려한 연회가 발달했고 연회 자리에는 관기官妓가 나오기도 했다.

제사상 양식이 체계화하면서 이른바 '고배다채로운 색깔을 물들여 원통형으로 높이 쌓아올리는 것' 음식상이 확립된 것도 이때이다. 고려 시대에는 통일신라 시대에 등장한 국이 대표적 부식으로 자리 잡으면서 밥과 국이 한식 상차림의 구조가 되었다.

조선 시대

조선 시대1392~1910에는 유교문화가 정치이념으로 채택되고 왕권 중심의 중앙집권제도가 구축되었다. 관혼상제와 함께 술 문화가 발달했고 조선 중기에는 중인이 등장하여 풍속의 변화를 선도했다.

대가족제도와 가부장제도의 영향으로 반상의 형식이 변한 것도 특징이다. 밥, 국, 김치, 나물류로 이루어진 일상적인 상차림과 함께 사람마다 한상씩 독상을 차리는 것을 기본으로 하는 반상기 형식이 정립되었다. 조선 시대 식문화, 식공간의 주역은 뚜껑 있는 반찬그릇을 일컫는 첩상 차림이다. 3첩에서 12첩에 이르는 첩상 차림은 주부식의 명확한 구분 하에 영향의 균형과 맛을 배려한 재료, 조리법이 결합된 형식으로 현대 한식 상차림의 원형을 확립했다.

또한 놋그릇의 보급이 확대되고 분청과 백자가 식기로 사용되었다. 놋그릇인 유기는 동짓달부터 입춘까지 보온용으로 사용되었고 궁중에서는 주로 여름에 사기나 자기류를 사용했다.

조선 시대 한식의 특징은 철에 따라 다른 시식과 절식이 있다. 정월 초하루에 떡국, 대보름에 오곡밥과 묵은 나물, 추석에 송편 등과 같은 제철 식품을 만들어 즐겼다. 이 시기에는 상차림 방식이 순차적으로 시간배열에서 동시다발 서비스 방식인 평면 전개형으로 정착했다. 또한 궁중 음식이 최고로 발달되어 한국 음식의 정수로 자리 잡게 되었다.

근대

근대1910~1945에는 신분제도가 사실상 폐지되고 풍속개량과 개화 풍조 등으로 낡은 풍습과 구태의연한 생활방식에 혁신의 움직임이 일면서 식생활이 다양해진다. 서양 선교사들이 국내에 들어오면서 각국의 다양한 식품, 요리법, 식습관이 전래되어 조선사회에 서양 음식이 보급되기 시작했다. 테이블에서 홍차와 커피를 마시고 다과를 즐기는 식생활의 양식화가 왕실에서부터 이루어졌다. 일부 상류층이 다양한 연회나 접대 등으로 서양 요리, 중국 요리 등을 맛보면서 서양식의 유입이 이루어졌다.

이 시기의 한식기는 은기와 유기, 자기와 사기류가 가장 폭넓게 쓰였다. 동서양 요리가 공존한 시기로 상류층은 다양한 기호식품을 즐겼고 호텔파티와 연회도 개최했으나 이와 반대로 서민들은 생활고에 몰려 부담 없이 끼니를 이을 수 있는 지역 특산물을 재료로 한 죽을 먹었고 빈민들은 보릿고개라는 춘궁기를 힘겹게 보내기도 했다.

현대

해방과 동시에 시작된 한국전쟁은 민생을 최악의 극빈 상태로 도달하게 했고 휴전과 함께 남북 분단이 이루어지면서 민족경제의 근간을 다시 세우는 데에는 오랜 시간이 걸렸다. 1960~70년대는 경제개발 시기로 고도성장과 근대화가 동시에 추진되어 국민 총생산량이 급증하여 산업화와 도시화가 급속하게 진행되었다.

현대1945~의 한국 요리는 조선 시대 왕가나 양반의 식생활을 기본으로 하는 궁중 요리와 각 지방 특산물을 재료로 그 지방에서 전해 오는 향토 요리가 어우러져 성립되었다. 또한 식품산업 전반의 공업화, 식탁의 인스턴트화와 함께 상차림 자체가 변화의 과정에 있으며, 서구화된 식습관의 일반화로 인해 제례나 행사 등에서도 전통양식이 간소화되거나 변형되고 있다. 주식과 부식의 구분이 애매해지고 빵과 과자문화가 보편화되었다. 식사예절은 상대방을 존중하고 식사매너를 중시하는 개인 존중주의로 선회하고 있다. 미국, 프랑스, 중국 등의 외국 요리에서 장점을 받아들이고 한국 고유의 음식맛과 조리법에 세련미를 더해 국제적 수준의 요리로 탈바꿈을 앞둔 상황이다.

오늘날 한식 상차림의 식탁과 식기는 대부분 서양식이다. 양식기를 일상적으로 많이 쓰고 있지만 정작 식사의 메뉴는 변하지 않아 전통과 현대가 공존하고 있다. 식탁 위의 공유

현대 한식 상차림

영역 확보, 한식 고유의 맛과 멋을 살려낼 수 있는 조리방식, 식도구의 개발 등 미래지향적인 한식 상차림을 위해 다양한 대안이 필요하다.

한국 상차림

한국의 상차림은 주식에 따라 반상, 면상, 죽상으로 나뉘는데 반상은 밥을 주식으로 하여 차린 상차림을 통틀어 일컫는 것으로 특별히 임금님에게 올리는 것을 수라상이라고 했다. 반상은 반찬 가짓수에 따라 3첩, 5첩, 7첩, 9첩, 12첩 등으로 나누어지며 첩이란 쟁첩_{반찬을 담}는 접시에 담은 반찬의 가짓수를 말한다. 12첩 반상은 궁중에서만 차리고 민가에서는 9첩까지로 제한했다. 밥, 탕, 김치류, 찌개, 장류, 전골, 찜 등은 기본이 되는 음식은 첩수에서 제외되며 생채, 숙채, 구이, 조림, 전, 장과, 마른 찬, 젓갈, 회, 편육 등만 첩수에 들어간다.

　반상차림에는 일정한 규칙이 있다. 우선 반찬의 종류를 정할 때는 계절에 맞는 재료를 선택하며 서로 중복되지 않게 하고 조리법도 서로 겹치지 않게 골고루 맛볼 수 있는 것으로 준비한다. 반상은 종류에 따라 놓는 위치가 정해지며 국물이 있는 음식은 오른쪽, 마른 찬은 왼쪽에 놓는데, 이는 먹기 편하게 한 것이다. 옛날에는 웃어른에게는 독상을 차려 드렸

▶
오방색을 이용한 한식 상차림

고 아이들과 여자들은 따로 상을 차렸기 때문에 독상을 차릴 경우와 겸상을 차릴 경우에는 반찬을 놓는 위치가 달라진다. 반상은 대개 장방형의 사각반에 차리며 한상에 올라가는 그릇의 재질은 모두 같아야 한다. 현대에는 한식 코스로 준비하기도 하는데 먼저 테이블클로스를 깔고 개인 접시와 수저, 냅킨을 준비한 후 식탁 중심에 정갈한 센터피스를 놓고 음식은 서양식의 코스 요리 순서로 서빙을 해나간다.

반상차림

반상차림은 쟁첩에 담는 반찬의 가짓수에 따라 달라진다. 기본으로 놓는 것은 밥, 국, 김치, 국간장인 청장이고 이외에 나물류와 생채, 조림이나 구이를 차린다. 5첩 반상이 되면 밥, 국, 김치, 장 외에 반찬 5가지, 찌개 1가지가 오른다. 9첩 반상에는 밥, 국, 김치, 장 외에 반찬 9가지, 찌개 1가지, 찜 1가지가 오른다. 임금님의 수라상은 12첩 반상인데 왕은 대원반에 앉고 소원, 책상반이 곁들인다. 원반에는 흰수라, 곽탕, 장 3가지, 반찬 7가지, 뼈를 발라내는 그릇인 토구, 은잎사기 2벌이 놓인다. 수저 하나는 국용, 다른 하나는 동치미용이고 젓가락 한 벌은 생선용, 다른 한 벌은 채소용이다. 소원반에는 팥수라, 전골, 합, 찜, 반찬 2가지, 찻주전자, 쟁반과 차 주발, 사기 빈 접시, 은공기, 그리고 수저 3벌이 놓인다. 흰수라를 들지 않고 팥수라를 들고 싶을 때 바꾸어 놓는다. 수저 3벌은 기미상궁이 검식하거나 음식을 더는 데 사용한다. 식사가 끝난 후 차 주발에 차를 따라서 쟁반에 받쳐 올린다. 곁반인 책상반에는 곰탕, 조치 2가지, 전골 냄비, 더운 구이가 놓인다. 팥수라를 드실 때는 곰탕을 옮겨 놓는다.

죽상차림

죽_{미음, 응이}은 유동식이므로 짜고 맵고 질긴 반찬을 놓지 않는다. 죽_{흰죽, 전복죽, 깨죽, 잣죽}, 미음, 응이 외에 젓국조치, 또는 맑은 조치, 동치미, 나박김치, 마른 찬, 자반, 포, 간장, 소금, 꿀_{설탕} 등을 차린다. 상에 공기를 놓으면 덜어서 먹게 된다.

주안상

술을 대접하기 위해서 차리는 상이다. 안주는 술의 종류, 손님의 기호를 고려해서 장만한다. 약주를 내는 주안상에는 육포, 어포, 건어, 어란, 부각, 자반 등의 마른안주와 전, 편육,

찜, 신선로, 전골, 찌개 같은 얼큰한 안주 한두 가지, 회갑회, 어선, 어만두, 어채, 어회, 구절판, 나물, 수란, 젓갈, 그리고 생채류와 김치, 과일 등이 오른다. 정종류의 주안상에는 전과 편육류, 생채류와 김치류, 그 외 몇 가지 마른안주가 오른다. 기호에 따라 고추장찌개나 매운탕, 전골, 신선로 등과 같이 더운 국물이 있는 음식을 추가하면 좋다.

다과상

차나 음청류를 마시기 위한 상차림이다. 각종 차, 화채, 식혜, 수정과 외 유밀과약과, 매작과, 만두과, 각색 다식, 각색 유과강정, 산자, 빙사과, 각색 전과, 숙실과대추초, 밤초, 조란, 율란, 생란, 생실과 등을 함께 곁들인다.

교자상

명절이나 회식 때 많은 사람들이 모여 식사를 할 경우 차리는 상이다. 주식은 냉면이나 온면, 떡국, 만둣국 중에 계절에 맞는 것을 내고 탕, 찜, 전유어, 편육, 적, 회, 채겨자채, 잡채, 구절판, 그리고 신선로 등을 내놓는다. 대개 고급 재료를 사용해서 여러 가지 음식을 만들어 대접

▶
모던한 한식 스타일링

하는데, 종류를 많이 하는 것보다 몇 가지 중심이 되는 요리를 특별히 만들고 이와 조화가 되도록 색과 재료, 조리법, 영양 등을 고려해 몇 가지 다른 요리를 만들어 곁들이면 좋다.

통과의례 상차림

통과의례는 사람이 태어나서 죽음에 이르기까지 일생을 살아가는 동안 꼭 거쳐야 할 보편적인 행위를 말한다. 좀 더 구체적으로는 임신, 출생, 백일, 돌, 관례, 혼례, 환갑, 상례, 장례를 거쳐 사후 제사에 이르기까지 적절한 시기에 당사자를 위한 의례를 행하게 되는데, 이것을 통틀어 통과의례라고 한다.

백일상

미역국과 흰밥, 백설기, 수수경단으로 차린 백일상으로 백百이란 숫자에는 완전, 성숙의 의미가 들어 있으며 꽤 큰 수, 완전한 숫자의 의미가 내포되어 있기도 하다. 따라서 무병장수를 기원하는 의미에서 백일상을 차려주는 습속이 전하고 있다. 특히 백일상에 빠져서는 안 될 백설기는 장수와 정결, 신성함을 뜻하며 수수팥 경단은 살풀이를 위한 것으로 액 막음을 위하여 꼭 차려준다.

▶
통과의례 상차림

돌상

상 위에는 음식 이외 붓과 벼루, 책, 활남아, 돈, 가위여아 등을 올려놓고 아기가 무엇을 잡는지에 따라 아기의 장래를 점쳐보기도 하는데, 이것을 돌잡이라 한다. 옛날 격식을 그대로 따라하지는 못하더라도 돌상에 놓이는 음식들이 저마다 아기의 앞날을 축복하고 기원하는 깊은 의미가 담겨 있으므로 엄마가 직접 정성과 사랑을 듬뿍 담아 차려준다면 더욱 뜻 깊은 상차림이 될 것이다.

▼
돌상차림

함상

전통 혼례 절차를 보면 우선 혼담이 오가고 양가가 혼인을 허락하게 되면 신랑 집에서 신랑의 사주를 적어 신부 집에 보내고 신부 집에서는 혼인 날짜를 잡게 된다. 그리고 나면 신랑 집안에서 신부 집에 납폐를 하게 되는데 납폐함 보내기는 폐백을 보낸다는 뜻이며, 여기서 폐백은 예물을 의미한다. 납폐를 보낼 때는 신랑 집에서 함진아비를 대동하고 등불을 밝

▼
함과 함상 차림

혀 신부 집으로 향하고 신부 집에서는 납폐를 받을 장소를 마련하여 상 위에 붉은 보로 덮어둔다. 그 위에 떡시루를 올려놓고 함진아비가 가져온 납폐를 떡시루 위에 올려놓는데, 이 떡을 봉치떡이라 하고 부부화합을 의미한다. 봉치떡은 반드시 찹쌀가루와 붉은 팥고물로 만든 떡 2켜를 안치고 그 중앙에다 대추를 얹어 쪄서 시루째 올려놓는다. 그리고 다른 음식은 함진아비와 신랑, 신부 친구들이 담소를 하며 나눠 먹을 정도로 준비하면 된다.

폐백상

폐백은 원래 시부모에게만 드리는 예를 의미한다. 대청에 병풍을 둘러친 다음 주안상을 앞에 놓고 시아버지는 동쪽, 시어머니는 서쪽에 앉아 며느리의 인사를 받는데, 이때 장만하는 음식이 폐백음식이다. 폐백상에는 기본적으로 술과 대추, 육포또는 닭고기를 준비하며 그 외에 구절판을 비롯해 술안주가 될 만한 여러 가지가 더해지기도 하는데 지방마다 혼례음식은 독특하게 발달했다.

한국의 식기

우리나라에서는 계절에 따라 알맞은 식기를 사용했는데 추위가 심한 겨울철에는 음식이 식지 않도록 유기를 사용하고 여름에는 시원하고 깨끗한 자기를 사용했다.

우리나라 식기의 역사는 수렵, 어로의 식생활 양식을 영위했던 신석기시대의 빗살무늬토기와 청동기시대에 이르러 민무늬토기와 붉은간토기와 목기류, 칠기류 등이 공존했다. 목기는 철기시대부터 토기와 함께 생활용기로 널리 사용되었다.

삼국 시대에는 상하층으로 구분된 사회제도, 정착된 주식과 부식으로 인해 식기가 재료나 종류 면에서 다양하게 발전했다. 재료에서 보면 토기류와 칠기류 이외 상류층의 기호에 따라 등장한 금·은기, 도금기鍍金器 등이 있었다. 오지합盒과 같은 주식용 기명器皿을 비롯하여 반찬거리를 담는 굽다리 접시, 각종 조미료를 담는 기명 등이 있고 항아리나 쌀독, 보 등도 있었다.

고려 시대의 식기에는 칠기, 금·은 도기, 자기, 놋그릇유기 등이 있었는데, 이들 중 대표적 식기는 청자기와 놋그릇이었다. 조선 시대에는 유기뿐만 아니라 백자를 주축으로 하는 새로운 식기류가 등장했다. 백자의 색은 명나라 자기의 순백색과는 달리 우윳빛의 순백색을 띠고 있는 것이 특징이다. 그밖에 사기, 질그릇, 목기류, 곱돌솥 등이 있었는데 사기는 서민용으로 쓰였고 목기류는 작은 그릇에서 함지박이나 바가지류, 각종 제기에 이르기까지 다양하게 사용되었다.

조선 시대는 그야말로 반상기를 비롯한 각종 식기의 완성기로 매우 번성했다. 조선 시대 왕과 왕비의 수라상은 은반상기에 차려서 올렸다. 궁중과 사대부들은 계절에 따라 반상기의 재질을 바꾸어 사용했다. 더운 계절인 단오에서 추석까지는 백자를 쓰고 그 외 계절에는 은기나 유기 반상기를 사용했다. 왕과 왕비의 수라 그릇은 남녀 구별 없이 크기가 큰 합과 바리의 중간인 은기를 사용했다.

조선 후기에 이르러는 서양 문물의 도입과 함께 무게감이 적은 양은이 식기의 재료로 등장했고 서양의 평평한 접시가 유행했다.

우리나라 궁중의 수라상에 오르던 식기를 보면 '수라', 즉 밥을 담는 수라기, 탕, 즉 국을 담는 탕기, 찌개조치를 담는 조치보 또는 뚝배기, 찜선을 담는 조반기 또는 합, 전골 또는 볶음을 담는 전골 냄비와 합, 김치류를 담는 김치보, 장류를 담는 종지, 구이, 산적 등을 담는 쟁첩, 육회, 어회, 어채, 수란 같은 별찬을 담는 평접시 등이 있다. 일상식의 반상에 쓰이는 그릇을 반상기라고 하는데, 여기에는 주발, 탕기, 조치보, 보시기, 종지, 쟁첩, 대접 등으로 이루어져 있고 모양은 주발의 형태와 합의 모양에 따라서 한 벌을 모두 같은 문양으로 넣는다. 이제 한식기는 한국 음식의 변모와 유행에 따라 새롭게 디자인되고 있으며 1가지 소재만 사용하거나 색이 같은 세트로 구성하지 않고 서양 식기와 접목시킨다거나 은기 등 여러 가지 소재를 적절하게 섞어 사용하는 방안도 제안할 수 있다.

우리나라 식기의 고유 명칭은 다음과 같다.

주발

주로 남자의 밥그릇으로 사기와 유기로 되어 있다. 사기 주발은 사발이라 하며 아래는 위쪽보다 좁고 위로 차츰 넓어지는 모양으로 뚜껑이 있다.

바리

여자용 밥그릇으로 주발보다 밑이 좁고 가운데 배가 부르고 다시 위쪽이 좁아지는 모양이다. 뚜껑에 꼭지가 있는 것은 미혼 여자의 것이고 뚜껑에 꼭지가 없는 것은 기혼 여자의 밥그릇이다.

대접

숭늉이나 국수를 담는 그릇으로 위가 넓고 운두가 조금 낮은 그릇이다. 대부분 국그릇으로 쓰인다.

탕기

국을 담는 그릇으로 주발과 같은 모양이며 주발에 들어갈 정도의 작은 그릇이다. 사기로 바리처럼 만들되, 뚜껑이 없는 상태로 국을 담는 그릇을 바리탕기라 하기도 한다.

조치보

찌개를 담는 그릇으로 주발과 같은 모양으로 탕기보다 한 치수가 작은 그릇이다. 김칫보보다는 조금 크고 운두가 낮은 그릇이다.

보시기

김치류를 담는 그릇으로 쟁첩보다 약간 크고 조치보다 운두가 낮다. 보아, 김칫보라고도 부르며 사발과 종지의 중간 크기로 주둥이의 부위와 아래 부위가 거의 같은 크기이다. 반상기에 사용되는 보시기는 운두가 낮고 지름 20cm를 넘지 않고 뚜껑이 있다.

쟁첩

전, 구이, 나물, 장아찌 등 대부분 반찬을 담는 작고 납작한 것으로 뚜껑이 있다. 반상기의 그릇 중에 가장 많은 수를 차지한다. 3첩, 5첩, 7첩의 반상에 따라 상에 놓이는 갯수가 정해진다.

종지

간장, 초장, 초고추장 등의 장류와 꿀 등을 담는 그릇으로 모양은 주발과 같으며 크기는 가장 작다. 보시기보다도 작고 '종주'라고도 한다. 음식의 간을 맞추는 양념을 담는 식기로 3첩부터 간장을, 5첩에서는 간장과 초간장, 7첩에서는 간장, 초간장, 초고추장을 담아내는 용기로 사용한다.

합

밑이 평평하며 밑에서 위로 직선으로 올라가면서 점점 좁아지는 모양이며 뚜껑의 위쪽도 평평하다. 작은 합은 밥그릇으로 쓰이고 큰 합은 떡, 약식, 찜 등을 담는다. 크기가 여러 가지이며 차례로 겹쳐 놓을 수 있게 삼합이나 오합으로 되어 있다.

▶
유기를 이용한 한식 상차림

▶
현대적인 한국 식기

반병두리

위는 넓고 아래는 조금 좁으며 평평한 양푼 모양의 그릇으로 면, 떡국을 담는다.

접시

운두가 낮고 납작한 그릇으로 찬, 과실, 떡 등을 담는다. 우리나라에서는 큰 접시, 혹은 대접을 반이라 하고 굽이 높은 접시는 고배, 작은 접시는 접이라고 구분하였다. 접시라는 명칭은 뚜껑 없이 낮고 편평한 식기에 대한 총칭으로 사용된다.

옴파리

사기로 만든 입이 작고 오목한 바리이다.

밥소라

떡, 밥, 국수 등을 담는 큰 유기그릇이다. 위가 벌어지고 굽이 있고 둘레에 전이 달려 있다.

쟁반

운두가 낮고 둥근 모양으로 주전자, 술병, 찻잔 등을 놓거나 나르는 데 쓰인다. 사기, 유기, 목기 등으로 만든다.

일본 식문화 역사

일본 식문화와 식기 변천사

조몽 시대

조몽 시대는 일본의 신석기시대BC 14000~BC 300로 이때부터 오랜 도자기의 역사가 시작되었다.

조몽 토기繩文 토기에서부터라면 1만년 이상 전부터 시작되었다. 그 후 유명한 도예가나 도공이 나타난지는 400년 이상이 되었다.

가마쿠라 시대

가마쿠라 시대1185~1333에는 시가라키, 비젠, 단바, 에치젠, 세토, 도코나메 지방에 가마 시설이 있었으며 현재는 이곳을 '일본 6대 옛 가마'라고 한다. 가마쿠라 시대부터 무로마치 시대에 걸쳐 다도 문화가 발달했으며, 이때 당시에는 특히 중국에서 들어온 카라모노 찻잔唐物茶碗이 다이묘넓은 영지를 가진 무사들의 사치품이자 인기 아이템이 되었다.

무로마치 시대

무로마치 시대1336~1573 말기부터 모모야마 시대에 걸쳐 와비 사비간소하고, 예스럽고 차분한라는 새로운 미의식이 생긴다. 해외 아이템도 중국의 고급품에서부터 조선의 일상에서 쓰이는 여러 그릇에서 아름다움을 발견해 고려 찻잔 등을 고급품으로 소중히 여기기 시작했다. 일본의 혼젠 요리가 완성된 시기이다.

아즈치 모모야마 시대

아즈치 모모야마 시대1568~1603에 일본의 도자기는 최대 붐이 일었다. 이때부터 해외의 아이템을 통해 일본 자국의 도자기가 생성되었다. 이 시대의 도자기는 철과 유약의 따뜻한 노란색으로 칠해져 있는 것이 특징이고 안에 구리 유약의 녹색으로 무늬가 장식된 키세토黃瀬戶나 모모야마 시대에 지금의 기후현에서 생산된 도기로 다기가 많고 장석질의 반투명 백색 유약을 두텁게 입힌 시노 등 일본의 고유 디자인이 다수 탄생하여 일본 도자기 문화가 융성했다.

　또한 상인, 다인, 일본 다도문화를 완성시킨 사람으로 간소한 정신으로 주목 받은 센노 리큐1522~1591의 다기가 탄생되었다. 간소한 정신을 그릇에 담아낸 것과 같은 고요함이 있는 검은색으로 마치 무無를 표현하는 디자인을 제안했다. 궁극적인 일본의 아름다움을 세계에 제시하여 엄청난 영향을 주었다. 이 시대에 권력을 장악한 도요토미 히데요시는 황금을 좋아해서 금으로 도배한 다실 등 센노 리큐와는 상반된 가치관을 가졌다. 센노 리큐는 죽을 때까지 와비 사비의 세계를 확립했다. 그래서 히데요시는 센노 리큐에게 할복할 것을 명령했다.

오리베야키

오리베야키1605~1624는 센노 리큐의 사망 후 그의 제자 중 1명인 후루타 오리베가 주로 지금의 기후현에서 생산한 도자기로 역동적이고 개방적인 일본 자국 도자기로 변천하면서 일본에서는 이 같은 도자기가 많이 탄생하게 되었다.

이 무렵의 오차완밥 그릇은 말차 그릇으로, 밥을 먹을 밥그릇 등으로 에도 시대 중기에 사용했던 것으로 서민은 도자기가 아닌 나무 그릇만을 사용하고 있었다. 다도에서만 사용하던 도자기를 서민의 평소 식사에서 밥그릇으로 처음 사용하게 된 것은 에도 시대 말기에서 메이지 시대부터이다.

에도 시대

에도 시대1603~1867는 1603년 도쿠가와 이에야스가 막부 정치를 연 이후 1868년 메이지 유신이 있기 전 260여 년간이다. 요리의 발전은 서민이나 도시민들의 문화적 영향이 컸고 일식이 완성된 시기로 자기를 식기로 만들어 썼으며 가정에서의 식사 형태는 개인 매트인 메이메이젠을 사용하고 밥을 공기에 담게 되었다.

메이지 시대

메이지 시대1852~1912에는 메이지유신으로 식품에 대한 금기가 사라지고 천왕을 중심으로 근대적 개혁을 이루었다. 문명이 개방되어 서양 요리가 유입되었고 식생활이 서구화되었다.

다이쇼 시대

다이쇼 시대1912~1926에는 도시를 중심으로 음식 근대화가 이루어졌고 일식과 양식이 절충되어 다양한 식기가 소개되었다. 또한 다리를 접을 수 있는 작은 밥상이 나오면서 가족 전원이 같은 식탁에서 식사를 하는 새로운 문화가 생겨났다.

쇼와 시대

쇼와 시대1926~1989에 일본은 제2차 세계대전에 패
망한 후 밀가루 보급정책으로 인해 빵이 대중화
되었고 우유, 치즈 등의 서양 식재료가 유입되었
다. 국가가 학교 급식을 지원했고 식습관을 개선
하여 건강을 도모한 시기이다.

일본 도자기

일본 도자기의 재질별 분류

일본 도자기는 크게 재질에 따라 2가지로 나눌 수 있다. 하나는 흙을 소재로 한 도기이
고, 다른 하나는 돌을 깨뜨린 가루를 소재로 한 자기이다. 그 외에도 흙과 돌을 혼합한 반
자기 등도 있지만 크게 나누어 도기와 자기가 도자기를 대표한다. 언뜻 보면 같아 보이는
도기와 자기는 실제 그 취급방법이나 손질 후의 감촉까지도 다르다. 자기는 도기에 비해
딱딱하고 흡수성이 없기 때문에 그릇에 국물 등이 스며들지 않고 손질이 간단하다. 서양
식기 등도 대부분은 자기로 제작된다. 반대로 도기는 점토질의 재료로 만들어지기 때문에
흡수성이 있고, 사용하기 전에 그릇에 물을 흡수시킨 다음 이용하는 등 약간의 수고가 필
요하다.

　도자기의 역사나 종류, 취급방법 등 기본적인 것을 알고 있으면 일상생활에서 쓸 그릇을
고를 때 도움이 된다. 역사적으로는 토기가 가장 오래되었고, 일본의 조몽 토기승문 토기는 기
타큐슈에서 1만년 이상 전에 만들어진 최초의 도자기라고 전해진다. 토기를 만드는 공정은
아주 단순하여 흙을 700~800℃로 스야키설구이-도기에 유약을 바르지 않고 저열에 굽는 것하는 것이다. 흡사
자연적인 테라코타terra cotta와 비슷하며 그 시대에는 아직 가마가 없고, 들판에 불을 질러 잡
초를 태워서 만들었다가 후에 가마가 생기고 유약을 바르면서 도기로 바뀌었다.

⋯⋯⋯⋯⋯⋯⋯⋯⋯⋯⋯⋯⋯⋯⋯⋯⋯⋯⋯⋯⋯⋯⋯⋯⋯⋯⋯⋯⋯⋯⋯⋯⋯ 테라코타

테라코타(terra cotta) : '점토(terra)를 구운(cotta)'이라는 뜻으로 벽돌, 기와, 토관, 기물, 소상 등을 점토로 성형(成形)하여
초벌구이한 것을 말한다.

석기는 스톤 차이나stone china를 말하는 것으로 단단한 흙으로 유약을 바르지 않고 1200~ 1300℃의 고온에서 굽는 것으로 5세기부터 만들었다. 지금도 오카야마현 비젠시 주변을 산지로 하는 도기인 비젠備前, 아이치현 도코나메시를 중심으로 그 주변을 포함한 지타반도 내에서 구워지는 도기인 도코나메常滑, 시가현 코우카시 시가라키를 중심으로 만들어지는 도기인 시가라키信楽 등이 일본 6대 가마를 통해 이어지고 있다.

우리에게 친숙한 도기는 일본에서 만들었던 스야키로 토기에 그림을 그리고, 유약을 발라 1100~1200℃에서 본 구이를 한 것이다. 단, 이 제법을 최초로 쓴 나라는 중국으로, 이 기술은 한국을 거쳐 일본으로 건너갔다. 대표적인 것에는 현재의 사가현 동부, 나가사키현 북부에서 구워진 도기의 총칭인 가라츠야키, 야마구치현 하기 지방에서 나는 도기로 임진왜란 때 끌려간 조선인 도공 이경이 전한 하기야키, 고려 차완의 일종인 미시마三島, 조선에서 일본으로 전해진 도기인 코히키粉引가 있는데, 그 제법을 이용하여 만든 일본 도기가 시노志野, 오리베織部, 키세토黄瀬戸 등이라고 한다. 도기는 그 부드러운 감촉이 느껴지고 흙의 촉감이 남아 있는 것이 매력이다.

부드러운 토기나 도기와 반대로 만들어진 것이 단단한 자기이다. 돌의 가루와 흙을 섞은 도석陶石을 원료로 1300℃ 전후의 고온에서 구워서 만든다. 하얗고 얇은 자기는 어려운 기술이라서 많은 공이 들어가나, 그 대신 쉽게 더러워지지 않고, 내구성이 있어 일상생활용 식기에는 아주 잘 맞는다.

일본의 자기는 1600년 초에 사가현 아리타촌을 중심으로 구워진 자기인 아리타有田에서 시작되었는데 조선李朝의 도공 이삼평이 백자광석을 발견해서 백자를 구운 이후부터였다. 그후 카키에몬柿右衛門 등의 유약을 발라 구운 자기 위에 그린 아름다운 무늬나 글씨인 이로에色絵기술이 점점 발전하여 아리타의 자기는 점점 유럽으로 전해지고 세계에 알려지게 되었다.

자기에는 아리타 외에 이시카와현 남부의 가나자와시, 고마쓰시, 가가시, 노미시에서 생산

.... 석기

석기(炻器) : 도자기(陶瓷器)의 한 가지로 굽는 법은 자기(瓷器)와 같이 초벌구이를 하지 않고 단번에 구워서 만들지만, 잿물을 바를 때의 화도(火度)는 자기보다 약하다. 또 잿물의 원료에는 철분이 들어 있어 대개는 기공(氣孔)이 없고, 투명하지 않은 적갈색 혹은 흑갈색이며 토관(土管)·병(瓶)·화로(火爐) 따위에 쓰인다.

되는 이로에 자기인 구타니야키九谷燒, 교토
시에서 생산되는 기요미즈야키清水燒, 아이
치현 세토시에서 생산되는 세토야키瀨戶燒,
기후현에서 생산되는 미노야키美濃燒, 에히메
현에서 생산되는 도베야키砥部燒 등이 있다.

▶
일본 도자기과 젓가락

일본의 대표 식기

일본은 그릇을 손으로 들고 먹고 입술을
그릇에 대기도 하는 식사문화이므로 그릇
의 형태를 고안할 때 입술을 대기에 알맞은 휘어짐이나 두께 또는 균형 잡힌 정교함을 고려
한다.

칠기류

일본에서는 도자기와 마찬가지로 고급스런 칠기를 일상의 식탁에 올려놓고 생활에 여유를
즐기는 경우가 많다. 먼저 옻칠을 하는 칠기의 경우에는 여러 단계의 공정을 거친다. 그릇
하나라도 나무를 아주 얇은 두께로 깎아 그릇의 모양을 만들고 비칠 정도로 가볍게 하며
다음에는 옻을 발라 나무의 결을 누르고, 그 위에 밑바탕을 바르고 말린 후 또 밑바탕을
바르고 말리는 등 이 과정을 몇 번이고 반복한다. 시간도 몇 개월에서 몇 년이나 걸리는 힘
든 일이다. 무늬가 없는 그릇을 만드는 것도 이 정도이기 때문에 일본 특유의 공예 '마키에
蒔繪, 친킨沈金'이라도 넣는다면 더 힘든 작업이 된다. 이 과정에는 고도의 기술이 필요하다. 이
렇게 세심하게 시간을 들인 옻 제품은 그릇이 만들어진 후에도 계속 살아 숨 쉬게 된다. 옻

∙∙ **마키에와 친킨**

마키에(蒔繪) : 옻칠을 한 위에 금가루나 은가루나 색가루를 뿌려서 기물의 표면에 무늬를 나타내는 일본 특유의 공예를
말한다.
친킨(沈金) : 마키에 기법의 한 가지로 칠기에 무늬를 새기고, 그곳에 금가루나 금박을 박은 것이다.

칠기

의 주성분이 공기 중의 산소와 화합하여 단단해지기 때문이다.

칠기는 만든 직후에는 아주 부드럽지만 반년 정도가 지나면 조금 단단해지고 1년이 지나면 조금 더 단단해지며, 1년 후 7년 동안에는 아주 단단한 칠기가 되고, 그 후 30년 정도가 지나면 가장 단단하게 된다. 그 후에는 더 이상 강도가 변하지 않는다. 그래서 옛날에는 일본 칠기를 사면 사용하지 않고 1년 동안 묵혀두었다지만, 요즘에는 그렇게 하는 것보다는 처음 반년, 1년은 상당히 소중하게 사용하면 좋을 것 같다. 칠 한 채로 둔 그릇이라면 조심스럽게 두 손으로 잡고, 기름을 발라 배이게 하여 윤을 내고 쓰는 것이 옻칠에 대한 예의이므로 소중히 아끼면서 사용하도록 한다.

칠기는 옻의 수액을 여러 가지로 변화시키고 다양한 소재와 조화시켜 완성한다. 목재를 가공한 나무에 삼베를 여러 겹 붙여서 만든 건칠乾漆, 대나무로 엮어 만든 남태籃胎, 금속이나 도자기에 칠을 입힌 금태金胎 혹은 도태匋胎 등이 있으며 이외 새로운 방법으로 플라스틱이나 가공된 목재로 만드는 실용적인 것까지 폭넓게 이용된다.

칠기의 붉은색은 원래 적색으로 '밝음, 열다'라는 뜻이며, 경사나 특별한 날을 의미한다. 붉은색에도 여러 가지가 있으나 모두 고가이기 때문에 예로부터 신분이 높은 사람이나 공적이 있는 사람만 한정적으로 사용했다. 일상에서 사용하는 것은 무지의 칠기가 잘 맞는다. 칠기의 산지는 와지마輪島부터 교토京都, 야마나카山中, 카와츠라川連, 키소木曽, 아이즈会津, 카가와香川, 쓰가루津軽 등 일본에 약 38개소나 있다.

칠기는 일상에서 사용하는 것부터 정월 등의 행사에 쓰는 특수한 것까지 그 종류가 매

칠기를 이용한 일본식 테이블 세팅

우 다양하다. 기본적으로 칠기는 일상에서 사용하거나 경사스러운 날에 사용하는 것도 무늬가 없는 것이 좋고, 모양은 클래식한 것으로 수집하면 좋을 듯하다.

최고급 '마키에'는 옛날의 우아하고 품위 있는 생활에는 잘 어울렸지만 일상생활에서는 어울리는 칠기를 선별하여 사용하는 것이 좋다. 일본의 칠기에는 계절을 상징하는 여러 가지 문양을 새기기도 하는데 계절에 따라 알맞은 문양을 선택하여 식탁을 연출한다. 봄에는 벚꽃, 수선화, 버드나무, 창포, 고사리, 휘파람새, 목단 문양을 넣는다. 여름에는 수구, 새우, 파도 문양을 넣는다. 가을에는 짚, 분꽃, 가을풀, 단풍, 국화, 토끼, 사슴 문양을 넣는다. 겨울에는 어린 소나무, 매화, 동백나무, 참새 문양을 넣는다. 사계절을 뜻하는 사군자매, 난, 국, 죽, 송죽매와 학, 거북이 문양을 넣기도 한다.

칠기의 사용법과 보관 방법

칠기는 취급이 중요한데 습기와 지나친 건조, 열은 피해야 하며 마찰에 의해 상처가 나기 쉽고 갈라질 수 있으므로 주의한다. 취급 시에는 반드시 양손으로 들고 이동하며 사용 후 바로 씻어두어야 한다. 곧바로 수분을 잘 닦아준다. 부드러운 마(麻)나 목면(木綿)을 사용하여 닦는다. 단, 적외선에 약하기 때문에 직사광선을 피해서 보관하는 것이 좋다. 100℃까지 뜨거운 것에는 의외로 괜찮다. 보열(保熱)과 단열(斷熱)의 작용도 한다.

일본 도자기

도자기류

일본 식기에서 대표적인 도자기로는 '도마 접시'라는 별칭으로 불리는 두꺼운 장방형 토기 미나이타사라와 접시의 지름을 자로 재서 척명R㎜이라고 불리는 널찍한 접시, 크기에 깊이가 더해져 국물 요리를 담을 수 있는 큰 사발 등이 있다.

일본의 도자기 식기를 고를 때에는 다음과 같은 사항을 알아두면 좋다. 첫째, 계절에 따라 문양이나 질감을 선택한다. 둘째, 담아낼 요리를 먼저 생각한 후 식기류를 선택한다. 셋째, 식기의 위나 아래에 나뭇잎이나 일본 종이를 곁들여 마치 살아 있는 싱그러운 느낌을 주기도 한다.

일본 식기는 큰 대접, 모양이 대담한 것을 중앙에 놓고 그 주변에 작은 그릇을 조화롭게 배치한다. 또한 같은 계열의 색상으로 안정감을 준 후 소품이나 화려한 색상 1~2가지 정도를 선택하여 악센트를 주고 계절감을 강조한다.

· **일본 도자기의 사용법과 보관 방법**

도기를 사용할 때는 먼저 아주 뜨거운 물을 피하고 따뜻한 물에서 씻는다. 잠시 사용하지 않은 것은 물에 5분 정도 담가두고, 잘 닦은 후에 사용하면 좋다. 사용 후는 수세미를 사용하지 않거나 대량의 세제는 가능한 한 피하고 기름이 묻은 경우에는 스펀지에 소량의 세제를 발라 가볍게 씻는다. 쌀뜨물로 씻는 것도 좋으며 씻은 후에는 잘 닦는 것이 중요하다. 부드럽기 때문에 소중히 사용하지 않으면 깨지기 쉽다. 장점으로는 뜨거운 것을 담으면 잘 식지 않고 차가운 것을 담으면 보냉(保冷)의 효과가 있다.

자기는 강하고 튼튼하기 때문에 좀처럼 깨지지 않고, 부딪히거나, 떨어뜨리거나 하지 않는 한 오랫동안 사용이 가능하다. 더러운 것이나 기름기도 바로 없어지고 언제나 청결하게 보존된다. 단, 뜨거운 것을 담았을 때 식기 쉽다는 것에 주의해야 한다. 레스토랑 등에서 접시를 먼저 데운 후 요리를 담는 것이 이 때문이다.

일본에서 자기를 칭할 때 완벽한 미(美), 도기를 칭할 때는 불완전한 미(美). 결국 와비 사비라고 하는 것은 양쪽의 특징을 잘 이해한 훌륭한 표현이다.

목기류

가이세키 요리에 사용하는 그릇이나 도시락 통과 같은 기물, 밥통, 물이나 술을 담는 통 등은 목기로 만든다. 이러한 목기에는 필요 이상의 장식을 피하고 소박한 나뭇결을 선호하는 일본인의 취향이 잘 반영되어 있다. 목기류는 금속이나 돌에 비해 다루기가 쉽기 때문에 생활용품이나 공예품으로 다양하게 발달되었다. 목기는 주로 오리나무, 물푸레나무, 은행나무, 고사목죽은지 오래된 나무, 과목100년 이상 된 느티나무 등으로 만든다.

요즘은 나무가 귀해 합판나무를 가로결과 세로결로 잘라 붙인 것이나 MDF분쇄한 나무를 아교나 접착제로 단단하게 붙인 것를 함께 사용하기도 한다. 질 좋은 목기를 만들기 위해서는 1년 동안의 정교한 공정이 필요하다. 이러한 모든 과정을 거친 목기야말로 오래 사용해도 갈라지지 않는데 이렇듯 어떤 나무를 썼는지, 어떠한 공정을 거쳐 만들어졌는지, 또 전통적인 방식으로 자연 옻칠을 했는지에 따라 목기의 가격대가 결정된다.

일본 식기의 선택

일본 식기는 보통 사용하지 않는 언어로 되어 있는 것도 많아 어렵게 생각되지만, 실은 의외로 간단하다. 일본 식기 대부분은 산지産地나 기법, 크기 등에 따라 이름을 붙였다.

또한 식기의 사이즈는 지금도 대부분 척관법尺貫法으로 표시되어 있다. 1촌은 3.03cm, 1척은 약 30.3cm이다. 5촌약 15cm 이하를 코자라小皿, 6촌~8촌약 18~24cm까지를 츄자라中皿, 9촌약 27cm

목기의 사용법과 보관 방법

목기 사용 시에 가장 주의해야 할 점은 물과 불을 멀리하는 것이다. 사용한 뒤에는 물에 그냥 담가둔 채로 두지 말고 물 행주로 한번 닦은 뒤 마른 행주로 다시 닦아둔다. 기름기가 많은 음식을 담았을 때만 흐르는 물에 주방세제로 살짝 닦아 바로 마른 행주로 닦아 놓는다. 또한 가스레인지나 화기 근처에 두지 말고 전자레인지에는 절대 넣지 않는다. 목기를 오래 사용하면 당연히 칠이 벗겨지는데 품질이 보증된 좋은 제품이면 칠이 벗겨질 때마다 사포로 문지른 뒤 다시 한번 색을 칠해 주지만 그렇지 않은 경우에는 커피를 탄 물에 행주를 적신 뒤 벗겨진 부분에 묻혀준다. 그 다음 마른 행주로 닦아 베이비오일을 같은 것으로 살짝 문지른 뒤 보관한다.

떡을 담는 목반이나 소반은 더욱 주의 깊게 사용해야 한다. 깊이 파인 모서리에 때가 끼면 오래 사용한 것처럼 더러워지기 때문에 쓰고 난 뒤 모서리를 중심으로 마른 행주로 닦아 놓는다. 보관할 때는 표면이 섬세한 만큼 그릇 위에 얇은 종이 한 장을 깔고 그 위에 그릇을 놓은 다음 다시 종이 한 장을 까는 방법을 사용한다. 나무 매트는 대부분 옻칠을 하지 않기 때문에 사이사이에 먼지가 쉽게 낀다. 보자기에 싸서 보관하는 것도 좋은 방법이다.

이상을 오오자라大皿, 사쿠자라尺皿라고 한다. 특히 작은 것은 마메자라豆皿, 테시오자라手塩皿 등이라고 부른다.

일본 식기의 명칭별 분류

아카에

아카에赤絵는 흰 바탕에 무늬를 그린 도자기의 일종이다. 유리질의 상회용 채색료빨간색, 초록색, 노란색, 보라색, 파란색로 무늬를 그렸다.

이가

미에현 이가시의 도자기인 이가伊賀는 중세부터 만들었다는 옛날 도자기이다.

이로에

그릇의 표면에 빨간색, 초록색, 노란색 등의 유약을 이용해서 무늬를 그린 것을 이로에色絵라고 한다.

오리베

모모야마 시대에 주로 지금의 기후현에서 생산된 도자기를 오리베織部라고 하며 기후현 아키의 한 종류이다.

코쿠유

철분을 함유하고 검은색 또는 흑갈색으로 발색한 유약을 바른 도자기를 코쿠유黒釉라고 한다.

코히키

조선에서 일본으로 전해진 도자기를 코히키粉引라고 했는데, 갈색 바탕 위에 흰색의 화장토를 채색한 것으로 일본에서는 주로 술그릇이나 밥그릇으로 사용했으며 좋은 평가를 받았다.

카키유

철 유약의 일종으로 산화염으로 연소하면 적갈색감차색으로 발색한다. 토목을 태운 재와 철을 함유한 흙을 배합해서 만든다. 환원염으로 연소하면 흑색으로 발색하는데, 이를 이용한 도자기를 카키유柿釉라고 한다.

카라츠

근세 초기 이후 현재의 사가현 동부, 나가사키현 북부에서 소조된 도기를 일러 카라츠唐津라고 하는데 일상 잡기에서 차기까지 다양한 기종이 있고, 작풍이나 기법도 다양하다.

키세토

모모야마 시대에 미노현재의 기후현에서 구워진 도기를 키세토黃瀬戶라고 하는데, 황 유약을 이용해서 선각線刻, 인화印花, 빗살 자국 등의 문양을 입힌 것이나 구리 녹색, 철 갈색, 얼룩무늬가 있는 것이 많다.

시오유

휘발성 유약의 일종이다. 가마 안에 소금 증기를 발생시켜 그 작용으로 바탕 면에 유리상으로 덮어씌운 것처럼 보이도록 만드는 것을 시오유塩釉라고 한다.

시노

모모야마 시대에 지금의 기후현에서 생산된 도자기를 시노志野라고 하는데, 다기가 많고 장석질의 반투명 백색 유약을 두껍게 입힌 것이다.

세이지

청자유약을 바른 자기 또는 석기를 세이지青磁라고 한다.

세이하쿠지

백자의 일종으로 특히 유약이 무늬의 홈에 머물러 엷은 푸른빛으로 보이는 것을 세이하쿠지青白磁라고 한다.

소메츠케

자기磁器 기물의 표면에 여러 공예기법을 이용해 장식하는 가식기법의 하나로 흰 바탕에 파란색남색으로 무늬를 나타낸 것을 소메츠케染付라고 한다.

▼
일본 도자기로 한 테이블 세팅

탄바

효고현 사사야마시 이마다지구 부근에서 구워진 도기로 탄바丹波라고 한다. 기원은 헤이안 시대까지 거슬러 올라가고 일본의 오래된 6대 가마 중 하나로 꼽힌다.

토코나메

아이치현 도코나메시를 중심으로, 주변을 포함한 지타반도아이치현 서부에 있는 반도 내에서 구워진 도기를 토코나메常滑라고 한다. 일본에서 오래된 6대 가마 중의 하나이다.

네즈미시노

시노의 일종인 네즈미시노鼠志野는 철분이 많거나 자연의 산화철을 녹인 진흙으로 흰 바탕 전체를 완전히 빈틈없이 바른 후 무늬를 내고 그 위에 두꺼운 백유를 칠해서 만든다.

하쿠지

흰색 바탕에 무색의 유약을 바른 자기를 하쿠지白磁, 백자라고 한다.

미시마

그릇 표면에 세밀한 무늬를 도장으로 찍고 색이 다른 흙을 상감한 도자기를 미시마三島라고 한다. 상감은 금속, 도자기 등의 표면에 무늬를 파고 그 속에 금, 은, 적동 등을 채우는 기술을 말한다.

루리유

재벌구이본구이용의 투명한 유약에 군청색의 잿물을 넣고 만든 유리색의 유약을 발라 굽는다. 루리유瑠璃釉는 도기에 이용되는 경우는 거의 없고 자기에 자주 쓰인다.

외국 기념일과 심벌 컬러

1월 1일 신년

서양에서는 기쁜 마음으로 12월 31일 밤 12시에 카운트다운을 하면서 1월 1일new year이 되면 샴페인을 터트리며 축하하고 선물을 주고받는데, 서로 부담이 되지 않도록 적절한 선을 지키면서 도리를 다한다.

2월 14일 밸런타인데이

2월 14일Valentine Day은 원래 순교한 성직자 발렌티누스Valentinus를 위한 기독교의 기념일이다. 현재와 같은 풍습은 고대 로마에서 아가씨들이 사랑의 편지를 써서 항아리에 넣으면 남자들이 그 중에서 편지를 꺼내 상대 아가씨를 말로 설득한다는 루페르쿠스제Lupercalia에 의해 시작되었다고 한다. 현재 구미에서는 밸런타인데이에 연인 사이나, 부부뿐만이 아니라 가족이나 친한 친구 사이에 카드나 액세서리, 캔디 등을 첨부해서 아름다운 사랑의 마음을 선물을 한다. 남녀뿐만 아니라 부모, 친구 등 가까운 사람 간에 사랑의 달콤함, 부드럽게 녹는 느낌을 주는 초콜릿을 주고받거나 보답하는 날로 화이트데이3월 14일는 사실 일본 기업의 상술에서 비롯되었다.

러브 밸런타인 테이블 세팅

| 심벌 컬러 | 빨간색 | 흰색 | 핑크색 |

3월 17일 성 패트릭 기념일

아일랜드에 기독교를 전한 수호성인 성 패트릭Saint Patrick에게 경의를 표하고, 또 풍요롭고 아름다운 문화를 잊지 않도록 기원하며 보내는 날이다. 성 패트릭은 클로버를 예로 들어서 삼위일체를 설명했기 때문에 성 패트릭 기념일의 심벌이 클로버가 되었다. 녹색을 몸에 지니고 있으면 행복하게 된다는 구전이 있어 스커트, 구두, 얼굴 분장도 온통 그린 컬러로 치장한다. '무엇이든지 그린으로 바꿔 마음까지 편안한 하루입니다'라는 슬로건처럼 이 축제를 즐긴다. 현재는 아일랜드 이민자가 많은 미국에서 성대한 기념행사를 치르고 특히 뉴욕에서 가장 큰 축제로 자리 잡았다.

심벌 컬러	 녹색

4월 부활절

봄을 알리는 축제인 즐거운 부활절easter sunday은 춘분 다음 첫 만월 다음의 월요일로 그리스도의 부활을 기원하는 날이므로 기독교도에게는 크리스마스 다음으로 매우 중요한 날이다. '이스터'라는 말은 봄의 여신인 '에오스트레Eostre'가 어원이라는 설이 있다. 이 날에 없어서는 안 될 심벌인 토끼와 계란은 봄의 여신이 매우 소중하게 여기는 것이다. 영국과 캐나다, 미국 일부에서는 부활절과 그 다음날은 축제의 날로 정해져 있고, 많은 가정들이 교회에 예배를 드리러 간다. 아이들은 이스타 토끼가 숨어 있다고 전해지는 예쁜 색으로 칠한 달걀을 경쟁하면서 찾거나 달걀을 누가 가장 판 위에서 잘 굴리는지에 대해 경쟁을 한다던지, 거리의 이쪽저쪽에서 달걀을 이용한 게임을 한다. 이 시기에만 점포에서 볼 수 있는 달걀과 토끼를 모형으로 만든 초콜릿과 캔디를 많이 주고받는다. 이러한 행사를 통해 사람들은 겨울에 이별을 고하고, 새로운 생명과 힘이 재생하는 봄의 방문을 즐겁게 맞이한다.

심벌 장식	토끼 인형 장식			
심벌 컬러	녹색	노란색	흰색	자주색	보라색

5월 어머니의 날

5월 두 번째 일요일Mother's Day인 어머니의 날은 미국 필라델피아에 사는 '안나'라는 여성의 어머니에 대한 사랑과 애틋한 마음을 기리기 위해 시작되었고, 우리의 어버이날 행사 때 등장하는 카네이션은 안나의 어머니가 평소 가장 좋아하는 꽃이었다. 원래는 종전 기념일이었으나 미국의 워싱턴에서 여성의 지위를 인정하는 뜻으로 법률로 제정했다.

심벌 컬러	핑크색	흰색	빨간색

6월 아버지의 날

6월 셋째 주 일요일인 아버지의 날Father's Day은 가족의 든든한 기둥인 아버지에 대한 감사와 존경을 드리기 위해 1972년 미국 닉슨 대통령이 제정했다. 남북전쟁에서 돌아온 한 병사가 자식에게 쏟은 헌신적인 사랑에서 시작되었다.

심벌 컬러	노란색	녹색	파란색

10월 31일 핼러윈

기독교에서는 11월 1일은 방성절이라고 하고, 성인의 혼을 기리는 제일이다. 그 전야제인 10월 31일은 원래 '제성인의 축일 전야'이고, 그것이 지금의 핼러윈Halloween Day이 되었다. 그날은 선조의 혼령이 이 세계로 돌아오고, 마녀와 도깨비도 이 세계로 와서 못된 장난을 한다고 전해진다. 핼러윈에 마녀와 도깨비의 분장을 하고 "Trick or Treat아무것도 주지 않으면 못된 장난을 할 것이다."라고 말하고 따라다니는 것이 구전으로 전해졌다. 이런 풍습과 전설대로 현재에도 10월이 되면 아이들은 물론이고 어른들도 죽은 사람의 영혼이 헤매지 않도록 호박 랜턴을 만들어 불을 붙이면서 즐기고 있다. 좋은 영혼뿐만 아니라 나쁜 영혼도 오기 때문에 검은색을 사용해서 나쁜 영혼을 쫓아내는 것으로 아이들이 무척 좋아하는 축제이다.

심벌 장식	호박	
심벌 컬러	오렌지	검은색

▶
핼러윈 테이블 세팅

11월 추수감사절

11월 네 번째 목요일인 추수감사절Thanks Giving Day에는 보통 멀리 떨어져서 살고 있는 가족과 친척들이 모여서 아주 큰 칠면조와 호박 파이를 배부르게 먹는 날이다. 기원은 영국에서 박해를 받던 청교도들이 메이플라워호를 타고 미국으로 이주를 한 1620년으로 거슬러 올라간다. 새로운 삶의 터전을 찾아 겨우 도착한 미국이었지만 그들이 꿈에 그리던 땅이 아니었다. 아메리카 인디언에게 사냥과 식물의 재배방법 등에 대한 삶의 지혜를 배운 후 이 땅을 자신만의 토지로 변화시켰다. 이주민들은 1년 후 무사하게 살아남은 즐거움을 누리고 최초 수확에 감사를 하는 수확제를 열었는데, 이것이 현재의 감사제가 되었다. 추수감사절은 흩어진 가족들이 한자리에 모이는 날, 곡식을 거두면서 그것에 감사하는 마음으로 제사를 지내던 행사에서 유래했다.

| 심벌 컬러 | 오렌지 | 갈색 | 녹색 | 황토색 |

▶
크리스마스 파티 테이블 세팅

12월 25일 크리스마스

우리가 알고 있는 크리스마스는 그리스도의 탄생을 축하하는 의미 있는 날로서 서양의 여러 나라에서는 연중 가장 큰 축제의 하나로 다채로운 행사를 벌여 사람들의 눈과 귀를 즐겁게 해주고 있다. 크리스마스트리는 처음에는 작고 아담한 사이즈의 나무를 식탁 위에 올리고 사탕이나 과자 등을 장식하여 한때 '사탕나무'라고 불리기도 했으나 그 후에 종이 장식, 유리 장식, 전기 볼 장식이 등장하여 미국으로 넘어와 큰 나무에 장식을 하는 트리로 변신했다.

심벌 컬러	빨간색	흰색	녹색	골드

Table Image

CHAPTER 3 **테이블 이미지**

테이블 이미지는 연출된 테이블에 각각의 스타일별 이미지를 특성에 맞게 표현하는 것이다. 다양한 색상의 소재와 표현기법을 통해 보다 미적인 테이블을 연출하고, 디자인적 요소를 활용하여 아름답고 조화로운 이미지를 통해 보다 창조적인 식공간 디자인을 완성한다.

Table Image

CHAPTER 3 테이블 이미지

스타일별 테이블 이미지

클래식

클래식classic이란 영국의 격조 높은 이미지를 연상케 하며 통일과 조화된 구성, 성숙한 느낌을 자아낸다. 벨벳이나 실크의 직물, 또는 금색을 배합한 고급 소재를 사용한 격식 있고 호화스러운 분위기가 클래식의 특징이다.

컬러는 레드 와인 계열이나 네이비블루 계열의 색 등 어두운 톤과 깊은 톤을 중심으로 다양한 색상을 배색하여 보다 중후한 이미지를 연출한다. 오랜 전통에서 입증된 중후한 멋과 격조 높은 이미지를 전해주며, 정교한 장식이 많아지면 보다 화려해진다. 단단하고 복잡한 이미지, 어른스럽고 고급스러운 이미지, 전통적이며 운치가 있는 맛을 느낄 수 있다.

엘레강스

엘레강스elegance란 프랑스의 양식미를 말하는 것으로 기품 있고 세련된 성숙한 여성의 아름다움을 연상시킨다. 그레이시한 컬러의 미묘한 그러데이션을 바탕으로 곡선의 아름다운 볼륨이나 섬세한 자수, 레이스 등 탄력 있는 소재를 조화시킨다. 연회색 핑크, 오렌지색, 라일락 등의 그레이시한 색조를 중심으로 우아한 이미지를 연출한다. 또한 섬세하면서도 단순미가 조화를 이루어 아름답고 조용하며 세련된 성인 여성과 같은 우아함을 나타낸다. 그레이시한 색의 융합과 대조를 억누른 미묘한 뉘앙스를 풍기며 섬세한 무늬와 질감, 성숙한 느낌이 있다.

클래식 테이블 이미지 특징

이미지를 나타내는 언어	• 전통적인, 격조 높은, 중후한, 성숙한, 맛이 깊은, 장식적인, 안정된
테이스트 이미지	• 공들인 장식, 격식 있는 분위기가 특징임 • 전통이 뒷받침되는 양식을 중시함 • 안정감 있고 성숙된 이미지
컬러·모티프	• 깊이 있는 난색 계열을 중심으로 어두운 톤에 따른 다색상의 코디네이트 • 전통적인 모티프나 페이즐리 무늬 등의 장식적인 모티프가 대표적임
소재감	• 손으로 공들여 만든 직물이나 벨벳 등 고급 소재의 질감 사용 • 엔틱(antique)한 전통의 좋은 점을 깊숙이 맛볼 수 있는 소재 사용

클래식 테이블 이미지

엘레강스 테이블 이미지 특징

이미지를 나타내는 언어	• 품질 좋은, 우아함, 섬세함, 세련된, 고상한, 차분한, 청순한
테이스트 이미지	• 성인 여성을 느끼게 하는 차분한 분위기에 품격을 겸비한 우아한 이미지 • 섬세하고 온화한 아름다움
컬러·모티프	• 다소 그레이시한 컬러를 바탕으로 온화한 색조의 세련된 그러데이션이 대표적임 • 엷은 색의 흐르는 모양이나 추상무늬, 고급스러운 꽃무늬 등 • 섬세하고 아름다운 볼륨감
소재감	• 탄력 있는 실크, 고품질의 광택이 있는 소재 사용 • 섬세한 자수나 레이스 등 섬세한 느낌이 있는 성질의 소재감 사용

엘레강스 테이블 이미지

캐주얼

캐주얼casual이란 밝고 힘이 있으며 재미있는 이미지이다. 형식이나 모양에 구애받지 않고 자연 소재나 인공 소재를 배합하는 등 자유로운 발상으로 연출한다. 투명감 있는 적색, 황색,

캐주얼 테이블 이미지 특징

이미지를 나타내는 언어	• 컬러풀한, 활기찬, 유쾌한, 재미있는, 선명한, 친해지기 쉬운
테이스트 이미지	• 밝고 경쾌한, 열정적이며 건강한 이미지, 자유롭고 편안한 이미지
컬러·모티프	• 생생함, 브라이트 등 밝고 생기 있음, 높낮이가 있는 배색 • 다색상으로 대비를 즐기는 코디네이트, 큰 무늬의 체크나 다색 사용의 프린트가 주류임
소재감	• 두꺼운 자기, 플라스틱, 고무, 나무, 글라스, 비닐 사용 • 실용적이고 가볍게 사용할 수 있는 소재나 룩(look)으로 자유로운 디자인 가능

캐주얼 테이블 이미지

녹색 등 생생한 컬러를 중심으로 다색상 배합을 통해 발랄한 재미를 연출한다. 점잖은 느낌보다 편안하고 개방적인 느낌이 캐주얼 이미지의 포인트다.

질감이 다른 소재를 규칙에 얽매이지 않고 자유롭게 조합시켜 자유분방한 이미지와 밝고 활기 있는 색을 살린 코디네이트로 명랑한 이미지를 준다. 심플 앤 컬러풀simple & colorful, 젊고 자유로운 느낌이 있다.

로맨틱

로맨틱romantic이란 부드럽고 달콤한 꿈과 같은 이미지이다. 엘레강스가 성인 여성의 느낌을 준다면 로맨틱은 순수한 소녀의 이미지이다. 컬러는 서정적이고 감미로운 무드의 핑크, 베이비 옐로, 베이비 블루 등 온화하고 섬세하다. 달콤한 파스텔 톤의 연한 색이 바탕이 되며

로맨틱 테이블 이미지

로맨틱 테이블 이미지 특징

이미지를 나타내는 언어	• 감미로운, 소프트한, 메르헨, 가련한, 꿈같은, 귀여운
테이스트 이미지	• 사랑스럽고 부드럽고 감미로운 낭만주의, 부드럽고 가련한 분위기
컬러·모티프	• 작은 꽃무늬나 물방울무늬의 우아한 프린트 모티프가 주류 톤이나 파스텔의 우아한 무드의 색조를 중심으로 한 조합
소재감	• 부드러운 시폰, 면 레이스나 프릴 사용, 투명감 있는 직물 사용 • 백목이나 밝은 컬러의 연보라색, 불투명 유리 사용 • 우아하고 사랑스러운 디자인이나 소재감 사용

다색상 배색으로 통합감 있는 연출을 한다. 강하고 격하고 와일드한 터치와는 정반대인 소녀 같은 이미지이다. 소프트 앤 파스텔 컬러soft & pastel color, 가벼운 질감, 장식성이 있다.

내추럴

내추럴natural이란 마음이 평온하고 온화해지는 이미지이다. 샤프하고 도화적인 모던 감각과는 대조적으로 마음이 편안해지는 온화한 분위기의 집합이다. 컬러는 베이지, 아이보리, 그

내추럴 테이블 이미지 특징

이미지를 나타내는 언어	• 자연스러운, 평온함, 소박함, 대범하고 느긋함, 편안함, 기분 좋음, 온화함
테이스트 이미지	• 자연이 가진 따뜻함, 소박함 표현, 마음이 평온해지고 편안한 이미지, 밝고 친숙해지기 쉬운 감각 • 몸과 마음이 릴렉스한, 평온하고 편안한 분위기
컬러·모티프	• 무지·풀·나무 등 자연의 모티프 • 베이지 계열, 아이보리 계열, 그린 계열 등의 평온한 톤을 바탕으로 통합감 있는 배색
소재감	• 자연 소재를 중심으로 한 코디네이트 • 마, 면 등의 천연 소재, 나무, 대나무, 등나무 등 소박한 질감을 살림 • 따뜻함이 있는 소재

▶
내추럴 테이블 이미지

린 계열을 중심으로 그러데이션이나 톤 배색의 통합감을 나타내고, 자연을 느끼게 하는 기분 좋은 이미지를 연출한다. 자연이 가진 따뜻함과 소박함을 표현하고 차가운 모던 감각과는 대조적인 편안함이 있다. 하이터치 감각의 베이지, 갈색, 초록색 등을 중심으로 한 온화한 색의 조합이 따스함을 전해준다. 심플 앤 소프트simple & soft, 내추럴 컬러natural color 질감을 중시하며 자연스러운 느낌이 있다.

심플

심플simple이란 상쾌하고 윤기 있는 싱싱한 이미지이다. 깨끗한 질감이나 심플한 형상을 조합한 산뜻한 분위기의 통합이다. 블루와 화이트 컬러를 바탕으로 한 그레이 계열 색을 통합감 있게 연출한다. 불필요한 장식을 없앤 산뜻한 이미지로 차가운 색과의 조합이 바탕인 젊은 감각의 이미지이다. 심플 앤 쿨 컬러simple & cool color, 젊은 마인드, 자유로운 감각, 차갑고 산뜻한 깨끗한 감각이다.

심플 테이블 이미지 특징

이미지를 나타내는 언어	• 청결한, 깨끗한, 상쾌한, 산뜻한, 윤기 있고, 싱싱한, 간소한
테이스트 이미지	• 빠지 않고 겉치레 없는 산뜻한 이미지 • 청량감을 중요시하여 경쾌하고 젊은 분위기
컬러·모티프	• 무지, 단순한 무늬, 직선이나 체크무늬 • 블루나 화이트를 바탕으로 상쾌하고 산뜻한 배색
소재감	• 자연 소재·인공 소재와 함께 겉치레 없는 소재 사용 • 나무, 유리(깨끗한 이미지) 사용 • 실버, 알루미늄, 아크릴 등 사용

심플 테이블 이미지

하드 캐주얼

하드 캐주얼hard casual이란 자연적으로 풍부하게 열매 맺은 듯한 이미지이다. 핸드메이드의 짜임으로 온기 있는 소재를 조화시켜 깊은 분위기를 자아낸다. 컬러는 메론, 올리브그린 등

하드 캐주얼 테이블 이미지 특징

이미지를 나타내는 언어	• 야외적인, 풍부한, 시골에 있는 듯한, 에스닉한, 와일드한, 핸드메이드적인, 전원풍의 스타일
테이스트 이미지	• 손으로 만든 듯한 짜임의 질감이 온기나 애착을 느끼게 함 • 자연이 풍부하게 맺은 열매를 생각나게 하는 이미지
컬러·모티프	• 강한 톤과 깊은 톤을 중심으로 다색상 조합, 깊고 풍부한 맛을 느끼게 하는 배색 • 동식물을 표현한 프린트와 모티프
소재감	• 자연 소재를 중심으로 수공예품 등을 포함한 온화함을 느끼게 하는 질감 • 도톰하고 둥그스름한 부정형 형태의 소재 사용, 공예품

▶
하드 캐주얼 테이블 이미지

의 강하고 진한 톤의 온색 계열을 중심으로 가을 분위기의 다색상 배색을 연출한다.

　손으로 만든 듯한 거친 느낌이지만 반대로 온정과 애착을 느끼게 해주는 것이 하드 캐주얼의 포인트이다. 운치가 있는 무늬, 소재를 통해 튼튼해 보이는 아웃도어리즘outdoorism과 에스닉한 느낌을 주는 이미지이다.

모던

모던modern이란 '현대의 것'이란 의미로 그 시대의 선구적인 스타일을 말한다. 1925년 파리에서 열린 제3회 세계박람회에서 선보인 참신한 건축, 공예 디자인으로부터 모던모더니즘, 근대주의의 개념이 등장했다. 아르누보나 아르데코도 처음 등장했던 당시에는 최첨단 모던이었다. 그 후 아메리카 모던, 북유럽 모던을 거쳐 이탈리아 모던이 한 시대를 풍미했고, 현재에는 새로운 흐름을 이어 받은 북유럽의 모던이 주류이다. 캐주얼이 보다 세련되고 샤프해져 캐주얼 모던, 내추럴 모던, 심플 모던이 되었으며 '자연'과 '인공'이 융합된 지금이 가장 세련된 모던이다.

　변화가 크고 시대의 흐름을 반영한 새로운 스타일로 도회적이고 시원한 느낌을 주는 약간은 기계적인 느낌의 디자인이 모던 이미지의 기초이다. 검은색을 기초로 회색, 흰색으로 약간의 대비를 이룬 것이 특징이다. 특히 생생한 빨간색, 노란색 등을 넣을 경우 역동감이 더해진 이미지를 연출할 수 있다. 심플 앤 쿨 컬러simple & cool color, 매니시 하고 인공적인 느낌,

모던 테이블 이미지 특징

이미지를 나타내는 언어	• 현대적인, 도시적인, 합리적인, 냉정한, 숭고한, 치밀한, 날카로운
테이스트 이미지	• 매우 서구적이고 산뜻한 느낌 • 하이테크한 감각
컬러 · 모티프	• 화이트, 블랙 등의 무채색 • 다크블루톤
소재감	• 깔끔한 곡선과 직선으로 통일 • 스틸 제품

모던 테이블 이미지

기능성이 있는 느낌, 실용성보다 멋을 추구하는 느낌이 있다.

에스닉

우리의 관점과 서양의 에스닉에 대한 관점은 다르다. 에스닉ethnic은 '인류학적'이라는 뜻을 가진 말로 '민족적'이라고 풀이되며 유럽 이외의 세계 여러 나라 민족의 생활 풍습, 민족의상, 장신구, 라이프스타일life style에서 영감을 얻어 발전되었다. 13~14세기에는 실크로드를 통해 전달된 문화를 높이 평가하면서 중국에 대한 에스닉을 고도의 문화로 받아들이게 되었다.

유럽인들이 가장 좋아하는 관광지로는 인도를 들 수 있다. 이는 미개발된 후진국에서 얻을 수 있는 우월적인 에너지와 컴퓨터, 문명의 발달로 더욱 지쳐가는 심신을 달래기 위해 인도의 에스닉적인 느낌感을 더욱 동경하기 때문이다. 이는 인도뿐만 아니라 우리나라를 포함한 동남아시아권의 문화적 감각도 해당된다.

내추럴 앤 하드 캐주얼natural & hard casual 느낌, 샤머니즘적 감성, 아프리카 천연 소재, 열대 과일, 미지의 세계를 접하고 탐험하는 느낌, 원초적 느낌이 있다.

에스닉 테이블 이미지 특징

이미지를 나타내는 언어	• 동남아시아, 남미, 남태평양 국가 등의 민족성 • 샤머니즘적, 종교적
테이스트 이미지	• 천연 재료로 수작업한 소품, 천연 과일
컬러·모티프	• 흙에 가까운 나무 색깔, 내추럴 컬러(natural color), 원색
소재감	• 천연목이나 칠기 사용 • 베트남 생활용품, 아프리카 소품 • 대나무 제품

에스닉 테이블 이미지

테이블 이미지를 활용한 식공간 디자인

완성도 높은 식공간을 디자인할 때 전문가로서 감성과 테크닉 외에 다양한 라이프스타일 전반을 식공간과 연결하여 연구해야 한다.

식공간 디자인 개념

식공간을 디자인할 때 우리는 식환경을 생각하게 되는데, 이는 식사 분위기를 좋게 하고 필요에 의해 연출자의 의도대로 다양한 디자인 기법을 활용하여 아름다운 식공간을 구현할 수 있다. 음식을 먹는 행위는 인간과 동물 모두 생명을 유지하기 위해 필요하지만 단순히 식사를 하는데 그치지 않고 보다 즐겁고 쾌적한 분위기에서 음식을 맛있고 멋있게 즐기기 위한 기능적인 공간과 미적인 공간이 함께 공존하는 것이 현대적 의미의 식공간이다. 이런 식공간을 각각의 콘셉트에 맞게 기획하고 구성하여 오감을 만족시키는 창의적 연출을 시도하는 것을 식공간 디자인, 혹은 식공간 연출이라고 한다.

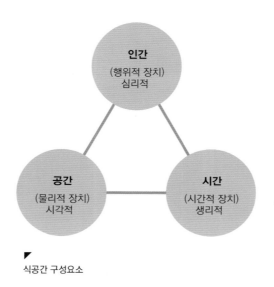

식공간 구성요소

식공간 디자인 구성요소

식공간을 구성할 때 가장 기본적으로 우선시되어야 하는 것은 사람이다. 사람들의 성별이나 연령대, 계절, 시간에 따라 식공간의 구성이 다르기 때문이다. 사람을 중심으로 하는 삼간三間, 즉 인간, 공간, 시간으로 분류한다.

사람이 느끼는 스타일별 선호도에 따라 컬러, 디자인, 소재, 형태의 분류가 다르며 계절에 따라 식공간의 디자인 역시 다르다. 시간적으로는 언제 이루어지는지에 따라 역시 식공간의 성격이 달라진다. 식사하는 공간은 실내외에 따라 바뀔 수 있다. 식공간 연출의 범위는 음식과 더불어 다양한 미적 구성 및 시각적 구성요소의 조화를 통해 소비자들에게 즐거움과 가치를 제공한다. 식공간의 분위기를 조화롭게 연출하기 위해 공간, 색채, 조명, 가구, 집기류 등이 상호 연결한다. 그러면 조화롭고 여유로운 공간을 제공하게 된다.

Table Flower

CHAPTER 4 테이블 플라워

테이블 플라워는 공간 전체의 이미지를 생동감 있고 화려하게 표현해준다. 플라워를 선택할 때는 계절감은 물론이고 꽃의 색과 테이블 콘셉트에 따라 맞추어 표현하면 시각적인 통일감을 주어 더욱 분위기를 살릴 수 있다.

Table Flower

CHAPTER 4 **테이블 플라워**

플라워 디자인

플라워 디자인flower design은 미적인 정서적 활동으로 예술적 표현 추구와 기능성, 합리성 등의 조건을 충족시킬 수 있는 디자인적 창조 활동을 포함한다. 서양의 꽃꽂이를 뜻하는 용어로 플라워 어레인지먼트flower arrangement, 플로랄 아트floral art, 플로랄 디자인floral design 등이 있으며, 여기서 테이블 플라워의 역할은 음식의 컬러 혹은 테이블클로스의 컬러에 플라워 디자인의 컬러를 연결시켜 조화롭게 디자인하는 것이다. 이상적인 테이블 플라워의 컬러 배합으로는 그린과 함께 3~4가지의 꽃 색깔을 사용하는 것이 좋고 너무 많은 컬러를 배합하면 조금 어지러운 느낌을 주기 쉬우므로 주의해야 한다.

플라워 디자인은 정서적이면서도 미를 추구하는 예술적 창작활동으로 꽃과 식물, 그 밖에 여러 가지 재료를 사용하여 목적에 따라 생활공간을 아름답게 장식하는 것이다. 화훼식물을 주 소재로 인간의 창의력과 표현능력을 이용하여 공간의 기능과 미적 효율성을 높여주는 장식물을 제작하는 것이다. 꽃꽂이에서부터 오브제에 이르는 시공간적 조형예술 활동을 총칭하는 종합적 개념이다.

우리들이 항상 사용하는 테이블은 사람들이 편안하고 즐거운 마음으로 개인적 혹은 사회적 관계에 있는 사람들과 식사할 수 있는 공간, 분위기를 제공하여 주는 것이다. 테이블 위에는 여러 요소가 필요하게 되는데, 광의적으로는 리넨류, 식기류, 커틀러리류, 글라스류, 센터피스, 그리고 액세서리류로 구성된다. 이들을 테이블 코디네이트 아이템이라고 부

▶
모임·행사에 어울리는 플라워 디자인

르기도 하며 그 외의 아이템은 디자인을 돋보이게 하기 위한 경우나 테이블 위의 계절감
을 나타내거나 대화의 즐거움과 흥을 돋우어 주는 모티프 역할을 하도록 놓이기도 한다.
이러한 테이블 스타일링은 각자의 기호와 라이프스타일에 응용해 볼 수 있다.

플라워 디자인 요소

플라워 디자인 요소elements of flower design는 독창적인 꽃 작품을 만들기 위해 필요한 요소로
이 구성 요소들을 잘 활용하면 디자인의 기본 원칙과 조화를 이루어 최대의 효과를 나타
낸다.

형

화형form은 작품의 소재와 구도에 따라 특정되는 외형적 형태이며 길이와 너비, 깊이가 있는
입체적 구조이다. 화형에는 넓고 빽빽하게 디자인하는 폐쇄형과 각 부분에 공간을 주어 방
사상radial으로 퍼져 있는 개방형 디자인이 있다.

선

선line에는 정적인 선과 동적인 선이 있고 직선, 곡선으로 구분된다. 또한 선의 굵기와 길이에 따라 약한 느낌, 강한 느낌, 날카로운 느낌, 둔한 느낌을 주는 선이 있다. 다양한 선의 변화를 통해 꽃 작품에 균형을 주고 생동감과 율동, 움직임, 감정을 표현할 수 있다.

공간

플라워 디자인에서 사용되는 공간space 구역의 3가지 유형으로는 양성적인 공간positive space, 음성적인 공간negative space, 빈 공간voids이 있다. 양성적 공간은 작품에서 소재들이 사용된 부분으로 꽃은 양성적 공간의 절대적인 부분을 차치하고 또한 음성적 공간은 꽃과 꽃 사이에 생긴 공간을 의미한다. 연결공간이 되는 빈 공간은 현대적인 스타일에서 사용한다.

질감

재질, 질감texture은 디자인에 사용된 재료들이 가지고 있는 촉각으로부터 시각적 촉감에 이르는 모든 느낌을 말한다. 즉 나무, 꽃, 잎, 화기 등 거칠거나 정교한 것, 부드럽거나 딱딱한 것, 밝고 어두운 느낌 등이 있다.

색채

색채color는 플라워 디자인에서 가장 중요한 요소이다. 색채는 빛의 특성이기 때문에 꽃과 사물들은 인공조명을 받을 경우와 자연광을 받을 경우에 색채가 다르게 변하는 것을 알 수 있다.

플라워 디자인 기본 원칙

플라워 디자인 원칙principle of flower design은 꽃을 디자인할 때 디자인의 기능을 결정하는 기본적인 규칙이다. 플라워 디자인은 시간time, 장소place, 목적occasion에 맞게 꽃을 디자인하기 때문에 어려움이 따르므로 아름답고 효과적인 플라워 디자인을 위해서는 반드시 원칙을 지켜야 한다.

구성

플라워 디자인의 구성composition은 모든 부분이 서로 잘 조화되고 부드럽게 연결되어 통일된 일체감을 주어 주위 환경과 잘 어울려야 한다.

통일성

통일성unity이란 디자인에 속하는 단일 부분들이 동일한 효과를 표현하기 위해 상호연계가 되어 작품에서 전체적으로 통일된 일체감을 이루어야 한다.

비율

플라워 디자인의 비율proportion은 꽃 소재와 화기, 작품의 크기와 형태, 색채 배합과 재질 사용의 관계, 실내의 크기와 작품의 크기를 말한다.

크기, 꽃의 양, 소재의 양, 줄기의 길이에 따라 수직형인 경우에는 긴 화기 높이의 1.5~2배가 되도록 하고 수평형인 경우는 화기 폭의 1.5~2배가 되도록 한다.

강조

강조accent는 플라워 디자인에서 뚜렷한 느낌을 주며 작품의 초점 역할을 한다. 강조하는 스타일에 따라 모던함이나 로맨틱한 플라워 디자인을 할 수 있다.

균형

소재의 배치가 안정된 물리적 균형과 시각적 안정감을 줄 때의 시각적인 균형balance을 통해 플라워 디자인의 균형이 이루어진다. 작품의 중심을 기점으로 어느 각도나 어느 방향에서 보더라도 시각적으로 안정감이 있을 때는 좋은 균형이라고 한다.

조화

플라워 디자인의 구성 요소를 잘 배합하여 나타내는 것으로 소재의 대비, 질감, 색상, 모양, 크기가 모두 조화 있게harmony 복합적으로 표현할 수 있다.

▶
모던함을 강조한 플라워 디자인

▶
로맨틱 스타일을 강조한 플라워 디자인

율동감

율동감rhythm은 정기적 혹은 부정기적 간격을 둔 기하학적 요소의 반복이다. 플라워 디자인에서는 꽃의 크고 작은 순위나 꽃과 꽃의 간격, 꽃과 선의 높고 낮음, 빛깔의 밝고 어두움, 소재의 질감 등이 중요한 역할을 한다.

대조

대조contrast는 서로 다른 성질을 가진 형태나 빛깔, 재질을 반대쪽에 배치하거나 또는 상이점을 강조하는 방법으로 배치하는 것에 따라 다르게 만들어지며 밸런스balance와 상호 밀접한 관계가 있다.

초점

구성상의 중심점을 말하는 것으로 플라워 디자인의 초점 부분focal point은 한 작품 속에서 모든 줄기가 서로 교차하는 지점이다. 초점 부분에는 색채나 형태가 가장 좋은 것으로 배치해야 한다.

플라워 디자인 스타일

테이블 플라워 디자인 기본 형태

반구형

돔형은 반원의 구형dome으로 구성하는 어레인지먼트로 모든 방향에서 일정한 간격, 디자인으로 균일한 모습을 볼 수 있는 형태이다. 유러피언 스타일의 가장 일반적인 디자인이다. 간결하고 귀엽고 화려한 느낌 등 다양한 이미지 표현이 가능하다. 꽃의 형태는 사방에서 동일한 시각적 비중을 두어 앞뒤의 구분이 없기 때문에 어떤 장소에나 부담 없이 활용할 수 있는 디자인이다.

　로맨틱한 느낌이나 간결한 느낌을 주는 클래식한 테이블이나 엘레강스한 스타일에 어울린다. 꽃은 주로 카네이션, 장미, 튤립, 국화, 스타티세, 안개와 같은 매스 플라워와 필러

▶ 반구형 센터피스

플라워를 사용하며, 화기는 일반적으로 낮고 둥근 화기를 사용하며 때로는 높은 화기에도 사용이 가능하다.

토피어리형

토피어리형topiary은 드라이플라워 소재로 많이 이용하기는 하지만 귀엽고 따뜻한 느낌을 가지고 있어 어린이의 테이블에 활용해 경쾌하고 밝은 느낌을 연출할 수 있다.

원형 오아시스를 사용해 전체적으로 원형의 느낌을 주고 일정한 간격으로 꽂아주면 된다. 오아시스만을 이용해야 하는 점에서 제한적이다. 토피어리에 쓰이는 소재로는 신선한 꽃이나 잎, 과일이나 야채가 있으며 화기로는 점토 단지나 적색 나무통, 도자기, 금속성 용기 등의 어레인지먼트와 어울리는 여러 가지 용기를 사용할 수 있다.

다이아몬드형

다이아몬드형diamond은 연회 테이블이나 기본 테이블의 센터피스로 활용하기에 가장 좋아서 쉽게 많이 활용한다. 기본적인 돔 형태의 응용으로 마름모꼴 형태로 만들면 된다. 기본적으로 오아시스가 보이지 않게 꽃꽂이해야 한다. 차분하고 견고한 느낌이기 때문에 모던한 느낌의 테이블에 활용한다. 소재는 라인 플라워, 매스 플라워, 필러 플라워를 기본으로 생각하면 좋다.

꽃의 형태와 그린의 형태

꽃이나 그린에는 여러 가지 종류가 있으며 형태에 따라 용도가 정해진다. 꽃 소재를 분류한다는 것은 수많은 종류의 꽃을 형태와 특성에 맞추어 합리적으로 활용한다는 것과 어레인지먼트를 보다 아름답게 만드는 데 목적이 있다.

라인 플라워

라인 플라워line flower는 한 줄기에 많은 꽃들이 이삭 모양으로 붙어 있는 꽃으로 디자인의 골격이 된다. 직선적인 선을 보여주는 대표적인 꽃에는 글라디올러스gladiolus, 스톡stock, 리아트리스liatris, 용담gentiana, 델피늄delphinium, 금어초snapdragon 등이 있다.

매스 플라워

많은 꽃잎이 모여 한 송이 꽃mass flower이 덩어리로 되어 있는 둥근 형태를 일컬으며 디자인의 양감을 표현하는 데 효과적이라 가장 이용범위가 넓은 꽃이다. 대표적인 꽃으로는 장미rose, 국화chrysanthemum, 카네이션carnation, 수국hydrangea, 달리아dahlia, 작약paeonia lactiflora, 거베라gerbera 등이 있다.

폼 플라워

한 송이의 크고 개성적인 특징이 있는 꽃으로 디자인할 때 눈에 잘 띄어 포컬 포인트가 된다. 일정한 선이나 면은 자칫하면 단조로울 수 있으나 폼 플라워form flower는 플라워 디자인에 율동이나 악센트를 표현하는 데 효과적이다. 대표적으로는 칼라calla, 앤슈리엄anthurium, 백합lily, 극락조strelitzia, 튤립tulip, 해바라기sunflower, 아이리스iris, 심비디움cymbidium 등 크고 개성적인 꽃이 있다.

필러 플라워

필러 플라워filler flower는 한 대의 줄기에서 많은 줄기가 나오고 자잘한 꽃들로 공간을 메운다. 디자인할 때 라인 플라워와 매스 플라워의 공간을 메우는데 쓰이거나 연결 또는 율동이나 색감을 부드럽게 해주는 역할을 하는 꽃이다. 대표적인 꽃으로는 안개꽃baby's breath, 스타티세statice, 마거리트marguerite, 춘국crown daisy, 마타리patrinia 등이 있다.

꽃의 색 이미지

자연에서 다양한 색을 지닌 꽃들이 생활 주변에서 인간의 오감을 깨워주고 정서를 자극하고 있다. 꽃의 색은 꽃잎의 가장 바깥쪽인 표피세포에 있으며 중간의 스펀지층인 세포와 세포 사이에는 공기가 들어 있어서 빛을 반사시키고 꽃색을 보다 선명하게 해준다. 플라워 디자인에서 꽃의 색 이미지floral color image는 매우 중요하다.

빨간색 꽃

모든 색채 중에서 빨간색red은 가장 큰 매력을 지니고 있는 색으로 자신감과 생동감을 나타

빨간색 꽃 이미지   노란색 꽃 이미지

내며, 정열적·자극적이고 따듯하게 느껴지는 반면에 위험이나 경고의 의미가 되기도 한다. 또한 욕망, 흥분의 뜻을 내포하기도 한다. 빨간색은 톤 변화에 따라 이미지가 바뀌는데, 빨간색의 색조가 변해서 핑크색 계열이 되면 부드럽고 여성스러우며 낭만적인 느낌의 이미지가 된다. 핑크색은 달콤함, 로맨틱, 소녀다움의 이미지를 갖고 있어서 약혼식 장식이나 낭만적인 세팅에 이용된다. 빨간색의 색조가 조금 어둡게 변하면 권위가 있고 기품이 있는 부유한 색으로 인식된다. 장미, 모란, 홍매화, 달리아, 카네이션, 거베라, 아마릴리스, 앤슈리엄, 베고니아, 진저, 맨드라미, 백일홍 등이 있다.

노란색 꽃

자연계의 노란yellow 꽃은 옅은 노랑에서 주황색에 가까운 노랑까지 다양하다. 노란색의 이미지는 밝고 따듯하고 역동적이며 생동감과 명랑한 느낌을 주기 때문에 첫 출발의 의미로 많이 사용되는데, 이것은 유치원의 입학식에서 유난히 노란 프리지아 꽃다발이 많이 선호되는 이유이다.

아시아권에서는 메탈릭 노랑인 황금색이 부와 권위를 나타내는 색으로 사용된다. 노란색은 행복감과 즐거움의 이미지를 갖고 있으며 상반된 이미지로 질투, 이별, 경박한 느낌을 갖기도 한다. 금어초, 달리아, 카네이션, 글라디올러스, 알스트로메리아, 프리지아, 유채꽃, 기린초, 소국, 온시듐, 솔리다고, 팬지, 메리골드, 해바라기 등이 있다.

파란색 꽃

꽃 색상이 파랗게 발색하는 이유는 토양의 수분에 포함되어 있는 금속염과 깊은 관계가 있다. 모든 사람들이 좋아하는 파란색blue은 차가운 느낌과 함께 조용하면서 차분한 느낌을 주기 때문에 집중할 수 있게 도와주는 색이기도 한다. 파란색은 신뢰감을 나타내는 색으로 파란색의 색조가 밝아지면 다이나믹하고 드라마틱하며 상쾌한 분위기가 난다. 색조가 어두워지면 무겁고 우울하고 침체된 느낌을 준다. 화훼장식에서는 델피늄이나 아가판투스, 아코니텀 등에서 볼 수 있는 색채이며 다른 색상에 비해 파란색 꽃의 종류가 많지 않으므로 포장지나 리본, 액세서리 등으로 표현하면 좋고 여러 가지 색과 함께 배색할 때는 파란색을 화기로 연출하는 것도 좋은 방법이다. 수국, 무스카리, 델피늄, 블루스타 등이 있다.

보라색 꽃

신비스러운 분위기와 귀한 색상이라는 이미지가 있으며 여러 가지 색상과의 어울리는 것보다 독자적인 매력을 표현할 수 있는 매스 디자인mass design이 더 효과적이다. 우아하고 화려하며 관능적인 느낌을 갖고 있는 동시에 외로움과 슬픔을 느끼게 하는 색인 보라색violet은 색조가 연해지면 로맨틱한 분위기를 연상시키며, 색조가 진해지면 장엄하고 위엄이 있어 보

▶
파란색 꽃 이미지

▶
보라색 꽃 이미지

주황색 꽃 이미지

초록색 꽃 이미지

인다. 보라색을 사용할 때는 빨간색 계열의 보라red-purple와 파란색 계열의 보라blue-purple의 이미지가 다르므로 잘 구분해서 사용해야 한다. 리시안서스, 알리움, 샐비어, 장미, 수국, 붓꽃, 비올라, 과꽃, 양난, 덴드로비움, 제비꽃, 아게라텀, 꽃잔디 등이 있다.

주황색 꽃

주황색orange은 빨간색과 노랑의 중간색으로 따듯하고 활기찬 느낌을 주며 오렌지, 귤 등의 과일 색과 연관이 있어서 식욕을 돋우는 색이기도 하여 주황색을 오렌지색으로 부른다. 주황색의 색조가 약해지면서 베이지색이 되는데 베이지색은 편안하고 밝은 느낌을 준다. 주황색의 색조가 어두워지면 갈색이 되는데 갈색은 가을을 연상시키고 풍부함과 풍성한 느낌이며 흙의 색이기도 하다. 그래서 갈색은 자연적이고 편안한 이미지를 갖는다.

주황색은 꽃의 색이기도 하지만 주로 열매, 가을의 단풍 등에서 많이 얻는 색이다. 무채색 계열의 포장지나 화기와 어울려 다량의 매스mass 표현을 하면 아카데믹하고 전문적인 이미지를 연출할 수 있다. 소국, 군자란, 메리골드, 금잔화, 하이페리콤, 한련화, 칼라릴리, 튤립, 스프레이장미 등이 있다.

▶
핑크색 꽃 이미지

초록색 꽃

식물에서의 초록색green은 대부분 줄기나 잎에서 찾을 수 있지만 심비디움이나 수국, 카네이션 등의 꽃에서도 볼 수 있다. 익지 않은 보리, 어린 열매청미래덩굴 등도 멋진 초록색 소재들이다. 중성색인 초록에서 연상되는 이미지는 자연의 푸름, 생명력, 신선함, 초원, 숲 등이다. 사람의 눈이 피로할 때 초록색을 보면 눈의 피로가 풀린다고 할 만큼 초록색은 자연의 색이고 우리가 가장 친숙하게 느끼는 색이기도 하다. 마디초, 연밥, 버질리아, 드라세나, 아이비, 맨드라미, 글라디올러스, 앤슈리엄, 청짜리 등이 있다.

핑크색 꽃

핑크색pink은 사람들에게 많이 선호되는 색상으로 핑크색 꽃은 주로 로맨틱한 이미지 연출에 적합한 색상이며, 색조가 흐려져서 어두운 핑크가 되면 배색에 따라 우아하며 도회적인 연출이 가능하다. 낭만적 이미지의 대표적인 색이며 밝은 핑크색은 부드러운 인상을 주기 때문에 주로 유아용품에 많이 쓰인다. 색상에서의 핑크색은 빨간색 계통에서 명도가 높은 색과 자주색에 흰색이 많이 섞인 색이 있다. 빨간색에서 명도가 높은 핑크는 따뜻한 느낌, 자주색에서 명도가 높은 핑크는 시원한 느낌이 난다. 백일홍, 카네이션, 튤립, 데이지, 톱풀,

임파첸스, 철쭉, 꽃잔디, 백일초, 소국, 작약, 장미 등이 있다.

흰색 꽃

식물에서의 흰색white은 순백의 흰색보다는 조금 미색을 띠거나 옅은 연두색을 띠는 경우, 또는 옅은 핑크색을 띠고 있는 경우가 많다. 우리의 일상생활에서 가장 많이 쓰이는 흰색

▶
흰색 꽃 이미지

은 청정함과 순결, 평화의 색이다. 그래서 예로부터 웨딩드레스는 대부분 흰색을 사용했다. 흰색이 지나치게 많으면 공허감이나 지루함을 느끼게 하며 다른 색채가 약간 혼합된 흰색은 따뜻한 느낌을 줄 수도 있다. 흰색 꽃은 독자적으로 표현되기도 하지만 다른 색상과의 배색에서 밝기를 조절하는 역할에 쓰인다. 장미, 앤슈리엄, 오니소갈럼, 루핀, 옥스아이데이지, 리시안서스, 소국, 카네이션, 안개초, 리빙스턴데이지 등이 있다.

테이블 플라워 디자인 방법

대칭되도록 꽃 꽂기
꽃을 꽂을 때는 앞쪽에서 한번 꽂으면 뒤쪽도 꽂고, 좌측에 꼽으면 우측으로 서로 대칭되는 쪽으로 꽂아가면서 균형을 맞추도록 한다. 이렇게 꽂으면 한쪽으로 쏠리지 않고 안정적인 형태로 자리 잡는다.

꽃 높낮이 맞추기
입체적으로 보이기 위해서 꽃 하나하나의 높낮이를 맞추어 꽂으면 역시 한쪽으로 쏠리지 않고 균형이 맞는다.

꽃의 각도 바꾸기
꽃의 방향은 정면뿐만 아니라 조금씩 각도를 바꿔 가면서 일정하게 꽂아준다.

포컬 포인트 생각하기
꽃을 꽂은 포컬 포인트focal point를 볼 수 있도록 꽃의 밀도를 미리 정해서 꽂고 측면으로 볼 때 포컬 포인트focal point를 가장 높게 꽂는다.

플라워 디자인 도구
꽃을 디자인할 때는 꽃과 소재를 제외한 것, 즉 식물과 화기를 제외한 디자인을 도와주는

▶ 테이블 플라워 디자인 방법

기구와 도구 등이 필요하다. 예를 들면 가위, 칼, 플로랄 폼, 침봉, 치킨와이어, 플로랄 테이프, 리본, 종이, 접착테이프, 끈, 짚, 돌, 나뭇가지 등이 있어야 한다.

칼 · 가위류

꽃이나 부드러운 소재들을 자를 때 칼knife을 사용하고, 줄기의 잘린 단면이 넓어 가위에 비해 물올림이 좋다. 꽃을 꽃기 전 꽃가위flower scissors로 줄기를 자르거나 정리하고 꽃의 줄기와 가시를 제거할 때 많이 사용한다.

꽃의 가시나 잎을 제거하는 데 가시제거기stripper를 사용하고 리본 등을 자르는 데 리본가위scissors를 사용하며 두꺼운 나무나 줄기를 자를 때 클리퍼clipper를 사용한다.

조화 및 생화의 철사로 처리한 부분을 자를 때 와이어 커터wire cutter를 사용하고 철사를 자르거나 철사 매듭을 조일 때 펜치pinchers를 사용한다.

화기류

물을 담을 수 있다면 무엇이든지 화기로 사용이 가능하며, 화기를 선택할 때는 화기의 모양, 크기, 질감, 컬러 등의 전체적인 분위기와 주제가 매우 중요하다.

첫째, 화기의 질감은 꽃의 질감과 어울려야 하므로 색상 선택에 유의한다. 유리, 도자기, 플라스틱, 나무, 금속, 펄프지 화기가 있다.

둘째, 화기의 모양인데 화병, 수반, 바스켓 등 디자인의 형태에 따라 다르다.

셋째, 스케일과 비율의 원칙은 적당한 크기의 화기를 선택하는 데 도움을 주며 전체적인 구성은 크기가 주위의 환경과 어울려야 한다.

넷째, 꽃의 색상 및 꽃이 전시되는 공간의 조화를 생각해서 색상의 배합을 잘 사용한다. 화기는 복잡한 무늬가 없는 것이 좋으며, 화려하고 강한 색은 가능한 피하는 것이 좋다. 다음은 화기의 종류에 대해 살펴보자.

무게감과 안정감을 주는 도자기로는 예술성이 있는 작품을 만들 수 있다. 유리화기는 여러 가지 모양과 크기가 있어 이용하기가 좋고 시원한 느낌과 유리의 질감이 깔끔하게 느껴진다. 깨지기 쉬우므로 사용할 때 항상 주의한다. 플라스틱 화기는 사용하기 편리하며, 모양, 크기, 색 등 여러 가지 종류가 있고, 깨지지 않는 장점이 있으며 가격이 저렴한 편이다.

금속화기는 차갑고 시원한 느낌이 나며, 물과 화학용품에 의해 부식될 수도 있으므로 주

▶
각종 오브제

의한다. 나무화기는 자연의 느낌이 나며, 모양과 크기, 색 등이 여러 가지 종류가 있고, 깨지지 않는 장점이 있다. 내추럴한 표현에 좋다.

또 여러 가지 종류의 바구니가 있으며 다양하게 이용할 수 있다.

폼류

폼류forms는 꽃과 소재를 고정시켜 주는 역할은 침봉과 같지만, 자체적으로 물을 머금고 있어서 꽃의 물올림을 도와준다. 성분은 합성수지로 적당한 크기로 잘라 물에 그냥 띄워서 스스로 물을 충분히 흡수하도록 기다린다. 꽃의 줄기는 사선으로 잘라 3~5cm 정도의 깊이로 꽂는다. 흡수성 스펀지플로랄폼를 화기에다 세팅할 때 기본적으로 일반적인 디자인은 화기보다 2cm쯤 높게 세팅하며, 패러렐 디자인은 1cm쯤 낮게 세팅한다.

가장 일반적으로 흔히 사용하는 사각 플로랄 폼은 수평형의 꽃꽂이에 흔히 사용된다. 토피어리, 공중에 매다는 볼 등의 디자인에 볼 플로랄 폼을 사용한다. 리스를 제작할 때 리스형 플로랄 폼을 사용한다.

부케홀더는 곡선형과 직선형이 있으며, 홀더의 뼈대에 플로랄 폼을 세팅한다. 주로 신부부케 등의 웨딩장식에 사용한다. 미니 데코는 돔형 플로랄 폼이라고도 하며 아랫면에 접착성이 있어서 책상의 모서리 장식, 웨딩카, 선물 포장 상자 장식 등에 사용한다.

화기가 필요 없고 플로랄 폼 커팅이 필요 없어 원가절감과 시간 단축의 효과가 있는 테이블 데코table deco는 주로 약혼식이나 결혼식의 단상이나 신랑·신부의 메인테이블에 주로 사용한다.

우레탄 재질의 드라이 폼dry form은 조화나 건조한 소재를 꽂을 때 사용한다. 레인보 폼은 컬러 폼이라고도 하며 여러 가지 색깔로 비치는 유리화기에 사용하여 컬러감을 주어 좀 더 감각 있게 표현한다.

하트 플로랄 폼은 플로랄 폼의 변형으로 화기가 필요 없으며, 하트 모양을 따라 꽃만 꽂아 주면 쉽게 사랑스러운 상품을 만들 수 있다. 프러포즈할 때나 밸런타인 테이블에 사용한다.

철사류

철사wire는 번호가 낮을수록 굵어진다. 철망으로 형태를 만들거나 플로랄 폼을 감싸는 데 치킨 와이어chicken wire를 사용한다. 형태가 무너지는 것을 고정한다.

프레임을 짜거나 다양한 연출에는 컬러 와이어color wire를 사용하며 굵기와 색이 다양하다. 갈런드의 고정이나 장식을 위해 디자인 와이어design wire를 사용한다.

플로랄 폼이나 화기 또는 그 외에 사용되는 재료들을 고정시키는 데 바인드 와이어bind wire를 사용한다. 와이어에 페이퍼가 말려 있는 형태paper wire를 페이퍼 와이어라고 말한다.

리본류

리본류에는 공단, 레이스, 아세테이트, 실크, 오건디, 비닐 등의 여러 가지 색상과 재질이 있다. 폭의 규격은 0.6cm, 1.2cm, 2.4cm, 3.6cm, 4.8cm, 7.2cm 등이 많이 쓰인다. 리본 외에 노끈과 라피아도 묶거나 마무리를 할 때 사용하면 좋다.

내추럴 스타일 부케를 노끈string으로 묶으면 분위기를 더욱 살릴 수 있고, 야자과 식물의 잎 섬유로 만드는 라피아raffia는 꽃을 묶거나 리본처럼 장식할 때 사용한다. 자연친화적인 느낌을 표현할 경우에도 좋다.

테이프류

플로랄 폼 고정 테이프는 오아시스 테이프oasis tape라고도 하며 특정 플로랄 폼의 형태를 만들 때 플로랄 폼을 고정 시에 이용한다. 양면테이프는 포장이나 양면의 접착성을 이용할 때 사용한다.

크레이프지 표면에 접착성 왁스를 발라 놓은 플로랄 테이프floral tape를 사용할 때에는 손으로 당기면서 감아야 한다. 여러 가지 색상이 있으며 6mm 폭이 가장 일반적으로 사용되고 있다. 코르사주를 만들 때 사용한다.

접착제류

전기에 꽂아서 사용하는 본드인 글루건glue gun은 접착력이 뛰어나지만 물에 닿으면 쉽게 떨어진다. 가장 접착력이 뛰어난 팬 글루pan glue는 물기가 있어도 사용 가능하다. 여러 사람이 함께 사용 가능하다.

생화 및 부케 홀더, 화기 디스플레이, 리본, 리스, 코르크, 골판지 등 가벼운 재질을 붙일 때 스프레이형 접착제bouquet adhesive를 사용한다. 꽃, 잎 등을 붙일 때 생화 본드floral adhesive를 사용한다.

기타 도구류

플로랄 폼을 화기에 고정할 때 화기의 아래에 핀 홀더pin holder를 붙여서 사용한다. 단단히 고정시킨다. 신부 부케를 고정시킬 때는 부케 스탠드bouquet stand를 사용한다.

침봉은 동양 꽃꽂이 및 이케바나生け花에서 화기 안의 꽃이나 소재를 고정해 주는 도구로 바늘의 길이가 1.3cm 정도로 촘촘히 나 있다. 꽃이나 소재가 클수록 넓은 너비의 침봉을 선택해야 흔들리지 않는다. 코르사주 핀corsage pin은 진주 핀이라고도 하고 코르사주를 의상에 고정시킬 때 사용한다.

플라스틱 시험관 모양을 만들어 속에 물을 넣기도 하며 서양 난을 보관할 때는 워터 튜브water tubes가 좋다. 공간 장식에 많이 사용한다. 플로랄 폼에 초를 고정시킬 때 캔들픽스candle fix를 사용한다. 꽃으로 공간을 장식하거나 조화를 벽이나 천장에 단단히 고정시킬 때 타카gun tacker를 사용한다. 검gum 재질로 되어 있는 픽스fix는 핀 홀더pin holder에 접착시켜 유리 등의 화기에 붙여 사용한다.

Colors and Images

CHAPTER 5 색채와 이미지

색은 단순한 느낌을 주는 것이 아니라 다양한 이미지에 따라서 맛, 향과 같은 다른 감각을 떠올리게 하거나 혹은 종교, 지역, 풍습, 관습 등에 따라서 특정한 이미지로 정해지기도 한다. 즉 여러 가지 색이 어떻게 배색되고 조화를 이루느냐에 따라 각기 다른 이미지로 연상하고 해석된다.

Colors and Images

색채와 이미지

컬러의 개념과 기능

컬러

컬러란 광원으로부터 나오는 빛이 물체에 비추어 반사, 굴절, 투과, 분해, 흡수될 때 인간의 시각계통을 통하여 감각되는 현상이다. 컬러는 빛에 의해 나타나는 특성이며 주변 환경의 영향을 받아 바뀌거나 변하게 된다. 컬러의 사전적 의미는 빛깔이 있는 것으로 색깔, 색상으로 표현하며 이차적으로 사물의 독특한 개성이나 분위기, 혹은 그 느낌을 의미하기도 한다.

컬러에는 3가지 속성이 있는데 색의 종류를 말하는 색상hue, 밝기를 나타내는 명도value, 색상의 포함 정도를 나타내는 채도saturation가 있다.

색상

색상hue은 흔히 프리즘을 통해 빛을 분광시켰을 때 나타나는 빨간색, 주황색, 노란색, 초록색, 파란색, 남색, 보라색 등으로 크게 구분하지만 그 사이사이에 무수히 많은 색이 존재한다. 색상은 색채를 구별하기 위한 명칭이며 색을 갖고 있지 않는 순도가 없는 무채색과 유채색이 있다. 유채색은 그 색이 어떠한 색을 갖고 있는지에 따라 빨간색 계열, 노란색 계열이라고 그룹을 지어 분류하게 된다. 이처럼 색의 성질을 갖고 있는 것을 색상이라고 한다.

명도

명도value는 색상의 특성을 나타내는 용어로 색의 밝고 어두운 정도를 표현하는 말이다. 즉 '색의 밝기'를 말하는데 밝은 명도는 틴트tint라고 하고 어두운 명도를 새도shadow라 한다. 명도는 선명하지 않은 무채색을 기준으로 하고 완전한 검은색은 0으로, 완전한 흰색을 10으로 표기한다. 빛을 반사하는 양에 따라 색의 밝고 어두운 정도는 달라지기 때문에 빛을 대부분 흡수하고 반사하는 양이 적을수록 어두운 색을 띠고, 빛의 흡수가 적고 반사하는 양이 많을수록 밝은색을 띤다.

▶ 꽃을 이용한 색채 디자인

채도

채도saturation는 색의 선명함으로 그 강약의 정도를 말한다. 색깔의 종류를 나타내는 색상이나 밝고 어두운 정도를 나타내는 명도 외에 또 하나의 속성으로 색채 속에 색상이 포함된 정도를 말하는 것이며 색에 들어 있는 특정한 파장의 빛이 반사되거나 흡수되는 정도를 말한다. 색의 3요소의 한 가지로 유채색에만 있으며 순색에 흰색을 혼합할 때 순색은 흰색에 의해 명도가 높아지나 순색의 정도는 낮아진다. 즉 순색에 가까울수록 채도는 높고 다른 색을 혼합하면 채도는 낮아진다.

컬러의 연상 이미지

컬러는 저마다 가지고 있는 의미와 상징, 감정이 다르다. 같은 색이라도 지역과 풍토에 따라 다르게 나타난다. 관습, 지역, 민족에 따라 특수한 이미지로 정해지기도 하며, 인간의 감정은 색보다 훨씬 더 다양하기 때문에 서로 상충되는 이미지를 연상시키기도 한다. 색은 독자적으로 존재하는 경우보다는 주변의 색과 어떻게 배색되고 조화를 이루는지에 따라 이미지가 해석된다.

연상적 이미지

사람들은 색을 보면 저마다 다른 이미지를 떠올린다. 색은 심리적으로 느끼는 온도감, 무게감, 리듬감, 향기, 감촉 등을 내재하고 있으며 사람들은 시각적으로 이러한 색에 대해서 연상과 의미를 부여한다. 그러나 모든 사람이 색에 대한 연상 작용이 같은 것이 아니다. 예를 들어 태양을 보고 빨간색을 떠올리는 사람이 있기도 하며 노란색을 연상하는 사람도 있다. 즉 색을 대할 때 연상하는 이미지는 개인적인 취향이나 성격, 그리고 환경에 따라 차이가 있다.

상징적 이미지

공통적으로 연상하고 공감하는 색의 이미지이다. 자연스럽게 상징성을 갖게 되는 것을 의미한다. 특정한 색을 공통적으로 연상하는 색의 상징성은 색에 대한 정서적 반응에 따라 정해진다. 예를 들어 신호등의 빨간색은 정지를 의미하고 초록색은 진행을 의미하는데, 이는 사회적으로 약속된 규범이다.

컬러 이미지

컬러 이미지는 인간이 색채에 대해 가지고 있는 표상이다. 색채의 상징적 이미지는 생활양식이나 문화적 배경, 지역과 풍토에 따라 개인차가 심하고 애매하여 다양한 성질을 가지기도 하지만 한 국가나 민족, 문화별 혹은 전 세계적으로 보편성을 띠기도 한다. 색채는 테이

컬러 이미지

블 연출능력을 좌우하는 중요한 변인이 될 뿐 아니라 기본적인 테이블 디자인의 이미지 형성에도 상당한 영향을 미치고 또한 디자인의 결점도 보완해주는 역할도 하며 테이블의 독창성을 돋보이게 하는 호소력도 있다.

바다를 연상하게 하는 테이블

빨간색을 이용한 테이블 스타일링

오렌지색을 이용한 테이블 스타일링

빨간색

빨간색red은 색상환의 색 가운데 시각적 반응을 가장 먼저 느낄 수 있는 색으로 강렬하며 활동성, 공격성을 대변하는 색채이다. 정열과 생명력을 상징하고 따뜻하면서 대담하고 흥분과 긴장감, 식욕을 자극하는 효과가 있다. 심리적으로 정열, 흥분, 적극성 등을 유도하며 주의를 끌거나 강조하고 싶을 때 사용한다. 지루함이 느껴지는 상황에서 사용하면 매우 효과적이지만 너무 많이 사용하면 피로를 느끼거나 주의가 산만해질 수 있다.

권력, 축제, 경축의 색으로 고대 황제의 옷이나 휘장, 국기 등에 사용되었으며 왕권의 권위와 힘을 상징한다. 빨간색은 모든 색채 중에서 가장 강렬한 채도와 자극성이 강한 이미지를 갖고 있으며 감각과 열정을 자극하는 색으로 에너지를 느끼게 하는 긍정적 이미지가 있는 반면, 공격적이며 분노를 상징하고 현란함도 느끼게 한다. 테이블 이미지에서의 빨간색은 활동성과 가능성이 요구되는 캐주얼 스타일에 많이 사용하고 포멀 스타일에서는 강한 이미지를 표현하고자 할 때 작은 소품 등으로 사용한다.

오렌지색

오렌지색orange은 따듯하고 우아하며 친밀감을 나타내고 난색이며 팽창되는 색이어서 주목성이 높은 색이다. 강렬한 태양의 색으로 남국적인 분위기가 나는 색이다. 오렌지는 그 자체의 색조와 명암으로는 보색과 배색이 용이한데 파란색과 오렌지를 낮은 채도로 배색해도 좋다. 식공간에서는 젊음을 상징하며 생기 있고 빛나는 색으로 검은색 계통의 스타일과 잘 어울린다. 난색 계열의 따뜻함을 주는 색으로 열정, 밝음, 상큼함, 친근함과 신선한 느낌이 있다. 시각적으로 약동, 활력, 만족, 적극 등을 상징하며 에너지를 발산하며 빨간색의 강한 이미지와 노란색의 열렬한 감정을 조합한 색이다. 조금 활용해도 발랄하고 활기 넘치는 느낌을 효과적으로 낼 수 있지만 많이 사용하면 산만하거나 거부감을 줄 수도 있다.

노란색

노란색yellow은 원색 중에서 빛을 가장 많이 반사하는 밝은색으로 생동감과 명랑한 느낌을 주는 색상으로 따뜻한 아침 햇살, 봄의 이미지, 어린 아이의 이미지를 연상하게 한다. 빨간색이나 주황색과 같은 난색 계열의 진출색으로 넓고 크게 보이는 효과가 있어 확실하게 눈길을 끌어야 할 곳에 사용하면 좋다. 밝은 색조와 함께 사용하면 환하고 밝고 산뜻한 느낌을 주며, 테이블에서의 캐주얼한 공간을 연출하는 데 적당하다.

노란색 계열의 황금색은 금속의 광택감으로 인해 신비스러운 이미지를 주며, 신성한 빛과 신비한 영적세계의 상징으로 사용된다. 즐거움과 유쾌함을 동시에 불러일으키는 색으로 모든 색채 중에 채도와 명도가 가장 높아 안전을 위한 배색으로 사용하기도 한다. 핑크보다 더 명랑하고 밝고 신선하여 젊고 사교적인 이미지의 색이나 경박함과 질투, 지루함 등의 부정적인 느낌도 있다.

▶ 노란색을 이용한 테이블 스타일링

핑크

핑크pink는 긴장을 풀어주는 색으로 이 색을 좋아하는 사람은 삶에 대해 긍정적 사고를 갖고 있다. 핑크는 순수하고 아기자기한 사랑을 상징하며 남성에게는 부드럽고 순수한 이미지를 주고 여성에게는 귀엽고 달콤한 소녀의 이미지 색으로 사용된다.

섬세하고 고상한 색의 이미지를 갖고 있으므로 약혼식이나 결혼식 피로연의 스타일링에 많이 쓰인다. 소녀의 감성적이고 여성적인 순수함을 표현하는 테이블 이미지에도 잘 어울린다.

녹색

녹색green은 자연의 생명력을 지닌 색으로 평온하고 신선하며 자연스러운 느낌을 준다. 사람 눈에 가장 편안한 색으로 마음의 긴장을 풀어 주고 진정시키는 효과가 있다. 자연과 식물을 상징하는 색으로 환경 및 성장, 번영 등의 이미지를 연상한다. 자연과 환경을 보호하는 흐름에 따라 자연을 대표하는 색채로 사용된다. 인테리어 공간에 사용되었을 경우, 차분하면서도 생명력과 편안함이 느껴지는 특성으로 인해 안정감과 신뢰감이 증가하는 효과를 나타낸다. 자연의 풍부함과 휴식을 주는 색으로 건강, 싱싱함, 젊음, 활기, 신선함을 상징하

▶ 녹색을 이용한 테이블 스타일링

며 감정적으로는 중성적으로 분류하고 모든 색 중에 차분한 느낌을 준다.

녹색은 편안한 스타일의 캐주얼 스타일이나 내추럴 이미지 테이블에 사용하면 효과적이나 명도나 채도의 변화로 적절하게 응용해야 할 것이다. 푸른빛의 녹색은 유쾌하고 조용한 색으로, 특히 청록색을 배경으로 하면 이미지가 돋보인다.

파란색

파란색blue은 상쾌하고 차분한 느낌으로 많은 사람들이 좋아하고 널리 사용되는 색이다. 시원하고 세련된 느낌을 주는 색상으로 차갑고 이지적인 분위기를 연출하며 명상과 집중의 색으로 불리며 어느 색상과도 잘 어울리는 특징이 있다. 흰색과 잘 어울리고 공간을 넓어 보이게 하는 효과가 있다. 진보적인 느낌을 주지만 검은색을 더하면 보수적인 느낌을 주고 지적인 이미지 연출에 어울리는 색이다.

파란색은 하늘이나 바다를 연상하게 하는 색으로 차갑고 청명하고 수동적이며 고요하다. 파란색은 많은 사람들이 선호하는 색으로 선명한 색은 리조트 스타일에 사용하여 젊음과 시원함을 표현할 수 있고 어두운 색은 도시적인 이미지를 나타낸다.

파란색을 이용한 테이블 스타일링

티파니 블루 컬러의 감각적인 테이블 세팅

보라색

아름다운 색 중의 하나로 신비로운 이미지를 갖고 있다. 보라색purple은 우아하고 고상하게 보이는 반면에 사람에 따라서는 품위를 떨어뜨리는 역효과를 나타내기도 한다. 우아하고 여성스런 이미지를 표현하는 데 사용하면 효과적이다. 흰색과 혼합되었을 때는 화사하고 여린 이미지를 나타내고 검은색과의 혼합에서는 신비스런 이미지를 더한다. 보라색은 고귀함을 나타내는 동시에 권력의 상징으로 난색인 빨간색과 한색인 파란색을 섞은 색으로 빨간색의 강인함과 파란색의 불안함을 동시에 내포하는 양면성을 가진 신비롭고 절묘한 색으로 알려져 있다.

자연 색상에서는 흔하지 않은 색으로 인공적인 느낌을 준다. 밝은 톤의 보라색일수록 핑크와 함께 쓰여 여성스럽고 로맨틱한 분위기를 내며 어두운 톤에 가까워질수록 차분하며 고상한 이미지를 낸다. 보라색은 자주색에 비해 관능적인 신비감을 내며 몽상가의 이미지를 낸다. 개성적이며 섬세한 감각이 발달해 보인다.

갈색

갈색brown은 소박하고 성실하며 대중적인 색으로 나무, 대지, 가구, 땅, 낙엽을 연상시킨다. 갈색 고유의 이미지가 전통과 근원을 상징하므로 중후한 분위기와 내추럴한 연출을 하는 데 효과적이다. 밝은 갈색은 수수하고 유한 이미지를 나타내고 딥 톤deep tone의 갈색은 중후함과 고풍스러움을 나타낸다. 하얀색이 섞인 갈색은 내추럴한 이미지를 나타내며 포멀 스타일에 주로 사용한다. 이 색은 질 좋은 고급 천에서 그 아름다움과 우아함이 진가를 발휘하게 된다.

흰색

순결하고 순수하며 청순한 이미지를 가지고 있는 흰색white은 경쾌하며 밝고 고상한 느낌이 있고 주조색과 악센트 색으로 모든 색과 잘 어울려 배색이 쉽다. 강한 대비를 주는 색상 사이에서 관계를 완화시키기도 하며 서로의 색을 돋보이게도 하는 조화로운 색이다. 겨울의 계

보라색을 이용한 테이블 스타일링

순백색의 아름다운 테이블 세팅

절 색을 나타낸다. 깨끗함을 상징하며 자연과의 동화를 의미하고 한민족의 심성과 기질에 부합되는 대표적 색채이다.

흰색은 순수, 청결, 천진, 청초함의 상징이고 청결함과 시원함을 주어 여름 이미지에 사용될 뿐만 아니라 웨딩 스타일의 이미지를 표현하는데도 사용된다. 흰색은 모든 색과 부드럽게 혼합되어 부드럽고 낭만적인 색상을 연출할 수 있고 많은 사람들이 선호하는 색으로 심플함과 세련미, 격조 있는 느낌을 표현하는 콘셉트에 사용될 수 있다. 흰색은 적극적이며 화려하고 경쾌하며, 밝고 고상해 보이기도 한다.

회색

회색gray은 시각적으로 자극이 없는 색이며, 어떤 색과 함께 사용하더라도 다른 색을 돋보이게 한다. 중성적 색채로 인접한 어떤 색채에 대해서도 영향을 주지 않으므로 주변 색과의 조화가 용이하여 배경색으로 적절히 이용된다. 사람의 마음을 넉넉하게 해주고 편안함을 주는 가장 대중적인 색이며 선명하고 화려하지 않은 수수한 느낌을 주지만 세련된 느낌도 있다. 현대적 도시의 이미지로 모던함과 세련미의 대표적 색채로 인식된다. 미래지향적 이미지를 위해 회색과 함께 은색 펄pearl을 사용하여 화려함과 초현실적인 분위기를 연출할 수 있다.

파란색, 빨간색과 잘 어울리며 강렬한 색들과 어울려 완벽한 배경색이 될 수 있는 반면 여백의 아름다움이나 단정한 색채 배치 등 배색에 많은 신경을 써야 한다. 도시적이고 보수적이며 지적인 느낌이 있고 어떤 색과의 배색에도 잘 어울리는 특징을 가지고 있다. 회색은 연두색이나 빨간색, 파란색과 같은 강렬하고 극적인 색들의 완벽한 배경이 된다. 스타일에서의 회색은 지적인 이미지를 갖고 있다.

검은색

검은색black은 고급스럽고 강렬한 색으로 품위와 화려함이 느껴지는 반면 불안, 죽음, 어둡고 우울한 부정적인 느낌도 갖고 있는 가장 무거운 색이다. 검은색은 현대적인 스타일 표현에 많이 사용하는데, 이것은 검은색이 가지는 모던함과 세련미 때문이다. 흰색과 코디하면 모던한 이미지를 보여주고 황금색과 코디하면 화려한 이미지를 보여준다. 밝고 화려한 색과 잘 어울리며 개성적이고 기품 있는 모던한 이미지 테이블에 주로 사용한다.

◢
검은색과 빨간색을 메인으로 한 전시 테이블

사계절 배색

계절에 따라 자연의 색채는 달라진다. 우리나라처럼 사계절이 뚜렷한 나라에서는 계절의 변화에 따라 다양한 자연의 색채를 느낄 수 있는데, 이는 테이블에 색채를 응용해서 더욱 감각 있는 디자인을 연출할 수 있게 된다.

봄

봄의 대표 색은 핑크색, 노란색, 연녹색, 녹색이다. 봄의 이미지는 새롭게 시작하고 싹트는

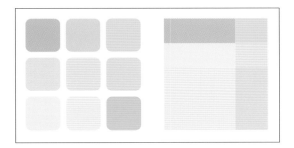

▶
봄 이미지 색상

▶
봄 이미지 테이블

어린아이와 같은 느낌을 가지고 있다. 봄을 대표하는 느낌은 노란색 개나리와 핑크색 진달래, 새싹이 돋은 느낌의 여리고 부드러운 녹색이다. 봄의 이미지는 투명하고 깨끗한 이미지를 표현할 수 있다.

여름

여름의 대표 색은 녹색, 파란색, 빨간색이다. 여름의 이미지는 활기차고 힘을 느끼게 하며 젊음의 느낌을 가지고 있다. 햇살의 강렬함과 바다의 시원함을 함께 느낄 수 있는 색이 어

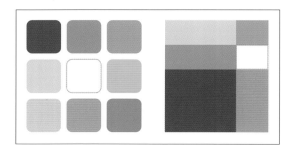

▼
여름 이미지 색상

▼
여름 이미지 테이블

울린다. 봄에 이어진 색상들이 완성도를 이루어 색의 채도가 높아지는 계절이다.

가을

가을의 이미지는 수확과 결실의 계절로 단풍의 화사한 이미지도 있지만 여유 있고 안정되며 성숙한 느낌을 가지고 있다. 가을을 상징하는 단풍은 붉은빛과 주황색이 주류를 이룬다. 기본 바탕색은 차분하고 가라앉은 느낌을 주는 갈색으로 이지적인 느낌을 준다. 채도

▶
가을 이미지 색상

▶
가을 이미지 테이블

와 명도가 낮은 색으로 표현할 수 있으며 원색은 자제한다.

겨울

겨울의 이미지는 휴식과 노년의 느낌을 가지고 있다. 모던하면서 도회적인 세련된 이미지를 연출할 수 있다. 생동감이 있는 녹색보다 차분하고 차가움이 느껴지는 색을 사용한다. 강하고 맑으며, 중후하고 차가운 느낌으로 도시적인 세련된 분위기를 준다.

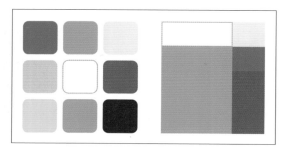

▼ 겨울 이미지 색상

▼ 겨울 이미지 테이블

스타일 이미지 색채

클래식 이미지

클래식 이미지classic image는 고전적, 전통적, 보수적이며, 품격이 높고 고상한 느낌, 중후한 느낌이 있다. 고대 그리스·로마 시대의 스타일과 예술을 나타낸다. 어두운 색조를 주로 이용하여 마음에 풍요로움과 따뜻함을 준다. 갈색 계통을 중심으로 베이지beige, 진홍색crimson, 자주

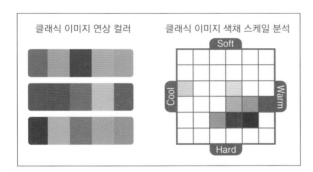

▶
클래식 이미지 색상과 분석

▶
클래식 이미지 테이블

색royal-purple, 진녹색deep green 등 중후하고 격조 있는 색상이다. 따뜻한 색상 위주로 배색하고, 차가운 색상을 사용할 때는 금색과 같은 화려한 색상을 넣어 장식적인 느낌을 강조한다.

내추럴 이미지

내추럴 이미지natural image는 자연을 많이 닮은 이미지로 자연 소재인 나무, 풀, 돌 등을 이용하여 만든 수공예품, 흙으로 구워서 만든 도기가 대표적인 소재이다. 소재가 지닌 본래의 자연스러운 색이 기본이며 노란색과 주황색 계열을 중심으로 한 소박하고 편안함을 느낄 수 있는 컬러가 주조색이 되고 베이지beige, 아이보리ivory, 녹색green의 조화가 있고 오가닉

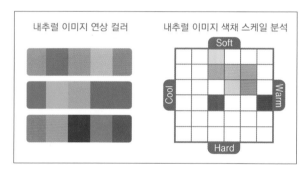

▼ 내추럴 이미지 색상과 분석

▼ 내추럴 이미지 테이블

organic이 유행하면서 주목받고 있다.

모던 이미지

모던 이미지modern image는 정신적 풍요로움과 시각적 즐거움을 줄 수 있는 이미지로 상식적인 스타일과 달리 새롭고 독특한 디자인을 지적인 멋으로 표현하거나, 대비되는 강한 색을 사용하여 현대적 이미지를 표현한다. 하이테크hightech 분위기를 기본으로 하여 진취적이고 개성적이며 도회적이고 현대적인 이미지를 표현하며, 기하학적인 무늬, 스트라이프와 같은 도형을 많이 사용한다. 절제되고 깔끔한 조형이 특징이며, 무채색 계열의 색을 선호한다. 차가운 색

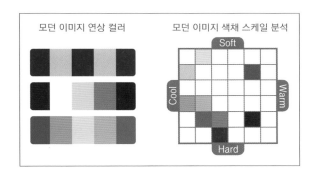

모던 이미지 색상과 분석

모던 이미지 테이블

을 주조색으로 하며 대담한 색상대비와 명암대비를 주어 미래지향적인 느낌이 있다.

캐주얼 이미지

캐주얼 이미지casual image는 자유분방한 분위기와 활동적이며 역동적인 이미지로 밝고 명랑한 느낌을 주어 젊음을 상징한다. 편안하게 밖에서 즐길 수 있는 아웃도어out-door 분위기, 밝고 화사한 이미지로 특별히 멋을 부리지 않는 여유가 있다. 밝고 선명한 색상과 채도가 높은 색이 어울린다. 밝고 선명한 색상 위주의 배색을 통해 대비contrast가 크고 스포티하며, 젊

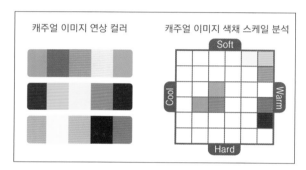

▶ 캐주얼 이미지 색상과 분석

▶ 캐주얼 이미지 테이블

고 밝은 느낌을 연출하며 많은 수의 색상을 사용하면 이미지가 산만해질 수 있으므로 3가지 이하의 색으로 한정짓는 것이 좋다.

로맨틱 이미지

로맨틱 이미지romantic image는 여성스러움, 부드러움, 우아함, 귀엽고 사랑스러운 이미지이다. 꿈꾸는 듯한 공상적이며 낭만적인 의미로 감미로운 분위기를 표현한다. 부드러운 곡선의 형태를 섬세하게 마무리한 신비한 이미지를 중시한다. 빨간색을 다양하게 혼색한 색들이

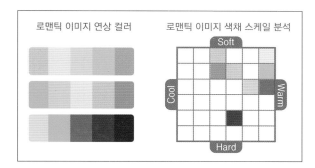

로맨틱 이미지 색상과 분석

로맨틱 이미지 테이블

주조를 이루며, 가볍고 감미로운 느낌을 주는 색채 그룹의 색상을 중심으로 한다. 대표적인 색상은 핑크pink로 적색 계열의 핑크는 주의와 흥분을 주는 색이지만 빨간색에 비해 부드럽고 고요한 이미지를 갖는다. 핑크, 노란색, 붉은보라 등의 색을 주조로 하여 명도와 채도를 약간씩 낮춘 색채를 선택하여 배색하면 온화하고 부드러운 로맨틱 이미지의 표현이 가능하다.

기본 컬러의 조합

베이지 + 파란색 = 차분하고 시원한 감각

파란색은 차가우면서 동시에 시원한 색이다. 그만큼 베이지 톤의 컬러에 포인트로 사용하면 온화하고 정적인 이미지에 청량감을 주는 효과를 낼 수 있다.

베이지 + 녹색 = 우아한 표현

브라운이나 베이지 색상의 작은 씨앗이 잎을 피우면 초록 잎이 달린다. 그 잎이 달린 나뭇가지의 색상은 짙은 베이지 계열의 브라운이다. 베이지와 녹색을 조합하면 편안하면서도 생명력 넘치는 자연을 표현하며, 또한 연한 빛깔의 어린잎을 연상시키는 민트 계열이라면 우아한 여성적인 이미지로 표현될 수 있다.

베이지 + 핑크 = 화사하고 젊게 표현

기본적으로 베이지는 인간의 피부 톤과 가장 가까운 색상이다. 소녀들의 얼굴에 살짝 홍조가 돌았을 때의 느낌처럼 베이지와 핑크의 조합은 밝고 화사하면서도 젊은 감각을 표현하는 연출에 효과가 있다.

베이지 + 노란색 = 밝고 따뜻한 느낌

톤을 화사하게 받쳐주는 베이지 컬러에 포인트를 노란색으로 하면 따뜻하고 밝은 느낌을
연출할 수 있다.

베이지 + 브라운 = 지적인 아름다움의 추구

같은 계열의 색을 맞추는 톤 온 톤tone on tone의 방법이다. 명도와 채도를 어떻게 하는지에 따
라 온화한 멋과 지적인 아름다움을 골고루 표현할 수 있다. 거친 질감의 면 또는 마 소재의
테이블클로스에 매끈한 질감의 소품을 조합해 서로 다른 매력을 교차시키는 것도 좋은 방
법이 된다.

회색 + 파란색 = 지적인 생동감

회색은 지적인 이미지가 강하나 때로는 지나치게 차분해서 가라앉아 보일 수 있다. 이럴 때
생동감 넘치는 밝은 파란색 계열의 컬러를 조합하면 깔끔한 이미지를 표현할 수 있다.

회색 + 녹색 = 세련되고 젊은 표현

녹색은 맑고 깨끗하며 젊은 느낌이 강하다. 도시적인 이미지의 회색과 자연의 대표 색상인
녹색이 어울리면 정갈하면서도 스마트한 이미지를 연출할 수 있다.

▶
컬러 배합을 이용한 냅킨 연출

회색 + 흰색 = 활동하는 여성의 감각적 표현
여성의 프로패셔널한 이미지가 완성될 수 있는 조합으로 색상이 옅고 밝은 회색이라면 특히 봄의 계절 이미지를 표현하는 연출에 잘 어울린다.

회색 + 보라색 = 고결한 지성미
감성적인 빨간색과 이성적인 파란색을 섞었을 때 얻는 보라색은 퍼플 계열의 대표적인 색상이다. 그레이와 어울리면 특히 지적인 이미지를 강조할 수 있다. 그러나 주의할 점이 있다면 두 가지 색이 모두 짙으면 자칫 무거워 보일 수 있으므로 가볍고 부드러운 소재를 선택한다.

톤의 분류

톤이란 색의 느낌과 관계없이 명도와 채도를 하나의 개념으로 묶어 표현한 것으로 색의 이미지를 보다 쉽게 전달하여 색상이 달라도 톤이 같으면 닮은 이미지를 나타낸다.

화려한 톤

비비드 톤

선명한 색조로 화려하고 강렬하며 어떤 종류의 무채색도 첨가되지 않은 '순색'으로 채도가 높고 선명하고 화려한 것이 특징이다. 스타일에서 강한 색채대비를 통해 대담하게 표현하고 자극적인 메시지를 전달하는 데 효과적이다. 비비드 톤vivid tone은 자유분방한 이미지의 캐주얼하고 스포티한 이미지 등에 적합하다.

컬러를 이용한 테이블 세팅

스트롱 톤

비비드 톤과 유사하지만 비비드 톤보다 선명도가 떨어지고 튼튼하고 실용적인 이미지를 준다. 스트롱 톤strong tone은 액티브한 느낌이나 포멀 스타일 등에 적당하다.

밝은 톤

페일 톤

파스텔 톤이라고도 하며 사랑스럽고 감미롭고 꿈결 같은 분위기에 어울리는 색조로 여성적이미지에 적합하다. 페일 톤pale tone은 브라이트 톤에 흰색이 혼합되어 연한 것이 특징이다.

브라이트 톤

밝고 투명하여 톤 중에서도 가장 맑고 깨끗한 색조로 투명한 순색의 비비드 톤에 흰색이조금 혼합된 밝고 맑은 톤으로 꿈과 희망을 주는 효과가 있다. 브라이트 톤bright tone은 명랑하고 활발한 이미지의 느낌으로 캐주얼 스타일에 적합하다.

수수한 톤

라이트 그레이시 톤

라이트 톤에 밝은 회색을 섞어 만든 톤인 라이트 그레이시 톤light grayish tone은 차분하고 성숙한 이미지와 은은하고 세련된 이미지를 나타낸다. 자연 소재에서 볼 수 있는 정적이고 간결한 색조로 도시 감각에 어울리는 세련미가 있는 시크한 컬러로 통한다.

그레이시 톤

차분하고 수수한 이미지로 어떤 것에나 무난하게 어울리는 대중적인 톤이 그레이시 톤grayish tone이다. 비교적 색감이 적고 건조한 느낌을 주며 우울하고 침울하기도 하지만 침착하고 차분한 톤이다. 수수하고 검소한 이미지 표현 시에 좋다.

라이트 톤

브라이트 톤보다는 조금 더 밝고 온화한 색인 라이트 톤light tone은 선명하거나 화려하지는 않지만 가볍고 부드러운 느낌을 주며 시원하고 상쾌한 느낌으로 언제나 편하게 즐기는 경쾌한 느낌의 이미지에서도 자주 사용된다.

덜 톤

스트롱 톤에 중간 회색이 가미된 색인 덜 톤dull tone은 유약을 칠하지 않고 그대로 구운 듯한 토기나 벽돌에서 느낄 수 있는 안정감이 깃든 색조로서 차분하고 고풍스런 고상한 이미지를 준다.

어두운 톤

딥 톤

비비드 톤에 검은색이 섞인 깊고 중후한 이미지로 진한 것이 딥 톤deep tone의 특징이다. 고급스럽고 클래식한 이미지를 표현할 수 있고 깊은 맛이 있다. 비비드 톤보다 진한 느낌을 주며 스트롱 톤보다 고상한 이미지를 가지고 있다.

다크 톤

검은색이 섞인 어두운 색으로 딥 톤보다는 무거운 색조이다. 다크 톤dark tone은 톤 중에서는 색이 가장 어둡다. 품위 있고 대담한 느낌과 안정된 분위기를 제공하는 색조이므로 다색의 배색에서도 효과적으로 활용할 수 있다.

배색 테크닉

색채에 의한 코디네이션은 2가지 이상의 색상을 개성 있게 조화시켜서 전체적으로 시각적 효과를 상승시키는 역할을 얻을 수 있는 방법이다. 즉 2가지 이상의 색을 서로 조합하여 콘셉트에 맞는 이미지를 좀 더 효과적으로 표현하기 위하여 사용되는 방법으로 색상의 배색에 따라 다양한 표현이 가능하다. 동일 색상이나 동일 톤과 같이 서로 공통점이 있는 유사한 색상끼리 배색하거나 보색관계에 있는 색상들을 배색하는 것인데 대비 배색은 동일색 배색이나 유사색 배색에 비해 조화가 이루어졌을 때 미적으로 우수하고 강렬하여 현대 감각에 맞는 아름다움을 표현할 수 있다. 좋은 색채 배색을 하기 위해서는 색의 3속성과 톤 등의 색이 갖고 있는 고유한 특성을 잘 이해하여 활용해야 한다.

동일색 배색

동일색 배색

한 가지 색의 조화인데 다양한 명도와 채도로 변화시킬 수 있다. 차분한 느낌의 심리적 효과를 가진 것으로 생각되지만 명도 대비가 뚜렷하거나 선명한 채도를 가진 색을 조화시키면 자극적일 수도 있다. 스타일에서는 채도의 변화를 주어 동일 색상으로 연출하면 무난한 배색 효과를 얻을 수 있다.

유사색 배색

보색 배색

유사색 배색

비슷한 색끼리의 배색이므로 전체의 조화가 쉽게 이루어진다. 단아한 느낌을 주고 약간의
변화를 줄 때 활용할 수 있고 배색에 자신이 없는 사람에게 권할 만한 배색 방법이다.

보색 배색

색상환에서 180도 마주보고 있는 2가지 색의 조화이다. 빨간색과 청록, 파란색과 주황, 노

보색대비를 이용한 테이블 세팅

▶
악센트 배색

▶
세퍼레이션 배색

란색과 청보라 등이다. 보색 배색은 난색과 한색의 결합이며 서로의 색을 선명하게 해주는 특성을 가지고 있다.

악센트 배색

악센트accent 컬러는 배색 전체의 효과를 상승시키는 목적으로 사용할 수 있다. 색상, 명도, 채도, 톤 등을 각각 대조적으로 배색하면 가능하고 차지하고 있는 면적으로 보면 가장 작은 면적에 사용되지만 배색 중에서는 가장 눈에 띄는 포인트 색으로 전체 색조에 긴장감을 주거나 시점을 집중시키는 효과가 있다. 스타일이 전체적으로 지루하다고 느낄 때 포인트를 줄 수 있는 배색으로 소품을 활용하면 효과적이다.

세퍼레이션 배색

배색의 중간에 각 색의 효과를 두드러지게 하거나 완충시키기 위하여 세퍼레이션separation 컬러를 넣어 이미지를 바꿀 때 사용하는데, 예를 들어 배색한 스타일이 엷은 색상으로 인접해 있어서 눈에 띄지 않을 때 두 색 사이에 짙은 세퍼레이션 색상을 배색하면 생동감과 리듬을 줄 수 있다.

▼
대조 배색

▼
그러데이션 배색

대조 배색

대조contrast는 서로 반발하기 쉬운 색을 조합하는 것에 따라 하나의 조화를 얻어내는 방법으로 보색, 준보색, 반대색의 색상에서 얻을 수 있다. 눈에 띄는 강렬함을 원할 때 대조의 색을 사용하기도 한다.

그러데이션 배색

그러데이션gradation은 색상, 명도, 채도, 톤의 명암, 강약 등 각각의 요소 중에 규칙적으로 점점 변해가는 연속 리듬의 효과로 배색 전체의 통일적 조화를 얻어내는 방법이다. 3색 이상의 다른 배색에서 이런 효과가 나타나는데 색상의 자연적 변화와 명암의 단계적 변화는 그러데이션의 전형적인 배색이다. 즉 어두운 색조에서 밝은 색조로 톤과 면적을 규칙적으로 변화시키는 그러데이션이다.

톤 온 톤 배색

톤 온 톤 배색

동일 색상에서 2가지 톤의 명도차를 비교적 크게
둔 배색으로 톤 온 톤tone on tone 배색은 부드러우면
서 정리되고 은은한 이미지를 표현하는 데 효과
적이다. 밝은 베이지 + 어두운 브라운 또는 밝은
물색 + 감색 등이 전형적인 예다. 부드러우며 은
은한 이미지를 표현하는데 효과적이다. 즉 이 효
과는 '톤을 겹쳐준다'는 의미로 해석한다.

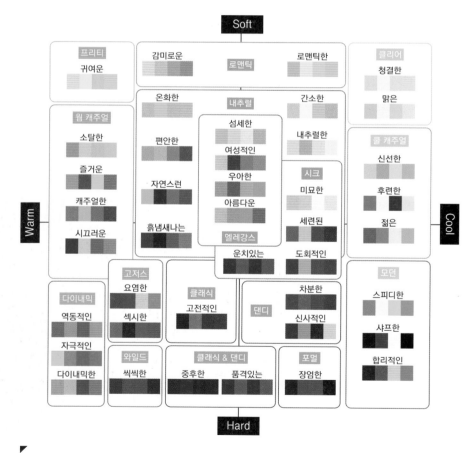

배색 이미지 스케일

톤 인 톤 배색

유사한 톤에서 색상의 변화를 살린 배색이다. 톤 인 톤tone in tone 배색은 톤의 선택에 따라 강하거나, 약한 느낌, 가볍고 무거운 느낌 등의 다양한 이미지를 연출할 수 있다.

톤 인 톤 배색

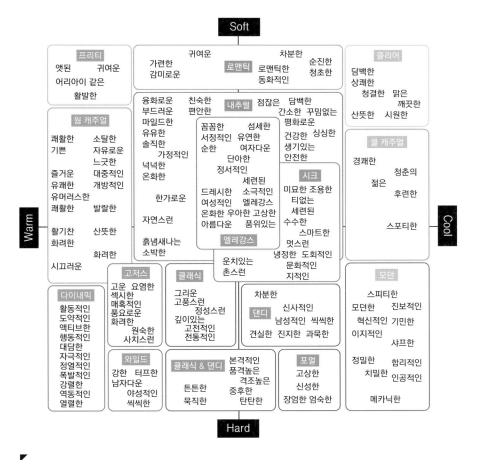

언어 이미지 스케일

Tea

CHAPTER 6 차

차 한 잔을 마신다는 것은 우리에게 아름다운 의식이다. 다른 음료와 달리 차는 뜨거운 찻물을 붓고 기다리는 동안 주변에 부드럽게 퍼지는 복잡하고 미묘한 향이 우리의 마음을 들뜨게 하고 가열된 물을 받은 수색(水色)의 아름답고 빛나는 찬란한 색을 보면서 우리는 모든 감각을 기쁘게 일깨운다.

차가 발견된 시기는 정확하게 알려지지 않았지만 중국에서는 차가 5000년 전부터 중시되었고 찻잎은 최소한 BC 800년 전부터 사용되었다고 한다. 인류가 차를 마시기 시작한 것은 오랜 역사 동안 질병을 치료하거나 예방하는 만병통치학적인 효능이 있었기 때문이다.

Tea

차

차의 역사

인간이 차를 마시기 시작한 때는 여러 가지 설이 있으나 BC 2737년 농업과 약초를 주관하는 신 '신농' 시대부터라는 설이 가장 지배적이다. 고대 중국의 황제인 신농은 《식경》에서 이르기를 '차를 오래 마시면 힘이 솟고 마음이 즐거워진다'라고 했다. 전설에 의하면 백성에게 농사 짓는 법을 가르쳐주었고 백성의 건강에도 신경을 써 늘 끓인 물을 먹으라고 당부했다고 한다. 어느 날 나무 그늘 아래 쉬면서 물을 끓이는데 갑자기 바람이 불어 나뭇잎 3장이 물속에 떨어졌다. 호기심으로 마신 이 음료에 매력을 느끼게 되었고 이 나무에 차나무라는 이름을 붙였다고 한다. 차는 차나무의 어린잎을 따서 만든 음료이다. 모든 차는 '차나무'에서 생산되는데, 산화와 발효 등의 가공과정 정도의 차이에 의해 백차, 녹차, 황차, 청차, 흑차, 홍차 등 6가지로 구분하고 있다. 그러나 우리나라에서는 차tea를 차나무 카멜리아 시넨시스Camellia sinensis의 잎을 우려 만든 음료에 국한하지 않고 모든 식물의 잎이나 열매, 뿌리, 껍질 등을 다려 만든 음료로 통칭하고 있어 찻잎을 이용한 차와 찻잎을 이용하지 않은 차로 구분하는 것이 바람직하다.

　차는 중국 쓰촨성 지역에 차나무를 재배하면서 차 농장이 처음 들어서기 시작했고 점차 중국을 넘어 전 세계적으로 퍼지게 되었다. 이후 중국 원나라 시대 북경을 방문한 마르코 폴로가 유럽으로 차를 가져가게 되었고, 인도가 영국의 식민지였을 무렵 동인도 회사는 중국 차의 종자를 스리랑카에 전파시켜 유명한 '실론티'가 탄생하게 되었다. 한때 유럽에서는 티볼tea bowl이라고 하는 중국제 자기로 만든 찻잔으로 차를 마시는 것이 상류사회에 유행하기도 했다. 1721년 영국 동인도 회사가 홍차 수입의 전권을 가지게 되어 당시 미국인들은 홍차를 고가로 매입할 수밖에 없는 상황이었는데, 싸구려 밀수 차가 나돌기 시작하자 이 사실을 안 영국에서는 불법 거래를 막기 위해 차에 엄청난 세금을 부과하는 '차조례' 법을 발효했다. 이 법은 미국인들을 자극시키는 계기가 되어 보스턴에 정박 중인 영국 배 안에 쌓여 있는 홍차를 모두 바다에 던져버리는 '보스턴 티 파티' 사건이 일어나게 되었다. 이 사건으로 미국이 독립

▶
여러 가지 브랜드의 차

전쟁을 일으키는 계기가 되었다. 19세기 초 미국의 독립전쟁 이후 영국 동인도 회사의 독점 무역이 정지되고 홍차 거래는 자유경쟁시대로 들어서게 되었다. 중국에서 차를 계속해서 수입하던 영국은 당시 차의 지불금으로 쓰이던 은의 해외 반출을 막기 위해 인도에서 수입한 아편을 중국에 팔았고 후에 아편전쟁이 발발하게 되었다. 역사적으로 차와 관련된 전쟁이 2번이나 일어나게 된 것은 그만큼 차가 우리에게 시사하는 바가 크기 때문이다.

이후 영국은 당시 식민지였던 인도로 홍차의 재배지를 전환하면서 인도 아삼 지방에서 재배를 시작하고 1867년 스리랑카에서도 재배하게 되었다. 이렇게 되어 영국의 홍차산업은 인도, 스리랑카로 확대되고 소비량도 현저히 증가해서 현재의 영국 홍차가 완성되었다. 이로써 영국은 19세기 후반 생산부터 소비까지 전부를 지배하는 홍차대국이 되었다.

제조과정에 따른 차의 종류

커피에 커피나무가 있듯이 차에도 차나무가 있다. 오늘날 재배되는 차나무의 학명은 카멜리아 시넨시스Camellia sinensis이다. 차나무는 아열대 식물로서 온대나 한대에서 자랄 수 있는

▶
제조과정에 따라 달라지는 차

목본식물이다. 차나무의 원산지인 티베트 고산지대에 위치한 양자강 상류, 중국의 윈난성이나 쓰촨성 일대 외에도 연평균 기온 13℃ 이상, 강우량 1,500mm 이상이고 안개가 자주 끼는 기후나 풍토가 맞으면 차는 어디서든지 재배가 가능하다.

차란 차나무의 잎을 말한다. 차나무의 순이나 잎을 재료로 하여 만든 것으로 봄부터 어린 순을 따기 시작해 늦여름까지 따는데, 따는 시기와 품종, 재배지의 기후와 토양, 발효, 제조 공정에 따라 색과 향, 맛이 각기 다르다. 제조과정에 따라 크게 6가지로 분류되는데, 차나무의 어린잎을 채엽하여 산화 촉진, 혹은 억제시키지 않고 그대로 건조시켜 만든 것을 백차라고 하고 전혀 산화시키지 않고 엽록소를 그대로 보존한 것을 녹차綠茶, 녹차와 거의 흡사한 특징을 가지고 있는 황차, 일정 산화시킨 반 산화차를 청차淸茶, Wu long, 완전 산화시킨 것을 홍차紅茶라고 하며, 공기 중의 산소와 결합하여 효소에 의한 산화작용이 진행된 가장 숙성한 차를 흑차黑茶라고 한다.

백차

매우 귀한 백차는 중국 푸젠성에서 재배된다. 최고의 차로 인정받는 이 차는 1년에 며칠밖에 수확할 수 없는데 바람이 불거나 비가 내리면 수확을 연기한다. 백차는 가지 끝의 새싹이나 어린잎을 채엽하여 일부러 산화시키지 않고 자연 상태 그대로 차를 만든다.

타닌 맛에 익숙해진 서양인들은 깊은 맛을 느낄 수 없는 백차에 실망하기도 하나 빛깔이

연하고 매우 산뜻한 맛이 난다.

채엽(plucking) ➡ 위조(withering) ➡ 건조(drying)

백차 제조과정

녹차

녹차는 전혀 산화시키지 않은 것으로 완전 산화시킨 홍차와는 정반대이다. 녹차는 살청과 정을 통해 산화를 억제시켜 산화가 이루어지지 않아 찻잎의 색이 녹색을 띠어 녹차라고 한다. 녹차는 산화과정을 거치지 않는다. 지역이나 나라에 따라 제조법은 다르나 열처리, 성형, 건조를 통해 찻잎이 산화되는 것을 방지한다. 녹차의 품질은 보통 향, 찻물 빛깔, 맛 등으로 평가된다.

채엽(plucking) ➡ 위조(withering) ➡ 살청(fixation) ➡ 유념(rolling) ➡

건조(drying) ➡ 분류(sorting)

녹차 제조과정

청차

반산화차인 청차淸茶, Wu long는 제조과정이 복잡하고 일정 정도만 산화시켜 만든 차이다. 홍차와 녹차의 장점을 두루 갖추어 특별한 풍미를 지닌다. 타이완 우롱차는 '자비의 철의 여신'이라 불리는 철관음鐵觀音차가 유명하다. 반산화차인 우롱차는 하루 중 아무 때나 마셔도 무리가 없으며 카페인의 함유량이 적어서 잠들기 전에 마셔도 좋다.

채엽(plucking) ➡ 위조(withering) ➡ 주청(tossing) ➡ 산화(oxidation) ➡

살청(fixation) ➡ 유념(rolling) ➡ 건조(drying)

청차 제조과정

황차

황차는 색상에 의해 분류한 것보다는 특정한 제조방식으로 만든 차이다. 황차는 녹차와 제조과정도 거의 흡사하나 중간에 '민황'이라고 하는 발효과정을 거쳐 만들어진다. 중국의 황제에게 진상하는 고품질의 차, 황제의 차라고 했고 그 후 '황차'라는 명칭을 갖게 되었다.

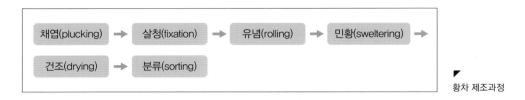

황차 제조과정

흑차

흑차를 흔히 '보이차'라고 하는데 보이차는 중국의 보이 지역에서 생산, 유통되는 흑차를 지칭한다. 미생물에 의한 숙성발효이 이루어져야 비로소 보이차의 풍미를 느낄 수 있는데 효소의 발효과정과 제조과정을 통해 흑차의 독특한 특징이 나타난다. 주로 중국의 윈난성과 쓰촨성, 후베이성 지역에서 생산되며 발효과정을 통해 생성되는 독특한 풍미로 각광받고 있다.

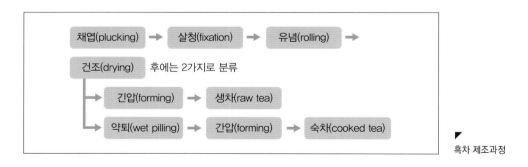

흑차 제조과정

차의 가공법

채엽

찻잎을 따는 것을 채엽plucking이라고 한다. 이른 봄 차나무 줄기에서 새로운 잎이 올라오고 가장 위의 싹 하나와 바로 아래 잎 2장을 채엽한다. 이것을 파인 플러킹fine plucking, 즉 고급 찻잎 따기라고 한다. 대체로 녹차와 홍차를 만들 때는 찻잎 3장을 딴다.

살청

녹차에 있는 살청fixation은 새로 딴 신선한 찻잎에 뜨거운 증기를 쏘이거나 뜨거운 솥에서 덖거나 하여 찻잎 속에 있는 폴리페놀 산화효소를 없애는 것이다. 이렇게 하면 시간이 지나도 찻잎의 녹색이 변함없이 유지된다.

위조

홍차는 채엽한 다음 살청을 거치지 않고 대신 위조과정을 거치는데, 위조withering는 찻잎을 시들게 하는 것이다. 갓 채엽한 찻잎에 들어 있는 70~80%의 수분함유량을 60~65%로 낮춰 숨을 죽이는 위조과정이 꼭 필요하다. 위조는 녹차에는 없고 홍차에만 있는 특징적인 과정 중 하나이고 홍차의 품질을 좌우하는 매우 중요한 과정이다.

유념

유념rolling은 찻잎을 멍석 같은 표면이 다소 거친 곳에 놓고 비비는 것으로 압력을 가해 찻잎에 상처를 내고 내부의 세포막을 부수는 것이다. 이 과정에서 세포액이 흘러나오고 홍차는 이것으로 인해 산화가 촉진된다. 녹차는 나중에 차가 잘 우러나게 하기 위해 혹은 찻잎의 부피를 줄이기 위해 유념을 한다.

산화

산화과정oxidation도 녹차에는 없는 과정이다. 유념이 끝난 뒤 녹차는 바로 건조과정을 거쳐 완성된다. 그러나 홍차는 유념과정에서 세포막으로부터 흘러나온 액이 산화를 촉진하는 역할을 한다. 찻잎을 적당한 온도와 습도가 유지되는 공간에 펼쳐 놓으면 이 단계에서는 외관상으로 찻잎의 색깔이 검게 변해가며 내적으로는 찻잎의 생화학적 변화가 완성된다.

건조

건조drying의 목적은 산화를 포함한 찻잎의 모든 생화학적 효소활동을 중단시켜 더 이상의 변화가 일어나지 않게 하는 것이다. 건조단계에서는 찻잎의 수분함량을 3% 안팎으로 줄인다.

분류

수작업이나 기계작업으로 일정 기준에 맞추어 등급대로 분류sorting하며, 포장 및 판매되기 직전 단계로 제작의 마지막 단계이다.

생산지에 따른 차의 분류

중국

중국은 다민족 국가에 대륙이 넓어 지형, 토질, 기후 등의 변화가 심하다 보니 풍속과 생활 습관이 각기 달라 차나무의 품종과 재배법이 다양하여 차의 종류가 많다. 주로 생산되는 것은 녹차로 전체 생산량의 3분의 2 가량이다. 차 재배는 주로 남동부 지역의 푸젠성福建, 복건, 저장성折江, 절강, 윈남성雲南, 운남, 쓰촨성四川, 사천, 후난성湖南, 호남, 후베위성湖北, 호북, 안후이성安徽, 안휘에 집중되어 있다.

일본

일본에서는 차를 독특한 미학으로 발전시켜 나갔다. 일본에서 차를 마시는 행위는 고도로 의례화된 '치노유다도'라는 양식으로 철학적인 차원에 이르고 있다. 건축, 조경, 꽃꽂이 등은 다도문화와 더불어 일본 에티켓 문화에 중요한 영향을 미쳤다. 차 농장은 주로 일본 열도의 남부에 위치한 혼슈나 큐슈지역의 평원이나 계곡에 자리 잡고 있다. 제조되는 차의 대부분은 증기가열로 찌는 녹차가 생산되며 대부분의 농가에서 재배하는 것은 아부기타종이다.

타이완

타이완에서 처음으로 재배된 품종은 1796년 푸젠성에서 들어온 것이 시조이다. 중국 본토의 제조법과 기술이 차나무와 함께 전수되어 훌륭한 결과를 만들어냈고 그 대표적인 예가 우롱차이다. 타이완에서 소비되는 차는 거의 자체 생산하는 반산화차인 청차淸茶, Wu long이다. 타이완에서 차를 마시는 동작은 예술의 한 형태로 발전했고 차 문화는 일본의 영향을 강하게 받았다.

마른 찻잎의 종류

인도

히말라야 산맥의 브라마푸트라 강 유역에서부터 인도 남부 지방까지 널리 재배되고 있는 인도 홍차는 매우 유명하다. 인도 차의 역사는 18세기 후반부터 19세기 초반의 40년 동안 중국에서 차를 사들일 수밖에 없던 영국에 의해 시작되었다. 인도 북동부 아삼 지역에서 1823년 로버트 브루스가 자생 차나무를 발견했고 형제인 찰스 알렉산더 브루스가 차나무를 재배하기 위해 이 지역에 파견되었다. 인도 차의 대표적인 생산지인 다르질링은 히말라야 산맥의 지맥에 위치하고 있으며 비교할 수 없을 만큼 섬세한 향이 있는 최고급 차를 생산하는 것으로 유명하다. 인도는 세계적인 차 생산지가 되었으며 차 산업은 인도 경제에서 큰 부분을 차지하고 있다. 대표적인 재배지로는 다르질링, 아삼, 닐기리 힐의 3곳이다.

스리랑카

1802년 실론 섬이 영국의 식민지가 되었을 당시 그 곳에는 커피 재배가 성행했다. 실론은 스리랑카의 옛 국명이다. 커피를 주로 재배하던 1896년 기생충의 침해로 인해 커피나무가 모두 고사하면서 차를 커피의 대용품으로 삼았다. 커피의 섬이었던 실론은 차의 섬으로 바뀌었고 마침내 실론티가 탄생했다. 스리랑카는 세계적인 주요 차 생산국으로 제조된 차의 95%는 수출한다. 면적은 작지만 기후가 다양하고 지역의 고도차가 커서 개성이 있는 차들이 생산되고 있다.

차와 건강

차는 인간의 건강과 밀접하게 연관되어 있다. 중국인들은 차에서 피로회복, 정신집중, 시력 강화 등의 여러 가지 역리 작용을 발견했다.

차에 들어 있는 주요 성분은 카페인인데, 심장과 뇌를 자극하고 혈중 콜레스테롤을 억제시키고 고혈압을 낮춘다. 또한 차의 성분 중 카테킨은 암 발생을 억제하며 위암 치료에 효과가 있다.

차의 장점

첫째, 신체가 노화되거나 기능 저하로 인해 소모된 수분을 보충하고 타액선을 자극하여 갈증을 해소시킨다.

둘째, 이른 아침의 차 한 잔은 깊은 잠을 쫓아버리고 정신을 맑고 깨끗하게 한다.

셋째, 외지를 여행할 때 기후, 풍토가 맞지 않아 몸이 좋지 않을 때 차 한 잔을 마시면 해결할 수 있다.

넷째, 운동한 후 혹은 일과 후의 차 한 잔은 피로를 상쾌하게 풀어준다. 또한 식후에 차를 마시면 훌륭한 소화제 역할을 한다.

다섯째, 차는 변비를 해소시키고 술을 마신 후 진하게 차 한 잔을 마시면 알코올 성분을 분해시켜 정신을 깨우고 구토를 그치게 한다.

여섯째, 차를 마시면 지방질을 분해시키고 동맥경화를 방지하며 신진대사를 촉진시킨다.

찻잎의 약성분

모든 차는 항암제로 암 발생을 억제시키는 효과가 있다. 홍차는 소염살균작용, 해독작용을 한다. 녹차는 체액의 분비를 촉진하고 마음을 안정시키고 혈액을 원활하게 자극시킨다.

청차우롱차는 머리를 맑게 하고 눈을 밝게 하여 침이나 체액의 분비를 촉진한다. 인체의 각 타액을 자극시켜 신진대사를 촉진시킨다. 차의 타닌 성분은 식중독과 감기를 예방하고 식후의 차는 입안의 세균 번식을 억제하여 구취를 없애고 충치 예방에 좋다.

차를 마실 때 주의사항

공복 시에 차를 마시게 되면 산화작용이 일어나 위장 장애를 일으킨다. 약을 복용하는 사람은 녹차의 타닌이 약성분을 분해하는 성질이 있으므로 차를 마시지 말아야 한다. 차는 다린지 하루가 지난 것은 먹지 않는 것이 좋다.

차에 들어 있는 카페인 성분은 신진대사를 촉진하는 이뇨작용이나 피로회복, 각성 효과도 있으나 지나친 섭취는 건강에 해로우므로 주의해야 한다.

또한 찻잎을 보관할 때는 완벽한 밀폐가 중요하다. 차를 냉장고에 보관해두고 마시면 냉장고 냄새가 금방 배어 마실 수 없으므로 항상 볕이 들지 않는 실온에 밀폐된 상태로 보관해야 한다.

차의 특징과 우리는 법

홍차

홍차의 성격은 산지가 결정한다. 고품격 찻잎을 생산해낼 수 있는 독특한 기후조건과 제다기술이 세계적인 홍차를 만들어낸다.

홍차의 등급

일반적으로 홍차는 다원에서 채취한 찻잎을 소정의 절차에 따라 복잡한 제다공정을 거치는 사이에 큰 잎, 작은 잎 등 여러 가지 크기의 찻잎이 섞여 있으므로 선별 과정이 필요하다. 찻잎의 크기에 따라 홍차의 등급구분tea grading이 이루어진다.

홍차의 등급은 잎을 자르는 정도에 따라 크게 3가지로 나뉜다. 자르거나 분쇄하지 않은 상태의 홀리프whole leaf, 가늘게 자른 상태의 브로큰broken, 미세하게 자르거나 가루로 만든 패닝 앤 더스트fanning & dust이다. 또한 CTC는 찻잎을 잘게 부수고 동그랗게 말아 쉽게 우러나도록 만든 것이다. 차나무 위의 작고 어린잎일수록 좋은 등급의 차를 만들 수 있는데 각 부위의 명칭은 다음과 같다.

FOP등급, 플로리 오렌지 페코Flowery Orange Pekoe는 차나무의 가장 어린잎, 솜털을 가진 새순이다.

OP등급, 오렌지 페코Orange Pekoe는 부드럽고 어린잎으로 줄기의 두 번째 잎이다. FOP나 OP 등급의 찻잎은 분쇄하지 않은 홀리프 타입으로 차를 만든다.

P등급, 페코Pekoe는 세 번째 잎, 최근에는 OP등급보다 새싹 함량이 낮은 홍차를 의미한다.

PS등급, 페코 소우총Pekoe Souchong은 줄기의 네 번째 잎으로 크고 진한 색을 띄고 있다.

S등급, 소우총Souchong은 줄기의 다섯 번째 잎으로 최근에는 PS나 S등급의 찻잎은 거의 쓰지 않는다.

홍차 우리는 법

첫째, 신선한 물을 바로 끓여 사용한다. 적절한 경도의 물을 사용해야 홍차의 맛과 향을 부드럽게 하고 자극적인 떫은맛을 눌러준다. 물은 함유한 미네랄 성분에 따라 경수, 또는 연수로 분류한다.

둘째, 다구를 예열한다. 티 포트와 찻잔은 뜨거운 물을 부어 따뜻하게 데워 놓는다. 이 과정을 통해 홍차를 우리고 차를 마시는 동안 온도를 뜨겁게 유지해 맛과 향을 살린다.

셋째, 찻물을 끓인다. 홍차는 온도는 93~95℃ 이상 팔팔 끓는 물로 우려내기 때문에 충분히 끓여 준다. 홍차와 같이 발효된 차는 90℃ 이상, 100℃ 이상이어도 좋다. 그래야 점핑 현상이 제대로 일어나서 맛있는 성분이 잘 우러난다.

넷째, 티 포트에 찻잎을 넣는다. 차를 우릴 티 포트에 찻잎을 적당히 덜어 넣는다. 티 메저스푼이나 전자저울로 계량한다. 찻잎의 모양이나 크기, 홍차의 종류에 따라 찻잎과 찻물의 비율은 달라진다.

다섯째, 차를 우린다. 되도록 차 주전자인 자기제품이나 질그릇 등을 이용하여 차를 우린다. 찻잎의 성분이 추출되는 시간은 찻잎의 크기에 따라 다르지만 일반적으로 분쇄된 BOP 타입은 찻잎이 담긴 티 포트에 팔팔 끓는 물을 붓고 3분 정도 우린다. 차를 우리는 시간이 길어지면 차맛이 너무 진해지고 탕색

▶ 홍차 티 웨어

도 짙어진다. 차가 우러나는 동안 차의 온도가 떨어지는 것을 막기 위해 티 코지를 씌우기도 한다.

차를 우려낼 때는 차 주전자를 움직이지 말고 우려내야 하며 대접하기 직전에 단 한번만 흔들어 주는 것이 좋다.

여섯째, 차를 담는다. 우려낸 차는 거름망티스트레이너에 걸러 새로운 티 포트에 옮겨둔다. 홍차를 걸러낼 때에는 찻잎의 마지막 한 방울까지 신경을 써서 거른다. '골든드롭'이라 부르는 홍차의 마지막 한 방울에는 가장 진한 맛과 향이 담겨 있다.

일곱째, 홍차는 늘 신선한 것을 사용한다. 온도, 습도, 산소, 빛, 이물질 등에 의해 변형되므로 캔이나 유리병, 도자기 등의 밀봉 가능한 용기에 담아 서늘한 곳에 보관하는 것이 좋다. 홍차는 향, 색, 맛 3가지가 잘 조화를 이루어야 한다.

홍차의 도구

물을 끓이는 탕비기, 손잡이가 달린 냄비, 차를 우려내는 데 필요한 티 포트tea pot, 다관, 차를 마시는 데 쓰는 찻잔tea cup, 다완이 홍차를 우려내는 최소한의 도구이다. 대표적인 티 도구는 다음과 같다.

탕비기

물을 끓이는 데 필요한 도구인 탕비기tea cattle는 각종 탕관이나 손잡이가 달린 냄비 등을 말한다.

티 포트

러시아 사람들이 탕비기사모바르를 중요시했다면 영국에서는 티 포트tea pot가 가장 소중한 도구였다. 부드러운 백색에 얇고 단단하며 보온성이 뛰어난 도자기는 홍차를 마시기에 가장 적합하다. 모양은 점핑이 잘 일어날 수 있는 둥근 형태가 좋으며 손잡이가 튼튼하여 안정감과 균형감을 주는 것이 좋다. 티 포트의 재질은 순은제, 은도금, 경질 혹은 연질도기, 본차이나, 스테인리스 등 다양하다.

티 포트

찻잔과 받침 접시

찻잔과 받침접시

차를 마시는 찻잔tea cup과 접시saucer를 말한다. 티 포트의 디자인과 조화를 이루는 것이 좋다. 홍차 잔은 커피 잔보다 얇고 넓게 만들어서 입에 가져다 대기 좋고 홍차의 섬세한 향이 풍부하게 퍼지도록 한다.

차 거르개

우려낸 홍차를 따를 때 찻잎이 섞이지 않게 걸러주는 거름망을 말하는데 '티 스트레이너tea stainer'라고도 한다. 은제나 스테인리스, 은도금한 것이 많다.

티스푼과 메저스푼

찻잎의 분량을 정확히 측정하는 스푼을 메저스푼measure spoon이라고 하고 찻잎을 골고루 혼

차 거르개

메저스푼

티 코지

티 트레이

합시키는 스푼은 티스푼tea spoon이라고 한다.

티 코지
티 포트를 따뜻하게 감싸주어 보온을 유지하는 기능이 있다. 티 포트에 입히는 옷이라고도 불리는데 '티 코지tea cosy'라고 한다.

티 트레이
티백을 우려냈을 때 건져낸 티백을 올려놓기 위한 도구를 티 트레이tea tray라고 한다.

타이머와 모래시계
홍차는 보통 3분 내외로 우린다. 따라서 3분짜리 모래시계나 타이머를 사용하면 홍차가 가장 맛있는 순간을 놓치지 않을 수 있다.

인퓨저
사방에 구멍이 뚫려 있는 소형 용기 속에 찻잎을 넣고 열탕을 부은 티 포트나 찻잔 속에 넣어 차성분이 우러나게 하는 것으로 찻잎을 충분히 우리는 데 실용적이지는 않다.

티 캐디
다호라도고 하는 티 캐디tea caddy는 '티 캐니스터'라고도 하며 차를 담아 놓고 보관하는 통을 말하며 습기가 차지 않도록 주의한다. 17세기부터 18세기에는 차가 고가품이라서 귀족이나

인퓨저와 티 스탠드

부유층에게 권력이나 부의 상징이었다. 그 당시에는 차를 캐디박스라고 하는 열쇠가 달린 보석함에 보관하기도 했다. 이 외에도 밀크 크리머milk creamer, pitcher, 슈거볼 및 스푼sugar bowl & spoon, 레몬접시lemon plate, 티 스탠드tea stand 등이 있다.

홍차와 어울리는 티 푸드

다과, 다식이라는 말과 같이 차에는 으레 과자를 비롯한 가벼운 음식이 함께한다. 특히 영국 사람들에게는 본래 티tea가 라이트 밀light meal을 의미해 대부분 집안에 여러 가지 홍차를 준비해 두고 손님을 접대하거나 분위기에 따라 골라 마신다. 심지어 영국 사람들은 차와 다식이 입 안에서 섞인 상태에서 만들어 내는 독특한 맛을 즐기는 일이야말로 가장 복스러운 생활의 한순간이라고 생각하고 있다. 그만큼 홍차는 음식과 잘 어울리는데 홍차의 주성분인 타닌이 음식에 함유된 지방이나 기름을 분해하여 입안을 상쾌하게 하고, 특히 버터, 생크림 등의 유제품, 육류나 생선의 지방분, 식물성 오일 성분을 제거하는 역할을 한다. 일반적인 홍차ordinary teas에 잘 맞는 티 푸드tea food는 버터를 바른 빵이나 크루아상, 롤빵, 샌드위치, 각종 스콘, 파이나 케이크, 비스킷 등이 주를 이룬다. 스페셜리티 차speciality tea인 적당히 떫은맛과 꽃향기를 즐길 수 있는 실론, 누와라 엘리야, 딤브라, 다르질링 등에는 각종 쇼트 케이트와 시폰 케이크가 어울린다. 특유한 향미를 즐기는 다르질링, 실론, 우바, 아삼 등에는 과일이 들어 있는 파이류가 제격이며, 와플은 실론 홍차들과 잘 어울린다. 초콜릿 케이크는 민트나 오렌지, 혹은 시나몬 향을 첨가한 착향차나 밀크 티가 어울린다.

▶
티 테이블 스타일

▶
티 푸드

홍차의 나라 영국

홍차는 처음 1662년 포르투갈의 캐서린 공주가 영국의 왕 찰스 2세와 결혼하면서 처음 영국에 소개되었다. 캐서린 왕비가 매일 마시는 홍차는 영국 귀부인들에게 동경의 대상이 되었고 1680년대부터 영국 동인도 회사가 본격적으로 차를 수입하기 시작했다. 1823년 영국인 로버트 브루스가 식민지인 인도 아삼 지역에서 차나무를 발견하고 이후 아삼차의 재배가 시작된다. 영국은 더 이상 중국 차에 의존하지 않고 곧 자국의 식민지인 인도와 스리랑카, 아프리카 지역에 대규모 차 농장을 만들어 홍차를 독자적으로 대량생산하기 시작했다. 마침내 영국의 홍차문화가 꽃피우게 된 것이다.

애프터눈 티

차의 재배에 큰 변화가 일어나면서 누구나 차를 즐기게 된 영국은 가장 우아하고 사치스러운 티타임인 애프터눈 티 문화가 탄생되었다. 애프터눈 티afternoon tea 유행의 시초는 19세기 중반 안나 베드포드 공작부인1788~1861에 의해 널리 퍼지게 되었는데 아침 식사는 푸짐하게 먹고 점심 식사를 먹지 않았기 때문에 저녁 식사 시간이 되기 전 허기를 달래려고 가까운 친구들을 불러 홍차와 과자 등을 대접했다. 이것이 상류사회에 퍼져서 귀족 여성 사이에 파티 전, 저녁 식사 전의 우아한 티타임이라는 사교문화로 정착하게 되어 맛있는 티푸드에 홍

애프터눈 티 파티 테이블

애프터눈 티 파티의 기본 도구

차가 곁들여지는 애프터눈 티가 되었다. 귀족들의 애프터눈 티는 구체적으로 뷔페를 기본으로 큰 자택의 경우 홍차와 커피까지 준비되었고 과일이 들어간 샴페인도 인기 메뉴였다. 현재 런던을 중심으로 홍차를 마시기 전 샴페인으로 건배하는 '샴페인 애프터눈 티'는 이 시대에 유래되었다.

녹차

녹차의 등급과 품질

대표적인 불산화차인 녹차는 가공법에 따라 다시 덖음차와 증제차로 분류된다. 덖음차는 찻잎을 솥에서 바로 덖어살짝 볶는것 구수한 맛이 강한 차이다. 한국·중국인은 녹차의 깊고 구수한 맛을 즐기므로 덖음차의 인기가 높은 편이다. 증제차는 찻잎을 고압의 증기로 찐 차를 말하는데, 비타민 C 함량이 높고 진한 초록색을 띠는 것이 특징이다. 일본인은 담백하고 깔끔한 맛을 즐기는 덕택에 일본산 녹차는 거의 증제차이고 대부분 일본에서 '전차'라고 불린다.

녹차는 수확시기에 따라 성분이 바뀌어 맛과 향이 다르다. 차나무에서 4월 20일~5월 10일 정도에 딴 잎을 첫물차라고 하며 5월 중순에서 6월 중순에 딴 잎을 두물차, 8월 초순에서 8월 중순에 딴 잎을 세물차, 9월 하순에서 10월 초순에 딴 잎을 네물차라고 한다. 품질은 첫물차가 가장 우수하다. 또한 우전, 세작, 중작, 대작으로도 분류하는데, 우전은 곡우4월20일경 전에 딴 녹차 잎으로 봄비를 맞아 잎이 부드럽고 떫은맛이 적으며, 최고급 녹차는 모두 우전을 원료로 삼는다.

'우전옥로'라는 최고급 차는 햇볕을 받지 않고 차광 재배한 우전으로 만든 녹차라는 뜻인데, 차광 재배하면 차의 떫은맛 성분카테킨이 줄어드는 대신 감칠맛을 내는 아미노산이 증가하고 엽록소 함량이 높아져 초록색이 더 짙어진다.

또한 작설차는 우전으로 만들고 세작은 찻잎이 참새 혀와 닮았다고 해서 붙여진 이름이다. 우전보다는 덜하나 부드럽고 뒷맛은 미세하게 떫다. 중작은 입하에서 5월 중순경에 수확한 잎이다. 이 잎으로 만든 녹차가 가장 흔하다. 대작은 5월 말까지 채취한 잎으로 크고 질기며 떫은맛이 강하다. 녹차는 겉모양이 가늘고 광택이 있으며 잘 말려진 것이 고급이며

▶
녹차를 주제로 한 테이블 스타일

묵은 잎_{노란색}이 적고 손으로 쥐었을 때 단단하고 무거운 느낌이 드는 것을 사도록 한다.

녹차 보관 및 음용법

우리 전통 차 문화를 정립한 초의 선사는 '차를 만들 때 정성을 다하고 건조하게 보관하며 우려낼 때 청결하게 하면 다도를 다하는 것'이라고 《다신전》에서 기록했다. 녹차는 고온, 고열, 다습한 곳에 두면 산화되거나 변질되기 쉽고 습기가 녹차의 천적이므로 보관할 때는 주의하도록 한다. 녹차는 다른 냄새를 빨아들이는 성질이 있으므로 다른 냄새를 빨아들이는 성질이 있으므로 진공 팩에 넣어 볕이 들지 않는 서늘한 곳에 보관하거나 혹은 냉동 보관하는 것이 안전하다.

녹차는 오묘한 맛이 매력적이다. 쓴맛_{카페인}, 떫은맛_{카테킨}, 감칠맛_{테아닌}을 모두 가지고 있다. 가장 맛있게 찻잎을 우려내려면 찻잎의 품질은 수질이므로 온도나 투다법, 시간, 차 그릇 등에 신경을 많이 써야 한다.

칼슘, 망간 등 미네랄이 다량 함유된 물을 쓰면 침전이 생겨 차가 혼탁해진다. 정수기물이나 깨끗한 샘물이 찻물로 적당한데 수돗물을 써야 한다면 물이 끓기 시작할 때 주전자

뚜껑을 열고 1~3분간 더 끓여 준다. 이렇게 하면 수돗물에 잔류 가능한 염소소독제를 날려 보낼 수 있다. 고급 잎차는 50~60℃의 물에 넣어 1분 가량 우려내는데, 이는 감칠맛이 나는 아미노산이 그 온도에서 가장 잘 우러나기 때문이다. 티백 녹차라면 70~80℃의 물에 30초 가량 우려내야 떫은맛타닌성분이 적게 나온다.

　차와 물을 차 그릇에 넣는 것을 투다投茶라고 하는데, 투다법에 따라 녹차의 맛, 향, 빛깔이 달라진다. 상투, 중투, 하투가 있는데, 상투는 더운 여름에 적당한 방법으로 물을 먼저 넣고 차를 그 위에 넣는 것이며, 중투는 봄·가을에 적당한 방법으로 물을 반쯤 넣고 차를 넣은 다음 다시 물을 넣는 것이다. 또 하투는 추운 겨울에 적당한 방법으로 차를 먼저 넣고 물을 붓는 것이다. 요즘에는 주로 하투법이 널리 사용된다. 다기도 어떤 것을 선택하는지에 따라 차맛에 영향을 주는데, 녹차는 뜨거운 물을 부었을 때 빨리 식는, 즉 보온력이 약한 재질의 다기에 담는 것이 좋다. 온도가 높으면 떫은맛을 내는 카테킨 성분이 많아지기 때문이다. 하지만 반발효차인 우롱차는 보온력이 강한 재질의 다기가 적당하다. 일반인이 마시는 티백 제품은 정수기의 물을 온수 3, 냉수 1의 비율로 온도는 70℃ 정도가 되게 맞춘다. 티백을 넣고 20초 가량 지나 찻물이 번지면 10~15회 정도 좌우로 흔들어 주고 티백을 꺼낸 후 마시도록 한다. 가루차는 찬 생수에 넣어 마시는 것이 좋으며 우유나 사이다, 요구르트에 섞어 마셔도 된다.

Wine

CHAPTER 7 **와인**

인류가 본격적으로 와인을 마시던 시대는 BC 3500년경이었다고 한다. 고대에는 와인 상인에 대한 규정도 있었고 와인에 물을 타는 것을 금지하는 내용도 있을 정도로 와인은 역사적으로 중요한 음료의 하나로 인정받았다. 이제 와인은 서로 다른 문화와 자연이 담겨 있고 사람들의 삶 속에서 문화의 중심적 역할을 하고 있다.

Wine

와인

사전적 의미로 와인은 모든 과실주의 총칭이다. 그러나 우리는 흔히 와인으로는 포도주를 연상하고 오늘날 전 세계에서 생산하는 와인의 99%가 포도주이다. 와인은 포도를 발효시켜 만든 술로 물 한 방울도 들어가지 않은 100% 포도즙으로 만든다. 와인은 알코올 발효로 만드는데, 알코올 발효는 설탕, 포도당과 같은 당분이 효모yeast에 의해 알코올과 탄산가스로 변하는 것으로 술의 원료는 반드시 당분을 함유하고 있어야 한다. 알코올 발효가 진행될수록 포도 속의 당분은 줄어들고 알코올 농도는 높아진다. 그리하여 시간이 지나면 깊은 맛을 지닌 숙성된 술이 탄생한다.

와인의 원료인 포도는 기온, 강수량, 토양, 일조기간 등의 일명 '테루와르'라고 하는 자연조건과 양조법에 의해 품질이나 맛이 달라진다. 와인에는 나라마다 지방마다 서로 다른 문화와 자연이 고스란히 담겨 있고 사람들의 삶 속에서 문화의 중심적 역할을 하는 술 이상의 의미가 있다.

와인은 발효, 숙성 등을 거치면서 생명체와 같은 변화와 다양성을 가지고 있고 요리의 맛을 돋우고 조화를 이룬다. 와인에는 비타민, 무기질, 폴리페놀 같은 건강에 유익한 성분이 함유되어 최근에는 그 효능이 과학적으로 증명되고 있다.

와인의 역사

고대의 와인 문화는 이집트, 메소포타미아, 그리스 등지에서 최초로 시작되었다. 이집트인은 와인을 최초로 마신 민족으로 이들은 포도주를 담았던 옹기 항아리에 빈티지, 포도밭, 생산자의 이름을 적은 와인 리스트까지 남겼다. 메소포타미아에서는 BC 3500년경 포도주를 짜는 기구가 발견되었고 우르왕조 시대의 판화에는 술 마시는 장면이 나와 있다. 이렇게 해서 와인은 이집트에서 페니키아를 거쳐 그리스 남부 이탈리아의 시칠리아 섬까지 선원들에 의해 전파되고 이들은 와인을 바닷물에 희석하거나 향풀을 섞어 마시기도 하고 흥을 돋우는 자리에서 와인을 즐겼다. BC 1세기 양조기술이 발달한 로마 시대에 로마인들은 화이트 와인을 선호하여 색이 빠지도록 유황으로 증류시키기도 하고 걸러낸 포도주를 맑게 만들기 위해 석고나 찰흙으로 찌꺼기를 가라앉히는 방법을 사용했다. 군인이나 하층민은 포도 찌꺼기에 물을 타는 방법인 피케트piquette와 포도 찌꺼기를 식초로 만드는 방법인 포스카posca를 사용했다.

중세의 와인 문화는 수도원에서 시작되었다. 로마제국의 몰락 이후 무법천지 속에서도 수도원들이 포도 재배에 주력했는데 여러 가지 종류의 포도를 시범 재배해 가장 좋은 맛을 내는 품종만을 선택하는 재배법이 개량되어 확실한 산지특급와인생산 포도원 개념이 정립되었다. 르네상스 시대에는 문화와 예술의 부흥에 따라 포도주의 수요가 폭발했고, 이는 포도 재배와 포도주 상업을 자극하여 음주문화도 더욱 활발해지고 양조학에 관한 많은 논문들이 발표되기 시작했다.

근대에는 시민들이 고품질의 와인을 원하여 새로운 와인문화가 대두되면서 오늘날 우리가 '그랑 크뤼'라고 부르는 특급 와인들이 탄생했

▶ 와인 테이블 세팅

다. 또한 철도의 개설로 인해 포도주의 대량 운반과 원거리 운송이 가능해지면서 포도주 산업은 그야말로 혁명적 전기를 맞이하게 되었다.

현대에는 1860년대 프랑스 남부 역사상 가장 큰 재앙으로 일컬어지는 필록세라Phylloxera 질병으로 인해 유럽의 와인 산업은 큰 위기를 맞게 되었다. 이 시기에 신세계로의 이민이 늘어나면서 미국 서부, 호주, 남아프리카, 뉴질랜드 등에서 유럽식 포도 재배의 전통을 이어가게 되었다. 프랑스는 필록세라 병충해와 경제위기, 포도주 산업의 정체를 극복하기 위한 제도적 정비 노력의 일환으로 1905년 위조방지위원회를 설립했고 30년간 연구를 거듭했다. 또 1935년 국립원산지통제원으로 'INAOInstitute De National Appellation'이라는 단체가 생기면서 품질을 관리하기 위한 AOC 제도를 이룩하게 되었다.

와인의 분류

와인은 만드는 방법making method, 색깔color method, 맛의 차이taste method에 따라 분류할 수 있다.

만드는 방법에 따른 분류

발포성 와인
1차 발효가 끝난 다음 2차 발효 시 생긴 탄산가스를 그대로 함유시킨 것을 발포성 와인sparking wine이라고 하며 보통 샴페인champagne이라고도 한다.

비발포성 와인
제조과정에서 생기는 탄산가스를 없앤 비발포성 와인으로 스틸 와인still wine이라고도 하며 알코올 14% 이하이다.

색깔에 따른 분류

레드 와인

껍질이 검은색에 가까운 진한 색을 띤 포도로 만든다. 레드 와인red wine은 색이 중요해 술을 만드는 발효과정 중에 껍질과 씨가 함께 발효된다. 껍질은 가벼워서 원액 위에 뜨게 되므로 색깔이나 껍질의 추출물을 잘 우려내기 위해 아래의 액을 계속 껍질 위로 뿌려주어야 한다.

화이트 와인

청포도를 주로 사용하여 만들지만 모든 색깔의 포도로도 만들 수 있다. 화이트 와인white wine은 포도를 으깬 후 껍질을 제거하고 주스만으로 만든다. 적포도 씨와 껍질이 닿지 않게 하여 주스만 짜내면 화이트 와인이 만들어진다.

로제 와인 혹은 핑크 와인

포도의 원료와 생산방식은 레드 와인과 같으나 색이 진해질 때까지 껍질을 오래 담가 두지 않고 원하는 색상이 나오면 껍질을 제거하는 방식으로 로제 와인rose wine 혹은 핑크 와인pink wine을 만든다. 로제 샴페인은 적포도로 만든 레드 와인과 청포도로 만든 화이트 와인을 와인 상태에서 섞어서 만든다.

맛의 차이에 따른 분류

스위트 와인

고상한 부패noble lot라고도 한다. 건포도 상태의 포도로 만든 와인 혹은 당분이 알코올로 변하는 과정 중에 산화방지제 SO_2를 넣거나 혹은 와인을 증류시킨 브랜디를 넣으면 발효는 즉시 중단되고 남아 있던 당분 때문에 스위트 와인sweet wine이 된다.

▶
와인의 종류

드라이 와인

와인에 남아 있는 잔류 당분이 0.2% 이하인 와인이다. 자연 상태의 포도를 발효가 끝날 때까지 그대로 두면 드라이 와인dry wine이 된다.

포도의 품종과 특성

대표적인 레드 와인과 화이트 와인의 포도 품종은 다음과 같다.

레드 와인

카베르네 소비뇽

세계적으로 분포하고 있는 대표적 레드 와인의 포도 품종인 카베르네 소비뇽Cabernet Sauvignon은 주로 프랑스 보르도, 메독, 그라브 지방이 유명하다. 색이 진하고 타닌이 풍부하여 나무와 야생꽃 향이 느껴지는 성숙된 향미가 있다.

카베르네 프랑

카베르네 소비뇽보다 카베르네 프랑Cabernet Franc이 덜 섬세하나 풍부한 향을 지니고 있다. 프랑스 남부 르와르 계곡, 남아메리카 지방이 유명하다.

가메

매년 11월 셋째 주에 출하되는 보졸레beaujolais 지방의 원료가 되는 포도의 주력 품종이다. 진한 과일 맛이 나며 비교적 타닌은 적다. 캘리포니아 와인에도 '가메 보졸레Gamay Beaujolais'라는 것이 있는데, 이는 피노 누아의 변종 포도 품종으로 가메와는 무관하다.

모든 누보의 품종은 전부 가메Gamay이다. 보졸레 누보, 투렌 누보, 론 누보 등은 숙성기간이 짧은 포도주로 소비된다.

메를로

순하고 부드러운 여성적인 섬세한 맛이 나는 메를로Merlot는 생떼밀리웅St-Emilion과 프모롤 pomerol 지방 와인의 주성분이며 최고가의 와인으로 알려진 샤토 페트뤼스Chateau Petrus 원료의 95%가 된다.

피노 누아

프랑스 부르고뉴 지방의 주 레드 와인 품종인 피노 누아Pinot Noir는 향긋하며 부드러운 맛이 있다.

시라

적색의 과일 향으로 맛이 두껍고 진한 시라Syrah는 남부 꼬뜨 뒤 론 지방, 론 강 북쪽 지역 과 신세계인 호주 등지에서 유명하다.

템프라니요

스페인을 대표하는 고유 품종인 템프라니요Tempranillo는 유명한 와인 리오하rioja의 주 품종이다.

진판델

적색 과일, 나무딸기, 뽕나무 열매의 맛과 향미가 있는 진판델Zinfandel은 캘리포니아와 호주 등지에 퍼져 있다.

화이트 와인

샤르도네

프랑스 부르고뉴 지방의 화이트 와인샤블리의 주 품종인 샤르도네Chardonnay는 가장 유명한 청 포도 품종이다.

샹파뉴, 꼬뜨 드블라 지방에서 재배되며 사과·배·백도 등의 백색 과일, 호두 맛이 난다.

게부르츠트라미너

프랑스 알자스 지방에서 생산되는 게부르츠트라미너Gewurztraminer는 풍부한 꽃향과 달콤한 맛으로 식전주나 디저트 와인으로 좋고 리치 열매와 장미 향미가 있다. 블랜딩 와인이 아닌 100% 품종 와인이다.

뮈스카

디저트용 포도 품종인 뮈스카Muscat는 짙은 포도 향과 꽃향기가 풍부하다. 프랑스 랑그독 루시옹 지방에서 생산한다.

피노 그리

풍부한 맛이 감도는 피노 그리Pinot Gris는 높은 당도로 자두 맛, 황도 맛이 나며 꿀맛이 난다.

리슬링

프랑스 알자스 지방과 독일에서 생산되는 주 포도 품종인 리슬링Riesling은 과일 향이 강하고 미네랄이 풍부하다.

소비뇽 블랑

프랑스 중부 르와르에서 생산되는 소비뇽 블랑Sauvignon Blanc은 푸이 퓌메Pouliiy-Fumme, 상세르Sancere의 주 품종이다. 까치밥나무 열매의 향미가 있고 산도가 좋다. 세계적으로 비싼 스위트 디저트 와인sweet dessert wine인 샤토 디켐의 구성 품종으로 유명하다.

세미용

보르도의 귀부 와인으로 유명한 소테른의 포도 품종인 세미용Semillon은 꿀과 바닐라 향의 달콤한 맛을 지니고 있다.

와인의 등급과 품질

AOC 등급

AOCAppellation D'Origine Controlee 등급은 원산지 명칭 통제로 가장 높은 범주를 구성하는 포도주로서 테루아르terroir, 품종, 선별, 수확량과 밀접한 관계가 있다. 라벨에 AOC의 이름을 사용하기 위해서는 와인 양조에 사용된 포도가 100% 인증된 포도여야 하며 반드시 한정된 지역에서 재배된 포도로 생산되어야 한다. 또한 와인용 포도들이 최소한의 원액 무게치와 알코올 퍼센트를 지니고 있어야 한다. 그리고 와인은 최대 생산량을 초과해서는 안 되며 지역이 세분화될수록 와인의 생산량을 줄여서 좀 더 많은 포도의 풍미가 와인 속에 담겨 있는 고품질의 와인이라는 확신이 있어야 한다. 끝으로 포도원과 양조장에서 사용되는 방식들에 대한 통제가 있어야 하고 모든 와인은 철저한 테스팅과 분석을 거쳐야 한다.

VDQS 등급

VDQSVins Delimite Qualite Superieure은 우수한 품질 제한 포도주를 말하며 우수한 품질의 와인만이 받을 수 있는 등급이다. 1949년에 시작된 이 등급은 AOC와 유사한 규정에 의한 통제가 이루어지거나 좀 더 많은 수확량과 좀 더 낮은 알코올 도수가 요구된다. 상표명, 생산자명, 소유자명, 숙성 방법이나 보관 방법 등을 기재할 수 있다. VAQS도 역시 원산지 명칭 포도주이다.

VDP 등급

VDPVins De Pays 등급, 즉 지방명 포도주는 원산지와 수확 연도를 표기할 수 있다는 점에서 VDTVins De Table와 구분된다. 실제로 지방 명칭프랑스의을 사용할 수밖에 없다. 예를 들어 랑그독 지방 포도주인 뱅 드 페이 독Vins de pays d'Oc이 대표적이다.

VDT 등급

VDTVins De Table 등급은 테이블 와인으로 이 와인들은 원산지 표시와 수확 연도 등을 전혀 표시할 수 없다. 단지 'Vins De Table France'라고 표기하여 상품명으로 판매된다.

와인과 온도

와인의 적절한 온도는 음식의 맛에 영향을 준다. 온도가 높으면 와인의 산미와 당도가 더욱 좋게 느껴진다. 와인을 차갑게 하려면 냉장고에 2~3시간 보관하거나 얼음을 띄운 찬물에 병째로 20~30분 담가 놓는다. 스위트한 와인은 좀 더 차갑게 하는 것이 좋지만 너무 차가우면 와인의 향기와 맛이 날아간다. 와인을 따르고 난 후 와인 병의 온도가 올라가므로 화이트 와인과 스파클링 와인은 아이스 바스켓 안에 넣어둔다. 와인을 마실 때 이상적인 온도는 다음 표와 같다.

와인의 이상적인 온도

와인 종류	온도
가벼운 화이트 와인, 후식용 와인, 샴페인	8~10℃
보통 화이트 와인	10~12℃
고품질의 오래된 화이트 와인, 가벼운 숙성기간이 짧은 레드 와인(beaujolais)	12~14℃
보통 좋은 와인	14~16℃
아주 좋은 와인	16~18℃

와인 시음

와인 시음wine tasting이란 와인의 첫 모금을 삼키기까지 오감 중 네 가지, 즉 시각빛깔 관찰, 후각냄새, 미각맛, 촉각을 사용하여 와인을 평가하는 일을 말한다.

빛깔

와인 테이스팅wine tasting의 준비단계로 와인 색의 농도, 투명도를 잘 관찰한다. 이를 위해 투명한 잔을 선택한다. 화이트 와인은 눈높이 정도로 잔을 들고 침전도를 잘 살피고 빛깔의 범위는 순백색에서 호박색까지이며 갈색이나 구릿빛이 나서는 안 되고 레드 와인은 눈높이보다 아래에 잔을 두고 잔 속의 색이 얼마나 붉고 반짝이는지에 대해 집중한다. 색이 혼탁하다면 좋지 않는 와인일 경우가 많다.

▶
와인 시음

냄새

와인의 향은 품질을 말하기 때문에 마시기 전에 냄새를 맡는다. 침착하게 향을 느껴보도록 한다. 또한 잔을 한 번 넓게 흔든 후 퍼뜨린 향을 맡는다. 입에 물고 향을 맡는데 이렇게 3단계를 거치면 와인이 변화한 과정을 차례로 느낄 수 있다. 후각이란 개인이나 시간에 따라 느끼는 것이 다르고 그 폭이 넓기 때문에 극도로 민감하고 선택적이다. 이 점이 바로 와인을 테이스팅할 때 중요 요소가 된다.

맛

맛을 본다는 것은 냄새를 맡으면서 동시에 혀로 느낀다는 것을 말한다. 미각을 이용한 시음은 혀의 돌기에 분포되어 있는 맛 세포를 이용하여 단맛, 신맛, 쓴맛을 찾아내어 어떻게 조화를 이루는지 집중한다. 관찰한 빛깔과 냄새의 인상을 머릿속에 담고 맛을 보았을 때 더욱 구체화되면서 산성, 타닌, 알코올의 균형을 느낄 수 있는 것이다. 후각과 미각을 합쳐 향미flavor라고 한다.

촉각

와인이 목에 넘어갈 때의 감촉을 말한다. 가장 판단하기 어려운 보디감body을 특정하게 된다. 탄산가스에 의한 느낌, 타닌에 의한 떫은맛도 감촉이다.

디캔팅

일반적으로 모든 와인을 먹기 전에 미리 따놓아 숨을 쉬도록 하는 것이 좋다고 알려져 있으나, 순한 와인이나 특이한 향을 가진 와인은 개봉 후 즉시 마시는 것이 좋으며 브리딩 breeding이 필요한 레드 와인의 경우도 제 병에서 코르크만 열어두는 것은 와인 병 입구가 충분히 숨 쉬기에는 너무 좁기 때문에 별 의미가 없다. 그러므로 다른 병에 옮겨 숨을 쉬게 하는 디캔팅decanting이 필요하다.

카라페

마개를 따서 바로 병으로 옮길 때 물병 모양인 카라페carafe, decanter는 병이 넓어서 좁은 병에 있던 와인이 숨을 쉴 여유를 준다. 오래된 와인의 경우 병으로 옮기는 과정에서 바닥에 쌓인 침전물이 함께 옮겨지지 않도록 주의한다.

와인글라스 선택

와인 잔은 와인의 빛깔을 관찰하기 위해 투명해야 하며 매끈한 질감이어야 하고 입술이 촉감을 느낄 수 있도록 두께는 얇아야 한다. 와인글라스는 튤립 모양의 긴 손잡이가 달린 것

을 사용하는데 긴 손잡이는 체온이 와인에 전달되지 않도록 하기 위해서이다. 위로 올라갈
수록 좁아지는 것은 와인의 향기가 날아가지 않고 알맞게 퍼지게 하기 위함이다. 잔의 넓이
는 1/3 정도의 와인을 채우고 난 후 안정감이 있어야 하며 잔을 돌릴 때 향이 충분히 퍼져
나갈 수 있도록 한다.

와인과 음식의 조화

와인과 음식을 정리할 때 가장 중요한 기준은 어떤 와인에 어떤 음식을 조화시켜야 하는지
에 대한 것이다. 일반적으로 고기에는 레드 와인, 생선에는 화이트 와인이 잘 어울린다. 간
단히 생각해봐도 해산물을 먹을 때는 레몬과 상큼하고 시원한 화이트 와인을 곁들이고, 느

끼하고 기름진 육류에는 혀를 자극하는 타닌 성분의 레드 와인을 곁들이는 것이 자연스런 조화일 것이다.

순서의 규칙

화이트 와인에서 레드 와인으로 마시는데, 가벼운 와인에서 강한 와인의 순으로 숙성기간이 짧은 와인에서부터 오래된 와인 순으로 하고 드라이 와인에서 스위트 와인 순으로 마시도록 한다. 맛이 가볍거나 연한 음식에는 가볍고 복잡하지 않은 와인을, 강하고 맛이 진한 음식에는 강하고 무게감 있는 와인이 어울린다. 음식의 맛이 와인을 결정하지만 와인과 음식 중에 어느 것이라도 우세해서는 안 되고 같은 재료라도 굽거나 삶거나 하는 요리방법에 따라 와인의 선택도 달라질 수 있다.

맛의 감성

와인의 단맛은 음식의 단맛을 서로 끌어올린다. 단맛의 와인은 디저트와의 조화에서는 단맛을 덜 느끼게 해준다. 즉 와인은 음식에 비해 단맛이 높아야 한다. 와인의 신맛 혹은 쓴맛은 음식의 맛과 조화를 이루기는 어렵다. 그러므로 신맛의 요리에는 강하고 산도가 낮은 와인이 좋고, 탄기가 많고 쓴 요리에는 타닌이 적은 와인이 좋다. 와인의 짠맛은 음식에 그다지 영향을 주진 않으나 음식이 짜면 와인의 산미를 더 느끼게 된다. 짠맛의 음식에는 산도가 낮은 와인으로 선택한다.

계절의 조화

봄에는 상큼한 제스트zest 향이 강한 화이트 와인을, 예를 들어 소비뇽 블랑, 샤르도네는 과일 향이 있고 가벼운 맛이어서 계절 감각과 잘 어울린다.

　여름에는 기온이 상승하면서 차가운 와인 한 잔이 생각나는 계절이다. 무더위 속에 입맛을 잃기 쉬우므로 아로마aroma가 향기롭고 농도가 가벼워 입안을 상쾌하게 하고 식욕을 돋우는 화이트 와인인 '리슬링riesling wine' 또는 프랑스인들이 여름에 즐겨 마시는 로제 와인rose wine이 좋다.

가을에 갖가지 날짐승이나 버섯류가 흔해지며 쌀쌀한 느낌이 들면 여름보다 좀 더 짙고 독특한 와인을 마셔보는 것도 나쁘지는 않다. 스페인, 칠레 등지의 와인도 경험해보고 매년 11월 셋째 주 목요일을 기점으로 출하되는 보졸레 누보Beaujolais Nouveau 도 마셔보면 색다른 재미가 있다.

겨울에는 날씨가 추워 밖에서 활동하는 시간보다 실내에서 머무는 날이 많아진다. 와인도 가볍고 마시기 쉬운 농도보다는 오

와인을 주제로 한 테이블 세팅

래도록 음미하여 즐길 수 있는 것으로 준비한다. 진하게 오크통 숙성된 샤르도네 혹은 오래된 빈티지 보르도의 더욱 짙고 단맛이 강한 포트 와인을 권한다.

식사 순서별 와인

식전 와인

드라이 셰리dry sherry는 순한 향기와 적당히 쓴맛이 있으며 식욕증진, 피로회복에 좋다.

포트 와인 또는 베르무트port or vermouth는 약초로 맛을 낸 와인으로 식전주에 이용된다. 프랑스에서는 키르 로열Kir Royal, 샴페인+머루액이, 미국에서는 맨해튼Manhattan이 칵테일파티에 주로 이용된다.

식사 중 와인

전채에는 당도가 낮은 화이트 와인이 적당하며, 수프는 재료에 따라 와인을 결정하며 세리를 곁들일 수도 있다. 일반적으로 생선 요리에는 스위트한 와인은 생선의 맛을 잃게 하므로 드라이한 화이트 와인을 마신다. 육류 요리에는 일반적으로 빈티지가 있는 레드 와인을 권하고 단, 조리법이나 소스에 따라 약간씩 달라진다. 샐러드는 로제 와인, 샴페인이 어울린다.

　과일과 디저트는 포트 와인port wine, 디저트 와인dessert wine과 함께 하면 좋다.

　치즈에는 일반적으로 레드 와인이나 치즈의 종류에 따라 조금씩 달라진다. 이탈리아의 고르곤졸라치즈gorgonzola cheese를 맛볼 때는 이탈리아 와인 바롤로Balolo가 마시기 좋고, 영국의 체더치즈cheddar cheese에는 키안티Chianti 와인, 캘리포니아 진판델Zinfandel 와인이 어울린다. 프랑스의 브리치즈brie cheese를 먹을 때는 강한 맛의 샤르도네Chardonnay 와인이 좋고, 프랑스의 로케포르치즈roquefort cheese에는 소테른Sautern 와인이 잘 어울린다.

식후 와인

식후에 마시는 브랜디brand는 잔을 손바닥으로 따뜻하게 해서 마시고 리큐어liquer 혹은 포트 와인port wine을 마시기도 한다.

와인 카나페

다양한 종류의 치즈

요리별 와인 브랜드

카르메너르, 말벡, 소비뇽 블랑은 특히 신생대 지역을 대표하는 와인으로 칠레, 아르헨티나, 뉴질랜드의 대표 품종이며, 음식과의 조화를 통해 다양하게 즐길 수 있다.

돼지갈비–카르메너르

짙고 붉은 자줏빛을 띠고 후추 같은 스파이시한 풍미와 체리, 라즈베리, 카시스 등 검붉은 과일 향도 풍부하다. 카르메너르는 산도와 타닌떫은맛은 적당한 수준이다. 육류, 그 중에서도 양념된 요리와 잘 어울리는데 여러 종류의 야채와 고기를 볶아 멕시코 고추, 달콤한 과일 소스를 곁들인 퀘사디아와 토르티야와 함께 먹으면 좋다. 간장양념 돼지갈비구이, 갈비찜 같은 한식 요리와 즐기기에도 좋다.

담백한 수육–말벡

깊은 자줏빛에 초콜릿 향, 플로랄 향, 달콤한 스파이시 향이 말벡에는 조화되어 있다. 풍부

와인과 어울리는 음식

한 산도와 부드러운 타닌을 지닌 중후한 스타일의 와인이다. 양념을 적게 하고 소금만 뿌려 그릴에 구운 고기 요리나 담백한 찜 요리, 숯불 향이 나는 요리와 잘 어울린다. 한식 중에는 수육과 잘 어울리는 편이다.

생선찜, 회-소비뇽 블랑

파프리카, 아스파라거스, 구스베리 등 신선한 과일과 채소 향이 특징으로 산미와 청량감이 풍부해 봄부터 여름까지 즐기기에 좋다. 원래 프랑스 루아르 지역의 대표 품종이었지만 보다 따뜻한 기후인 뉴질랜드에서 재배하자 포도 과육이 더 잘 익게 되었다. 가벼운 해산물 요리와 잘 어울리며 특히 생선찜, 전, 초밥, 닭고기 샐러드 등과 곁들이면 좋다.

와인 서비스

와인 소믈리에는 와인을 관리하고 서브하여 고객이 만족하도록 하는 것이 중요하며 레스토랑에서 요리를 더욱 맛있게 즐길 수 있도록 하는 것이 와인 서비스의 궁극적인 목적이다. 소믈리에의 서비스 업무를 간단히 요약하면 다음과 같다.

첫째 소믈리에는 요리 주문이 끝나면 바로 손님에게 와인 리스트를 보여준다.

둘째, 손님이 주문한 요리와 어울리는 와인을 추천해 주는 것도 소믈리에의 몫이므로 평소에 요리와 와인의 조화에 대해 공부하고 손님의 질문에 당황하지 않는다.

셋째, 손님의 오른쪽에 서서 서비스를 한다. 와인글라스와 와인 쿨러는 와인을 서비스하기 전에 세팅한다. 주문한 와인은 손님에게 라벨을 보여주고 확인시킨 후 와인 마개를 딴다.

넷째, 먼저 와인을 테스트 호스트에게 적은 양을 따라주어 테이스팅 기회를 제공한다. 여성 손님부터 서비스를 시작하고 마지막에 호스트에게 서브한다.

다섯째, 와인을 따를 때는 글라스의 반이 되게 따르고 새로운 와인이 서브될 때는 글라스를 바꾼다.

와인 보관법

와인 병의 코르크 마개는 공기를 흡수하는 성질이 있으므로 병을 세워 놓으면 마개가 수축해 틈이 생기면서 밖의 공기를 흡수하게 된다. 공기 중의 산소는 와인을 산화시켜 술이 시어져 외부의 균에 부패되기도 하므로 와인은 15° 정도 뉘어서 보관한다. 남은 와인이 3/4 이상이면 코르크 마개를 다시 끼워 냉장 보관하며 보관한 와인은 이틀이 지나면 산화되므로 와인식초로 요리에 사용한다.

와인과 건강

와인은 인류 역사에서 가장 오래된 약이라고 일컬어지는데, 실제로 연구 결과에 의하면 우리의 건강과 밀접한 관계가 있다고 알려져 있다. 와인이 혈관을 확장시키는 역할을 해서 마시면 협심증과 뇌졸중을 포함한 심장병의 가능성을 줄인다. 레드 와인에는 HDL이라는 유용한 콜레스테롤이 있어서 나쁜 콜레스테롤을 없애주고 혈중 콜레스테롤을 낮추어주는 역할을 하며 소화를 촉진시키는 소화기능이 있어 와인을 마시면 위장액이 쉽게 분비되어 소화가 잘 된다. 또한 레드 와인에 있는 '폴리페놀'이란 성분은 바이러스를 없애는 역할이 있어 감기 예방에도 좋으며 와인 속의 미네랄은 여성의 경우 칼슘의 흡수를 도와주고 에스트로겐 호르몬을 유지하는 역할을 한다. 적당한 양의 와인은 나이 드신 분들에게도 노화를 방지해주고 즐거움을 동시에 주는 문화코드이므로 정신 건강을 유지하는 데 매우 좋다.

Table Manner

CHAPTER 8 테이블 매너

사람이 서로 마음을 열고 교감을 나눌 수 있는 또 하나의 커뮤니케이션이 바로 음식을 나누어 먹는 행동이다. 먹는 문화란 단순히 식도락의 차원이 아니고 요리를 종합예술로 바라본 문화의 한 부분으로 이해되어야 한다.
테이블 매너는 요리를 맛있게 먹고 동석한 사람들이 모두 유쾌하고 즐거운 마음으로 식사를 하는 것으로 음식문화를 즐기려 하는 태도에서 시작된다.

Table Manner

테이블 매너

음식을 나누어 먹는 행동이야말로 사람이 서로 마음을 열고 교감을 나눌 수 있는 또 하나의 커뮤니케이션이다. 실제로 우리는 식사를 함께하면서 모르는 사람을 알게 되고 친구와는 우의가 더욱 돈독해진다. 뿐만 아니라 대부분의 사업상의 거래도 식탁에서 이루어진다. 특히 서양에서는 자신의 집에 사람들을 초대하고 음식을 준비하는 것을 중요한 행사로 생각한다. 이토록 식사가 중요한 만큼 지켜야 할 매너도 까다로운 것도 사실이다. 그렇다고 테이블 매너가 사람들을 불편하고 귀찮게 하는 형식이 되어서는 안 된다. 테이블 매너는 요리를 맛있게 먹고 동석한 사람들이 모두 유쾌하고 즐거운 마음으로 식사하는 데 그 의의가 있다.

레스토랑에서의 테이블 매너

첫째, 식당 이용 시에는 사전 예약을 하고 확인한다.

둘째, 고급 레스토랑에는 정장을 입고 가는 것이 예의이다.

셋째, 입구에서 안내원의 안내를 받아 들어간다.

넷째, 착석 시 여성은 남성이 의자를 빼주면 왼쪽에서부터 의자 앞으로 가서 앉는다.

다섯째, 의자에 앉을 때는 몸과 테이블 사이의 간격테이블과 가슴 사이의 주먹 두 개 만큼 거리을 바르게 하고 허리를 깊숙이 하여 상체는 꼿꼿이 세운다.

여섯째, 레스토랑에 들어갈 때나 연회에 참석할 때는 모자나 코트, 가방 등의 짐은 클로크 룸cloak room에 맡긴다.

일곱째, 여성의 핸드백은 의자와 등 사이에 놓거나 큰 가방일 경우 의자 옆으로 내려놓는 것이 좋다.

여덟째, 벽을 등진 자리, 전망이 좋은 자리, 입구에서 먼 자리가 상석인데 직원이 제일 먼저 안내하는 자리가 상석이다.

테이블 세팅

아홉째, 냅킨은 사람들이 모두 착석한 후 펴도록 한다.

서양의 테이블 매너

보통 서양식 풀코스 세팅 시 나이프와 스푼은 접시의 오른쪽에 세팅하고, 포크는 접시의 오른쪽에 세팅하는 것이 원칙이다. 풀코스에서는 나이프와 포크가 각각 3개 정도를 놓기 마련인데 바깥쪽부터 안쪽의 순으로 사용한다.

테이블웨어table ware의 사용법은 다음과 같다.

생선은 생선용 나이프와 포크를 사용하는데, 생선용 나이프는 칼날에 홈이 파여 있고 포크의 경우에는 생선가시를 잘 발라내기 위해서 포크등이 볼록하게 튀어나와 있다. 스푼은 가장 오른쪽에 놓는다. 동그란 형태의 부용스푼은 원칙적으로 맑은 수프용이고 길쭉한 테이블스푼은 걸쭉한 수프용이다.

식탁용 나이프보다 크기가 작은 치즈용 나이프, 디저트용 포크와 스푼 등은 치즈나 디저

커트러리 위치

트 접시와 함께 나중에 주는 것이 원칙이지만 접시 위쪽에 미리 세팅되는 경우도 있다. 나이프와 포크는 음식이 바뀔 때마다 교환되는 것이 원칙이지만 격의 없는 사이이거나 가정에 초대된 경우라면 하나를 계속 사용하는 경우도 있다.

식사 도중에 잠시 자리를 비우는 경우라면 나이프와 포크를 접시에 걸쳐서 좌우로 팔자八후로 놓아두고 식사를 마친 경우에는 이들을 접시의 오른쪽 위에 비스듬히 일자로 놓는다.

대화 도중 나이프와 포크를 마구 흔들어도 안 되며 어떤 경우라도 가슴선 이상 올려서는 안 된다. 음식을 씹거나 대화를 나누는 동안은 포크와 나이프를 그대로 들고 있지 말고 접시에 걸쳐 놓는다. 생선 요리에는 생선용 나이프가 있으나 포크만 사용해도 무방하다. 나이프로 음식을 찍어 입술로 가져 가면 절대 안 된다. 식사 중 포크나 나이프를 떨어뜨렸을 경우에는 줍지 말고 웨이터를 조용히 불러 새것으로 요구한다.

식사 시 테이블 매너

'좌빵우물'의 원칙을 기억한다. 빵은 자신이 앉은 왼쪽, 물은 자신이 앉은 오른쪽 것을 먹는다.

수프 스푼은 오른손으로 엄지손가락을 위로 해서 잡는다. 너무 뜨거울 때는 후후 불지 말고 스푼으로 저어가며 식힌다.

미국식은 수프를 뜰 때 앞에서 뒤로, 유럽식은 뒤에서 앞으로 떠먹는데 스푼을 입으로 빨지 말고 스푼의 끝에 입을 대고 마신다. 수프는 마신다drink는 의미보다 떠서 먹는다eat는 느낌으로 소리가 나지 않게 주의하도록 한다. 손잡이가 달린 수프 그릇부용 컵의 경우 그대로 들고 마셔도 무방하다.

포멀한 모임의 정식 코스 요리에서 빵은 수프에 찍어 먹지 않으며 반드시 손으로 뜯어서 버터나 잼에 발라 먹는다. 빵은 입안을 깨끗이 닦아주고 다음 음식을 먹기 위한 보조 역할을 하며 잼은 아침 식사에만 세팅된다. 빵은 그램gram에 따라 브레드bread, 225g 이상, 번bunn, 60~225g, 롤roll, 60g 이하라고 명칭하고 우리가 흔히 먹는 식빵인 아메리칸 브레드, 프랑스의 바게트,

오스트리아의 크루아상, 영국의 머핀, 덴마크의 패스트리, 이스라엘의 베이글 등이 있다.

스테이크를 먹을 때는 왼손에 든 포크로 고기를 고정시키고 오른손의 나이프로 결에 따라 왼쪽부터 잘라먹도록 하며 육즙이 빠져나가므로 한꺼번에 다 잘라먹지 않는다. 고기의 결에 따라 나이프를 위쪽에서 아래쪽으로 잡아당기듯이 썰어야 잘 썰어진다. 샐러드나 빵을 먹을 때 나이프를 사용하는 것은 금물이다. 샐러드는 포크로, 빵은 반드시 손으로 떼어 먹는다. 생선을 먹을 때에는 위의 살을 다 먹은 후 뼈를 걷어낸 후 반대편을 먹는다. 생선은 뒤집지 않도록 한다.

세련된 냅킨 매너

냅킨은 자리에 앉자마자 성급하게 펴지 말고 모두 착석한 후 무릎 위에 조용히 펼친다. 냅킨은 완전히 펴는 것이 아니라 1/3 크기로 접어서 접힌 쪽이 자기 쪽으로 오도록 무릎 위에 올려놓으면 된다.

냅킨은 실수로 음식물을 떨어뜨리더라도 옷을 버리지 않기 위해 사용하거나 입술을 가볍게 닦을 때 사용하는 천이다. 따라서 천으로 된 냅킨으로 립스틱을 바른 입술을 닦는 것은

▶
세련된 냅킨 세팅

실레이다. 입술의 립스틱은 종이냅킨으로 닦는다. 물이나 포도주를 엎지른 경우 직접 냅킨으로 닦기보다 웨이터를 부르는 것이 바람직하다.

식사를 마친 뒤 냅킨을 잘 접어서 테이블 위에 올려놓고 나오는 것을 예의로 생각하는 사람이 있는데, 이는 잘못된 생각이다. 혹 사용하지 않은 것으로 착각하여 다시 사용할 수도 있기 때문이다. 식사를 마치고 일어설 때는 냅킨을 대충 접어 테이블 위에 놓으면 되지만 식사 중인 경우에 잠깐 자리를 뜰 경우이면 반드시 의자에 놓는다.

서양 요리 정식

동서양을 막론하고 각국 정상들의 정식 연회에는 프랑스 요리를 내는 것이 관례처럼 되어 있다. 이는 일찍이 유럽 각 제국을 국왕이 다스리던 시대에 왕실에서 일하던 궁중 요리 조리장이 대부분 프랑스인이었기 때문에 생겨난 전통이다. 프랑스 요리는 맛, 향, 모양이 뛰어나다는 점과 이와 어울리는 포도주가 매우 다양하다는 점이 특징이다. 따라서 서양 정식이라면 프랑스식 '풀코스full course'인 '타블 도트table d'hote'를 가리키는 것이 일반적이고 일품요리 a la carte와는 다르다.

서양 정식의 코스별 요리

애피타이저

애피타이저appetizer는 전채오르되브르, appetizers라고도 하며 식욕을 증진시키기 위해 제공하는 양이 적은 요리로 아름답고 침샘을 자극하는 새콤하고 신맛이 나는 것이 특징이다. 콜드cold 애피타이저와 핫hot 애피타이저로 나눌 수 있다

콜드cold 애피타이저는 캐비아, 푸아그라, 생굴, 새우칵테일, 훈제연어 요리 등이 있고 핫hot 애피타이저는 에스카르고, 스켈롭가이바시라, 타르트 등이 있다. 프랑스의 3대 진미로는 푸아그

라거위간, 에스카르고달팽이, 트뤼플송로버섯이 있다.

수프

포타주potage라고도 하며, 이는 프랑스어로 모든 종류의 수프soup를 총칭한다. 포타주 클래르는 맑은 수프로 콩소메를 말하는데, 영어로는 클리어 수프clear soup라고 하며 대표적인 것으로 부용bouillon, 육수나 해산물을 우려낸 일종의 육수이 있다. 수프 스푼soup spoon에는 부용 스푼이라는 맑은 국물을 떠먹는 데 사용하는 것이 있다. 포타주 리에potage lie는 진한 수프로 크림 수프가 대표적이며, 영어로는 티크 수프thick soup라고도 한다.

생선 요리

프랑스어로 푸아송poisson이라고도 하며 주로 생선을 지지거나 버터 구이한 것인데 조개류도 포함되고 맛은 담백한 편이다. 백포도주를 차게 하여 마시면 좋다. 생선 요리가 통째로 나올 때는 레몬즙을 생선 위에 뿌린 후 그 다음 포크로 생선 머리를 눌러서 나이프로 생선 뼈 가운데 쪽으로 칼집을 넣는다. 생선살의 안쪽을 벌려 왼쪽부터 먹으며 생선은 뒤집지 않는다.

소테saute는 연어를 살짝 구워낸 것을 말하며 뫼니에르meuniere는 생선을 달걀과 밀가루에 무쳐 프라이팬에 익힌 요리를 일컫는다.

셔벗

프랑스어로 소르베sherbet라고도 하며 다음에 나올 요리를 먹기 전에 입가심용으로 먹는 것으로 풀코스에서 생선과 육류 사이에 제공되는 단맛이 적고 알코올 성분이 소량 들어 있는 빙과류이다.

앙트레

풀코스의 앙트레entree, 즉 메인 코스는 스테이크이다. 소고기, 닭고기, 오리고기, 양고기 등이 이에 해당한다. 안심스테이크를 프랑스어로 필레filet 스테이크라고 하는데, 그중에서도 안심 앞쪽 넓은 부분인 '샤토브리앙chateaubriand'이 최고급이다. 60cm 정도의 안심을 여섯 종의 스테이크로 분류한다. 각 부위별 명칭은 샤토브리앙, 필레, 투르네도, 필레미뇽, 프티필레이다. 이외에 갈비살인 립아이 스테이크rib eye steak와 등심살인 설로인 스테이크sirloin steak, 등심살과 안심살을 뼈에 붙은 상태로 잘라 구운 티본 스테이크t-born steak 등이 있다. 고기는 육즙이 마르기 때문에 처음부터 한꺼번에 썰어 놓지 않는다. 실온의 적포도주를 함께 마시면 좋다. 포도주의 타닌 성분이 고기의 누린내를 제거한다.

스테이크는 굽는 정도에 따라 레어, 미디엄 레어, 미디엄, 웰던으로 구분한다. 레어rare는 표면만 살짝 구워 붉은 날고기 그대로의 상태로 프랑스어로는 '세냥saignant'이라고 하고 미디엄 레어medium rare는 중심부가 핑크인 부분과 붉은 부분이 섞여 있는 반쯤 덜 구운 상태이다. '블뢰bleu'라고도 한다.

미디엄medium은 중심부가 모두 핑크빛을 띠는 중간 정도 구운 것으로 '아 포앙a point'이라고 한다. 웰던well done은 표면이 완전히 구워지고 중심부도 충분히 구워져 갈색을 띤 상태로 '비엥 퀴bien cuit'라고 한다.

샐러드

프랑스어로 살라드salade라고도 하며 고기를 먹을 때는 필수적으로 야채를 먹어야 한다. 알칼리성인 야채가 산성인 고기를 잘 중화시켜주고 맛에서도 상호 조화를 잘 이루기 때문이다. 미국식에서는 메인요리 전에 샐러드를 먹는다.

치즈

프랑스어로 프로마주formage라고도 하며 서양에서는 전통적으로 샐러드와 디저트 사이에 치즈를 먹는다. 치즈는 사과, 포도와 잘 어울리고 바게트에 발라먹어도 맛있다. 프랑스에서는 저녁에 반드시 치즈를 먹는 습관이 있다. 치즈는 수분의 함유량에 따라 연질치즈와 경질치즈로 분류된다. 연질치즈는 수분 75% 이상으로 카망베르치즈, 브리치즈, 모차렐라치즈가 있고 경질치즈는 딱딱한 에멘탈치즈, 체더치즈가 있다.

디저트

프랑스어로 데세르dessert 또는 앙트르메entremets라고 하는데 서양 요리에서는 설탕을 사용하지 않으므로 식사가 끝난 후에 달콤하면서도 부드러운 것을 먹는다. 단맛을 내는 과자, 파이, 젤리, 과일 등을 먹는다.

커피

커피coffee는 미국산 레귤러커피와 다른 드미타스demi-tasse 컵으로 제공된다. 보통 컵의 반 정도 크기이다.

▶
풀코스 요리

올바른 음주 매너

음주문화에서 일반적으로 서양과 우리나라의 가장 큰 차이점은 서양인들은 대화를 위해 술을 마시는 반면 우리는 술을 마시기 위해 대화를 나눈다는 점이다. 앞으로 우리의 음주 습관은 개선될 필요가 있다. 한국인은 술을 따를 때 윗사람일 경우에는 두 손으로 공손히 따른다. 일본인은 남자는 한 손으로, 여자는 두 손으로 따르고 받으며 서양인들은 남녀 모두 한 손으로 따르거나 받는다. 첫 잔은 여러 번에 걸쳐 조금씩 마시도록 한다.

올바른 음주매너는 다음과 같다.

권하는 술을 거절하는 것은 실례가 아니다. 술을 전혀 하지 못하는 사람은 정중히 상대에게 양해를 얻도록 한다. 포도주, 맥주, 물 등의 음료는 손님의 오른쪽에서 서비스된다. 포도주 잔을 잡을 때는 글라스의 손잡이stem를 쥐고 마신다.

맥주를 받을 때 글라스를 기울이지 않는 것이 바람직하다. 연회가 무르익었을 때 건배를 하는 것이 서양식이라면 식사가 나오기 전 건배하는 것이 한국식이다.

와인 음주 매너

와인은 요리와 함께 시작되어 디저트와 함께 끝내는 것으로 한다. 와인은 담백한 화이트 와인에서 묵직한 레드 와인으로 진행하여 마신다. 음식에 따라 생선 요리에는 화이트 와인이, 고기 요리에는 레드 와인이 잘 어울린다.

주문한 와인은 주빈이 처음 테이스팅하고 맛을 본 후 다른 사람들에게 와인을 서비스하는 것이 예의이다. 와인글라스에 와인은 반 정도 따른다. 와인은 뉘어 보관하여 공기가 들어가지 않도록 한다.

▶ 와인 디캔팅

브랜디 음주 매너

브랜디는 와인을 증류시켜 걸러낸 술을 말하며 보통 디저트와 함께 마신다. 향을 코로 음미하면서 글라스의 보디body를 오른쪽 중지와 약지 사이에 끼우고 왼손으로 쓰다듬듯이 몸체를 감싸 쥐어 마신다. 글라스를 체온으로 데워 서서히 마신다.

위스키 음주 매너

위스키는 맥아, 옥수수 등을 원료로 만든 술이다. 스트레이트로 마시거나 언더 록을 해서 마시거나 우유와 함께 마시기도 한다.

칵테일 음주 매너

술과 과즙음료를 혼합한 도수가 낮은 술이다. 식전 칵테일은 단맛이 제거되고 시큼한 신맛과 약간 쓴맛이 느껴지는 것이 이상적이다. 식후 칵테일은 단맛이 나는 것이 적당하다. 곁들여져 나오는 레몬이나 과일 등은 그 자리에서 먹어도 좋다.

식전주 매너

프랑스어로 '아페리티프aperitif'라고도 하는 식전주는 타액과 위액의 분비를 원활히 하고 식욕을 증진시키기 위해 빈속에 마시는 술이다. 술맛은 크게 나누어 드라이dry, 쌉쌀한 맛와 스위트sweet, 단맛로 구별하는데, 식전주는 흔히 드라이한 술을 마신다. 베르무트, 셰리 등이 있다.

식후주 매너

식사 후에 마시는 술로 소화를 촉진시키기 위한 술이다. 식후주로는 대개 주정도가 높은 술을 많이 선택한다. 브랜디와 리큐어가 있다.

동양식 테이블 매너

동양인의 예의 기본 정신은 유교의 인, 의, 예, 지, 신이다. 그중에 예禮만을 위해서 《주경》, 《의예》, 《예기》라는 경서가 있는데, 그 경서를 그대로 지켜온 것이 예의, 예식, 예법이다.

한식 테이블 매너

초청을 받았을 때는 기쁜 마음이어야 하고 주인은 친절한 안내를 해야 한다. 한국식 교자상에도 분명히 식사예절이 있다. 집에 초대받아 들어갈 때는 주인과 정다운 인사를 나누며 덕담을 즐긴다. 핸드백, 코트 등은 주인에게 맡기는 것이 좋고 아무데나 걸어놓던지, 식사하는 장소에 가지고 들어가는 것은 결례가 된다. 식사 중 자리에서 일어나서 결례가 되지 않도록 하고 미리 화장실을 다녀온 후 손은 반드시 씻는다.

식사 전에 주인이 술을 권할 경우 술을 즐기지 않더라도 일단 두 손으로 감사히 받아야

▶
한식 테이블

한다. 건배를 하면 한 모금 마시고 수저 끝 오른쪽에 놓는다.

수저는 너무 멀리 잡지 않고 수저 끝의 1/3 정도를 편안하게 잡는다. 윗어른이 수저를 먼저 든 다음 아랫사람이 들도록 한다. 어른이나 중요한 손님을 모셨을 때는 윗분이 수저를 놓기 전에 수저를 놓지 않는다. 숟가락과 젓가락을 한손에 들고 먹지 않는다.

음식을 먹을 때는 음식 타박을 하거나 먹을 때 소리 내지 말고 수저가 그릇에 부딪혀서 소리가 나지 않도록 하며 수저로 반찬이나 밥을 뒤적거리거나 헤치지 않는 것은 좋지 않고 먹지 않는 것을 골라내거나 양념을 털어내고 먹지 않는다. 식사가 모두 끝나면 반드시 수저를 정돈하여 수저 끝이 상 밖에 나오지 않도록 놓는다.

중식 테이블 매너

중국식 식습관은 즐겁게 대화하면서 여유 있게 식사하는 것으로 식사를 할 때 공동체 의식과 평등성이 엿볼 수 있는 테이블이다. 식사법에 대한 기록인 《예서》에는 인간의 예절은 음식에서 시작된다고 하며, 좌식법, 식사 매너, 식기 놓는 법, 윗사람과의 식사법이 상세하게 기록되어 있다.

개인 접시와 젓가락을 사용하고 젓가락은 오른쪽에 세로로 놓고 젓가락 받침대는 좋은 의미가 있는 금붕어, 용, 박쥐 모양을 준비하면 좋다. 식탁 중앙에 있는 회전원판을 돌려서 개인 접시에 덜어 먹으며 전체 인원수에 대한 할당량을 생각해서 음식의 양을 더는 것이 좋다.

술은 주인이 술 주전자를 주빈부터 차례로 손님 오른쪽으로 돌면서 따라주고 그 다음에 건배를 하는데 술을 마시지 못하는 사람은 마시지 말고 처음 잔만 받아서 입에 대는 것이 좋다. 술 주전자와 차 주전자의 입 부분은 사람 쪽으로 향하지 않도록 한다.

중국에서는 짝수를 행운의 수로 여겨 가능하면 요리의 가짓수를 짝수로 한다. 중국에서는 긴 젓가락을 사용하여 식사하는데 밥그릇 위의 젓가락을 가로질러 올려놓는 것과 떨어뜨리는 것은 불행을 불러오는 행위라고 생각한다.

수저의 사용이 엄격히 구분되어 있어 숟가락은 탕을 먹을 때만 사용하고 요리나 밥, 면류를 먹을 때는 젓가락을 사용하고 탕을 먹고 난 다음에는 반드시 숟가락을 엎어 놓는다.

일식 테이블 매너

일본 요리는 시각화 요리로 알려진 만큼 그 디자인성은 세계적으로 유명하다. 요리를 담을 때도 비교적 요리의 양이 적고 섬세하며 그릇에 가득 차게 담지 않는다. 식탁차림은 평면배열이며 정찬용 식사는 혼젠요리本膳料理로 가장 격식 있는 형식을 띄고 있다. 먼저 그릇의 위아래를 잘 살펴보고 그릇의 그림이 먹는 사람의 정면에 오도록 놓는다. 일식은 목기를 많이 사용하는데 식기가 손상되지 않도록 그릇을 손에 들고 요

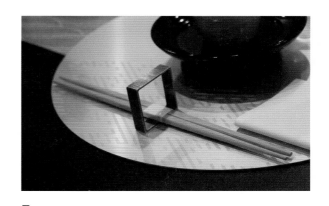

일식 테이블

리를 젓가락으로 먹는다. 뚜껑을 열 때 밥그릇, 국그릇, 보시기 등의 순서대로 열고 왼손으로 가볍게 뚜껑을 받치면서 오른손으로 연 뒤 상의 오른쪽에 둔다.

식기는 왼손으로 들어 올리되 오른손으로 식기를 받쳐준다. 밥을 먹을 때도 밥그릇을 왼손에 들고 오른손의 젓가락으로 먹는다. 국을 먹을 때는 먼저 국그릇을 두 손으로 들고 젓가락을 대고 국물을 한 모금 마신 다음 건더기는 젓가락으로 건져 먹는다.

Party

CHAPTER 9 **파티**

파티는 축하, 위로, 환영, 석별 등을 위하여 2인 이상 모여 베푸는 잔치를 뜻한다.
파티는 특별한 날 사람들이 모이는 목적이 있는 행위이며 사람이 모여 원만한 인
간관계를 맺고 정보교환, 자기개발을 이루는 기회의 장이다.

Party

CHAPTER 9 **파티**

파티의 개념 이해

주 5일 근무에 따른 여가시간의 증대로 여가를 디자인하고 의미를 찾으려는 경향이 두드러지고 있다. 이제 생활수준도 높아지고 사회에서의 여가활동이 활발해지면서 이를 어떻게 다양하게 보낼 것인지에 대한 깊이 있는 연구가 진행되고 있다. 자신이 직접 참여하고 경험하며 그 과정을 통하여 새로운 자신을 발견하려는 이미지, 감성이 중시되는 문화의 시대가 도래했다.

이런 추세와 맞물려 변화와 개성을 추구하는 젊은 세대를 중심으로 '파티 문화'라는 새로운 트렌드가 우리나라에 자리 잡게 되었다. 이는 연회에서 파생된 현대적 개념의 파티로 이해되어 정보와 지식의 교환수단이 되고 음식, 연출, 테마 등 문화와 사랑, 의식을 토대로 새로운 삶과 지혜를 창출하는 파티 문화를 창조하게 되었다.

파티party는 사전적으로 축하, 위로, 환영, 석별 등을 위하여 2인 이상 모여 베푸는 잔치를 말한다. 파티는 대화와 교제를 위한 모임이며 파티를 갖는 장소도 다른 일반 레스토랑과는 달리 식탁과 의자 정도가 준비되는 것이 아니라 고객의 요구, 파티 행사의 내용, 성격, 형태, 방법에 따라 다양하고 세부적으로 마련되는 것이 특징이다. 파티는 연회로 해석되기도 하는데, '많은 사람들 혹은 어떤 한사람에게 경의를 표하거나 행사연례적인 행사나 친목회를 기념하기 위해 정성을 들이고 격식을 갖춘 식사가 제공되면서 행해지는 연회'라고 한다.

서양의 파티 기원을 따지자면 향연으로 거슬러 올라가지만, 사교를 목적으로 한 파티의 유래는 16세기 프랑스에서 시작되었다. 이는 영국과 프랑스 귀족이나 왕가를 중심으로 유럽 전역에 퍼졌으며, 이 사교 모임은 음식의 맛과 특권의식을 바탕으로 갈수록 성대하게 발전했다.

우리나라 파티의 시조는 제천의례에서 그 기원을 찾는 것이 일반적이며, 1990년대 후반부터 본격적으로 생활수준이 급속히 향상되고 인터넷의 발달로 인해 세계가 같은 문화적 코드를 공유하면서 20~30대 젊은 층을 중심으로 파티 문화가 빠르게 확산되고 파티가 특별한 계층에 속한 사람들의 전유물에서 점차 대중적으로 확산되기 시작했다. 파티는 특별한 날에 파티의 주최자가 친목과 대화, 놀이 등을 목적으로 한 장소에 사람들을 모으고 음식과 음료, 음악과 춤을 매개로 전개하는 행위라고 규정되어 있다. 파티는 동의 하에 모인 사람들의 집단을 의미하며 그 모임은 축하, 오락 등 사교적인 모임, 결혼피로연, 기념회 등의 비즈니스파티까지를 포함한다.

파티 준비

웨딩 파티 이벤트

또한 파티는 소수의 사람들이 모여 집이나 음식점 등에서 소규모의 모임을 갖는 것이기도 하다. 특별한 날에 가까운 친지, 친구들과 함께 기념일을 축하하는 것으로, 즉 파티는 특별한 날 사람들이 모이는 목적이 있는 행위이며 사람이 모여 원만한 인간관계를 맺고 정보교환, 자기개발을 이루는 기회의 장이라고 관련 학자들이 정의하고 있다.

서양 파티의 역사

파티는 같은 생각을 가진 사람들의 모임으로 시작되었다. 어원은 '부분으로 나뉘다'라는 뜻의 'Partie'에서 유래되었으며 한 무리, 한편을 가리켰고 나아가 모임이나 정당의 뜻을 지니게 되어 '한마음을 가진 사람들의 모임'이라 할 수 있다.

파티라는 낯선 이름으로 부르기 전 고대에는 '향연饗宴'이라는 말을 사용했다. 이 어원은 눈을 크게 뜬다는 뜻으로 깜짝 놀란다는 의미이다. 로마 시대에는 놀라운 이벤트가 공존하는 식사가 곧 향연이었기 때문이다. 파티는 이렇게 깜짝쇼, 혹은 이벤트성 회합으로부터 출발했다. 또한 파티의 주최자는 남성이었으나 17세기 후반 이후부터는 프랑스 살롱 문화를 중심으로 여성이 파티를 주도하게 되었다. 현재 파티의 기조는 대부분 서양에서부터 처음 시작되어 우리나라에 보급된 만큼 그 기준과 형식을 어느 정도 모방하고 있음을 인지할

▶
우아한 파티 스타일링

필요가 있다. 먼저 서양에서 출발한 파티의 역사는 권력자들을 중심으로 한 만찬, 즉 연회를 통해 살펴볼 수 있겠다.

고대문명

구 바빌로니아의 메소포타미아 수메르인들은 태음력을 고안해내고 태음력을 태양력에 맞추기 위해서 11일을 공제했다. 이 기간 동안은 천체의 운동이 멈추고 시간이 정지한다고 믿었기 때문에 공짜로 주어진 이 시간을 마음껏 즐길 수 있는 유토피아로 여겼다. 즉 유토피아 기간에는 현실과 전혀 다른 세상 뒤집기의 의식, 질서와 위계를 일탈하는 의식을 즐기며 일상의 억눌린 욕망을 분출하는 계기로 삼았다. 또한 아시리아의 군주들은 성대한 연회를 열어 왕국의 강력한 힘과 귀족 간의 연대감을 돈독히 하며 호사스러움과 권력을 과시하는 원동력이 되기도 했다.

고대 이집트에서는 연회를 중대한 사회적 의식으로 여겼는데 연회에서 춤과 음악을 즐기고 연회에 참석한 여성들에게 꽃을 선물했다. 음식이 긴 행렬을 이룰 만큼 많았고 엄청나게 많은 하인이 시중을 들었다. 이처럼 먼 옛날에도 연회는 음식을 단순히 소비하는 차원을 넘어 미학적 경험을 중요시했다. 손님들은 우아한 옷차림을 하고 연회에 참석했으며, 일정한 예의범절을 지키며 절차에 따라 진행되었고 연극적인 볼거리도 있었다.

그리스 시대

고대 그리스는 연회의 요리문화를 좀 더 세련되고 다양하게 발전시켰고 그 문화를 로마에 유산으로 남겨주기도 했다. 특히 어떤 행사이든지 공식적인 행사에는 여성과 어린이는 철저히 배제되고 남성만 참석했는데 모두가 클리네kline라고 하는 카우치 모양의 침상에 눕듯이 기댄 자세였다. 손이 닿는 곳에 트라페자trapeza라고 하는 작은 식탁이 있었다. 손님이 도착하면 노예들이 손님의 발을 닦아주고 손을 씻어준 후 은매화를 엮은 화관을 나누어주는 의식으로 연회가 시작되었다.

식사는 데이프논deipnon이라고 불렸고, 식사에서 사교적인 목적으로 술을 주로 마시는 심포지엄symposion과는 구분했다. 식사는 전채 요리를 시작으로 육류 요리, 생선 요리가 나온

후 두 번째의 식탁인 디저트 테이블을 다시 차려 놓았다. 이후 포도주와 물을 섞은 음료를 마시는데, 이것이 바로 심포지엄symposion의 시작이 되었다. 이 심포지엄symposion이라는 전통은 집단구성원 간의 평등관계로 이루어진 연회로 남성들이 중심이 되어 함께 모여 먹고 마셨다. 일종의 술 파티였지만 결코 방탕한 술 파티는 아니었다. 심포지아크symposiarch라는 사회자를 선정하여 전체 운영방식을 결정하는 기획자로서의 중요한 역할을 맡기는 것이 첫 과정이다. 포도주와 물의 비율을 결정하는 일, 참석자들이 그 시간에 해야 할 것, 즉 대화의 주제, 연주해야 할 음악의 유형, 무언극이나 춤의 종류 등을 결정했다. 또한 심포지엄에는 공공 게임, 페스티벌, 방문객의 환영 등 여러 행사가 수반되고 음유시인들이 대서사시를 창작하는 등 열정의 세계를 다양하게 표현했다. 플라톤의 《향연》에는 사람들이 모여 포도주를 마시고 특정 주제를 가지고 담론을 즐기는 모습이 묘사되어 있다.

로마 시대

로마인은 그리스가 지닌 연회의 기본 구조를 그대로 유지했으나 여성도 참석할 수 있다는 점에서 그리스의 연회와는 차이가 있었다. 세나cena와 콘비비움convivium이 있었는데, 세나는 일종의 식사인 동시에 사교수단이 되는 디너의 형식이고, 세나에 음식이 많이 더해지고 손님까지 참석하는 성대한 로마식 디너 파티를 콘비비움이라고 불렀다. 특히 로마인들은 연회가 문화생활에서 결코 없으면 안 되는 것으로 여겼으며 연회를 베푸는 사람을 칭찬하며 더불어 나누는 삶이라는 뜻의 콘비비움이라고 부르는 것을 자랑스러워 했다.

만찬을 할 수 있는 방인 콘비비움에는 트리클리늄triclinium이라고 하는 몸을 기댈 수 있는 카우치가 붙은 식탁이 있었다. 대부분의 트리클리늄은 작은 규모였으나 부자들은 많은 손님을 한 번에 초대할 수 있는 커다란 연회장을 갖고 있기도 했다. 연회장에 손님이 도착하면 노예는 손님의 신발을 벗겨 안전하게 보관하고 슬리퍼를 신겼다. 그런 후에 손님은 중앙홀이나 식당방에 들어가 다른 손님과 대화하는 시간을 보낸 후 신호가 떨어지면 모두 트리클리늄으로 들어 갔다. 슬리퍼를 벗고 카우치에 기대앉으면 노예가 손님의 발을 씻겨주었다. 그리스인와 마찬가지로 로마인은 여전히 손으로 음식을 먹었으며 식사의 기본 방식은 코스별로 각 식탁에 차린 후 카우치 3면이 있는, 즉 U자형의 열려 있는 부분부터 식탁이 통째로 들어와서 서빙되었다. 연회가 진행되는 동안에는 음악을 연주하고 시를 낭송하여 연주가, 배우, 무희, 낭송가, 시인까지 연회장으로 불러들여 밤늦은 시간까지 연회를 즐겼다.

로마의 절제된 콘비비움에서는 놀랍게도 근대성의 면모를 찾을 수 있는데 질서정연한 순서, 뛰어난 요리기술, 품위와 예절, 문명화된 삶의 부산물을 즐기려는 적극성, 대화와 음악, 산문과 시의 낭송, 식사와 직접적으로 관련된 여흥디너쇼 등 연회의 극적인 요소들을 고루 갖추고 있었다. 그러나 이러한 성대하고 화려한 연회는 하부구조의 노예가 있기 때문에 개최할 수 있었던 것으로 로마 시대의 명암을 극적으로 보여주고 있다.

중세

로마인에게 향연, 즉 연회를 빼놓을 수 없는 것처럼 중세의 연회야말로 완전한 형태를 갖춘 향연으로 거듭났다. 연회장은 그야말로 모두가 함께 모여 승리를 축하하며 사회적 연대감을 키워가는 공간이며 왕과 측근들이 봉건적 결속력을 유지하고 표현하는 중요한 수단 중 하나가 되었다. 또한 연회장은 영웅들의 업적을 찬양하는 음악과 시가 공연되는 기회의 장이 되기도 했다. 이 시기의 중요한 변화는 식탁에 앉는 자세인데, 비스듬히 기대앉던 자세가 똑바로 앉는 자세로 변한 것이고, 식탁은 목판을 가대 위에 얹어 놓은 단순한 것으로 식사 때마다 조립하여 사용하고 식사가 끝나면 분해했다. 식사예법도 구체화되고 중요한 위치를 차지하게 되었다.

중세 말기 1457년 푸아 백작인 가스통 4세가 헝가리 사절단을 위해 베푼 연회가 유명한데, 12개의 커다란 식탁에 서열대로 앉고 식탁마다 140개의 은접시가 세팅되었으며 지나치게 허례허식이 담긴 7가지 요리가 나왔다. 무엇보다 음식이 예전에 비해 더 세련되고 호사스럽게 발전하는 출발점이 되었으며 요리와 요리 사이에 나오는 앙트르메entremet가 있었다. 오늘날 프랑스어에서 앙트르메는 달콤한 디저트를 뜻하지만 중세에는 조금은 복잡한 의미가 있었다. 요리를 이상한 형상으로 만드는데서 즐거움을 찾던 시대적 분위기와도 관계가 있듯이 앙트르메는 연회장의 분위기를 뜨겁게 달아오르게 만들 의도로 계획한 소규모 가장행렬 같은 것이다. 대연회에서 코스 요리 사이의 막간에 등장해 손님들의 흥을 돋워주는 다채로운 표현물 같은 것으로 이해하면 된다.

11세기 연회 모습

결혼식 연회에서 일하는 급사장의 모습

또한 중세의 식탁에서는 손가락 외에도 나이프와 스푼이 식사할 때 사용되었으며 '네프'라는 특별한 권위를 드러내는 새로운 식기가 등장했다. 특히 음식에 형태와 색을 입히려는 욕망이 커져 풍요롭고 아름다우며 고결한 모습으로 음식의 외형을 바꾸게 되었다. 즉 음식의 역사에서 혁명적 변화가 일어난 것이며 음식이 영양학적인 면보다는 미학적 즐거움이 우선시되어 음식의 초점이 입에서 눈으로 이동했다.

르네상스 시대

르네상스 시대는 고대 그리스·로마 시대의 재발견과 더불어 그 시대를 재현해보려는 뜨거운 열망이 있었다. 연회가 고도로 조직화되고 통치자를 찬미하는 수단이 되었으며 마치 한 끼 식사를 하더라도 오케스트라처럼 짜임새 있게 연회의 순서를 관장하는 트린치안테trinciante, 고기 써는 사람라는 책임자가 있었고 훗날 행사를 전반적으로 관리하고 감독하는 새로운 궁중관리인 스칼코scalco, 집사장가 있었다. 모든 궁정에는 연회의 장식에서 메뉴까지 모든 부분을 담당하는 의전의 달인이 반드시 있어야 했다. 스칼코의 업무는 연회장소 선택, 연회장과 식탁 장식, 메뉴 결정, 음식을 내놓는 방법, 음악을 비롯해 식사 분위기를 한층 북돋워 줄 수 있는 갖가지 여흥을 선택하는 것이었다. 스칼코는 커다란 것에서부터 사소한 것까지를 정했는데, 예를 들어 냅킨 모양, 하인 의상, 요리 선택, 손님들에게 줄 선물 등 모든 것을 꼼꼼히 살펴야 했다. 특히 스칼코는 연회에서 중요한 연회장과 식탁의 연출 장식, 연회장소, 초대 손님, 코스별 요리의 형태와 색, 식사하는 동안 듣는 음악이나 여흥 등의 현대적인 파티 구성 요소를 기획하고 연출하는 능력을 지녀야 했다. 폭넓은 교양과 예리한 눈썰미, 뛰어난 미학적 감각과 음악에 대한 열정을 지닌 사람만이 스칼코의 기준이 되었고 이를 인정받을 수 있었다.

르네상스 시대의 식탁을 중세와 구분하는 또 다른 특징은 '대화'이다. 연회에 초대된 손님들은 지식인을 위한 활동무대이자 학문적 대화와 토론을 위한 장소로서 연회가 지닌 의미를 입증하는 고전적 증거를 제시하고 플라톤의 글을 낭독하고 직접 연극을 꾸미기도 했다. 그래서 간혹 대화의 새로운 기술이 강조되는 새로운 경향 때문에 음식의 중요성은 둘째로 물러나기도 했는데 고전 작가들은 식사를 단순히 감각적인 즐거움이 아니라 대화를 통해 이성을 연마할 수 있는 장으로 승격시켰다. 삶이 구체화된 대화의 기술은 인문주의적 교육 프로그램에서 중심 위치를 차지하며 식탁에서의 유식한 대화는 가볍고 재치 있는 응답을 통해 차별과 계급을 해체하는 수단으로 간주되었다. 프랑스의 왕 앙리 2세와 결혼한 피렌체 태생의 왕비 카트린 드 메디시스는 이탈리아·로마의 덕목과 프랑스의 우아함을 겸비했던 인물이었는데, 이탈리아의 섬세한 처세술과 프랑스의 예리한 정신을 갖추고 있어 철학과 문학에 관심이 많았다. 당시 귀족 반란 등의 불안정한 정국에서 벗어나 평화롭고 다정한 인문주의가 귀부인 사이에 유행했다.

16세기 식사양식의 특징으로 연회에서 식기의 수가 증가하면서 개인용 물컵을 사용하게 되었고 포크가 등장하게 되었으며, 설탕이라는 요리재료가 등장해서 음식의 구성을 변화시켰다. 간식으로 설탕절임한 과일, 각양각색의 디저트와 수백 가지 설탕 조각품 등이 놓인 '코라시온'이라는 현대 디저트 형태의 화려한 식사양식이 있었다. 특히 이 시대 가장 호사스럽고 성대한 연회로는 1600년 마리 드 메디시스와 프랑스의 왕 앙리 4세의 결혼식 피로연을 들 수 있다.

마리 드 메디시스 왕비의 결혼축하연
프랑스의 왕 앙리 4세와 마리 드 메디시스와의 결혼은 가장 높은 수준의 외교 승리였는데,

베네치아의 호사스러운 연회

은행가 가문의 딸과 프랑스 왕과의 결혼이었기에 더욱 화제가 되었다. 왕비와 가족, 귀빈들은 방의 한쪽 끝 연단에 앉았고 그 아래 부인 100명이 앉을 수 있는 식탁을 놓고 말끔한 하인들이 시중을 들었다. 최신 유행의 독특한 음식을 차려서 눈길을 끌었다. 주빈석에는 흰색과 은색 화환으로 장식하여 눈 느낌을 표현한 새하얀 오크나무 두 그루가 있었으며 그 가지 아래에서는 사냥을 하고 있었다. 주빈석은 연회가 진행되는 동안에 갑자기 2개로 나뉘어 꽃병 모양으로 변하고, 갑자기 마룻바닥에서는 겨울 풍경을 담은 디저트 테이블이 올라오기도 했다. 부인들이 앉은 식탁에는 뒷발로 일어선 사자가 가슴에서 백합꽃을 뿜어내고 황제 독수리로 변신하는 모습을 연출하여 놀라움을 자아냈다. 극적인 효과를 배가시키기 위해 조명이 어두워지고 양옆에 있는 동굴에서 구름 2개가 천천히 나와 식탁에 앉은 손님들의 머리 위에 멈추더니 보석 박힌 금색마차에서 여신들이 나와 초인간적인 신들의 연회라는 듯이 눈부신 화려함을 보여주었다. 이 향연에서는 메디시스 궁의 건축가, 조각가, 음악가, 시인 등 모든 인재가 총동원되었다.

바로크 시대

바로크 시대는 절대 왕정시기인 동시에 부르주아의 형성과 발전이 진행되는 시기였다. 17세기의 식사행위는 절대주의 왕정의 치밀한 예법에 따라 이루어졌다. 이러한 격식들은 결국 궁중에서 모두 하나의 목적, 즉 절대불변의 권력구조가 존재한다는 사실을 모두에게 주지시키기 위해 만들어낸 것이라 볼 수 있다. 프랑스식 요리혁명으로 알려진 프랑스식 서비스 _{요리를 식탁에 내놓는 순서와 방법이 달라진 것}가 유행했는데, 이런 변화는 질서와 균형, 미각과 우아함을 추구한 17세기의 정신을 반영한 것이었다. 17세기 초 이후에는 매우 독특한 방향으로 음식문화가 바뀌었다. 기본적인 혼합물과 재료를 이용한 모든 기법을 일련의 규칙으로 승화시킨 새로운 조리법을 소개했는데, 손님들은 스스로 음식을 찾아 먹으며 긴장을 풀고 우아하게 사교적인 대화를 했고 다음 요리가 무엇인지 몹시 궁금해 했다. 요리를 만드는 기술이 매우 중요한 관심사였다. 요리법을 시스템화하려는 것은 인간 활동의 모든 면에서 질서를 찾고 만들어가려는 사회적 욕구의 표현이기도 했다. 특히 눈을 즐겁게 하는 요리에서 입을 즐겁게 하는 요리를 추구하게 되었다는 것이 중대한 변화이다.

또한 17세기 말에는 샴페인 제조법을 개발하여 샴페인을 대대적으로 소비했다. 바로크 시대는 초콜릿, 차, 커피 등이 새롭게 등장했으며 초콜릿은 16세기부터 인기를 누리던 음료로 베르사유 궁정의 모든 연회에 사용되었다. 막 태동된 상류사회에 새로운 사교 장소인 커피하우스가 출연하게 되었으며 차의 경우 처음에는 치료성분이 있다고 알려져 큰 관심을 갖게 되었고 1680년대쯤에는 차를 마시기 위한 특별한 식탁까지 제작되었다.

프랑스 대혁명이 있을 때까지 매너는 궁정에서 지키던 규칙이었고 신분제도를 유지하기 위한 수단이었다. 특히 프랑스의 왕 루이 14세는 공개연회를 권력과시의 수단으로 삼고 모든 연회를 관객이 있는 행사로 만들어 연극, 무용, 음악제전 등을 열어 왕이 식사하는 동안 평민들도 관람석에 앉아 지켜보게 했으며 연회가 끝나면 남은 음식들을 먹게 했다. 이 시대에는 좀 더 교양 있는 대화를 통한 정신의 교감을 원했으며 그로 인해 응접실과 가족 공간 사이에 먹기 위한 방인 '살라망제'와 대화를 위한 '살롱'이 주택설계 시에 도입되었다. 이렇게 분리된 각 방들은 식사와 대화라는 이중 기능을 했고 이 시대에 새롭게 등장한 호스테스_{여주인}가 목적에 맞게 손님을 초대하면서 살롱이 탄생하게 되었다. 살롱은 대화를 통한 문화의 중심지가 궁중에서 도시, 또는 개인 저택으로 이동한 문화적 공간이며, 중요한 행사가 있을 때는 연회공간으로 사용하기도 했다.

베르사유 향연

루이 14세의 연회는 베르사유 궁의 '장엄'이라는 무대에서 개최되었다. 신하들과 프랑스 국민만이 아니고 유럽 전역에 프랑스 문화의 우수성을 각인시키기 위해 성대한 축제를 열었다. 1664년 5월 베르사유의 호화로운 정원들이 '마법의 섬에서 맞는 즐거움'이란 이름을 내건 낙성식을 열었는데, 이 잔치는 대비와 왕비에게 헌정되었으나 실제 왕의 새 정부인 루이즈 드 라 발리에르Louise de La Vallière를 위한 파티로 보름이나 진행되었다. 회전목마, 무용극, 불꽃놀이, 연극공연 등이 있었다. 루이 14세의 연회는 풍요로움과 섬세함에서 형언할 수 없는 화려함의 극치를 보여주었다.

로코코 시대

17세기가 절대왕정 시대였다면 18세기는 귀족의 시대였다. 18세기에는 주인이 손님을 접대하는 최고의 방법은 살롱에 손님을 모시고 대화와 음악과 게임을 즐기는 것이었다. 살롱은 남녀와 신분 간의 벽을 깬 대화와 토론장, 문학공간으로 문화와 지성의 산실이자 중개소와 같은 역할을 했다. 18세기 후반부터 총명하고 활동적인 여주인들이 자신의 스타일대로 살

▶ 루이 15세의 연인 퐁파두르 후작 부인

▶ 루이 16세의 왕비 마리 앙투아네트

▼ 영국의 빅토리아 여왕

▼ 요크의 한 가정에 차린 정찬

롱의 분위기를 바꾸고 대화를 이끌어가면서 점차 철학과 정치에 대한 토론 및 활발한 사상 교류의 무대로 변모하여 새로운 살롱 문화가 형성했다. 살롱에는 국내의 손님들만이 아닌 외국의 저명한 인사들이 드나들면서 국제적인 사교장, 문화교류의 장, 외교의 장으로 그 역할이 확대되었다. 귀족과 부르주아들이 성이나 저택을 일상적인 생활공간에서 연회, 토론, 대화, 오락, 공연, 전시장으로 바꾸고 방들을 도시풍으로 새롭게 단장한 다음 거기에서 독서, 공연, 레크리에이션, 발표, 파티 등의 행사를 개최했다. 살롱이 사교공간, 문화공간의 역할을 한 것에서 당시 사회의식의 변화를 읽을 수 있다. 역사적으로 볼 때 살롱은 18세기에 왕의 특권 붕괴, 여성의 영향력 증대, 정보 제공에 필수적 역할을 했으며 여성들이 사회적 위치를 확보하면서 영향력을 행사할 수 있도록 하고 새로운 지식을 전달했을 뿐만 아니라 저술가와 대중 사이에서 가교 역할을 했다. 살롱은 18세기 계몽사상을 창출하는 산실과 새로운 사상을 전파하는 전령사의 역할을 했고 프랑스 혁명의 사상적 토대가 되었다.

한편 프랑스 왕 루이 15세의 연인인 퐁파두르 후작 부인은 교양 있고 세련되며 아름다운 용모로 당시 파티 문화에 큰 영향을 미쳤다. 왕과의 '은밀한 만찬'이라는 새로운 식사형태가 나타났다. 루이 15세는 연인과 친구들과 함께 한 자리에서 직접 커피를 타는 등 지위를 따지지 않고 식사를 즐겼으며 퐁파두르 후작 부인은 음식의 맛에 대한 왕의 기호를 충족시켜

주었다. 이와 같은 은밀함을 추구하는 만찬은 새로운 연회방식이 되었고 메뉴가 등장해서 식도락의 시대가 태동하고 있었다. 당시 '퐁파두르 후작 부인의 파이' 등과 같이 사람의 이름을 곁들인 요리가 등장하기도 했다. 이후 프랑스의 왕 루이 16세와 왕비 마리 앙투아네트 시대에는 격식이 탈피되고 사람들을 초대해서 먹던 관습이 사라지고 왕부부만 식사하는 형태로 축소되었으며 의식도 간소화되었다.

신고전주의

19세기 식사의 원형은 가족 간의 정찬모임으로 이방인에 대한 최고의 대접은 가족 식탁에 초대하는 것이었다. 또한 유럽 전역에는 새로운 부가 창출되었으며 식탁예절은 청결과 겸손 다음으로 중요한 기준이 되었고 프랑스 혁명 이전 귀족사회의 방탕을 꾸짖으며 절약과 절제를 찬양하게 되었다. 가장 성대한 연회로는 1810년 프랑스의 나폴레옹 1세 황제가 합스부르크가의 마리 루이즈와 결혼했을 때 베푼 연회로 궁정관리나 초대장을 지닌 사람만이 입장할 수 있었다. 연회의 모든 형식과 내용이 워낙 호사스럽고 성대하여 혁명 이전인 부르고뉴의 궁정의식을 재현한 궁정문화가 되살아났다.

19세기에는 특히 고전음식의 대가라고 칭하는 요리사 카렘이 등장하여 새로운 요리법으로 한 시대를 풍미했는데, 그는 요리법을 예술과 과학의 결합으로 보았으며 푸드스타일리스트로서도 명성을 날렸다. 그는 행사에 내올 그릇과 음식 모양, 식탁의 위치와 실내장식, 조명에 이르기까지 모든 것을 결정했다. 또한 19세기에는 식사를 할 수 있는 새로운 공공장소인 레스토랑이 탄생했다.

빅토리안 시대

19세기 산업화, 기계화 시대에 등장한 빅토리안 스타일의 특징은 복고주의와 복합주의로 요약되는데, 복고주의는 과거의 스타일을 부활시킨 것으로 귀족의 전유물을 일반 대중이 따르고 모방하려는 데에서 나타난 현상으로 귀족들의 사교모임에서 연출했던 식공간이 일반 중산층 가정에서도 가능해졌다. 복합주의는 여러 가지 스타일이 복합적으로 얽혀 있는 것으로 산업화에 따른 복잡하고 과장된 스타일이 유행하게 되었다. 이 시기에는 오후 3시에 차 한 잔과 티 푸드를 먹고 마시며 함께 사교를 즐기는 애프터눈 티 파티가 유행하기 시작했다.

아르누보

19세기 말부터 20세기 초반에 걸쳐 유행한 아르누보는 아트 앤 크래프트art and craft 운동의 주장을 이어받아 발전시킨 새로운 예술운동이다. 좌우비대칭과 곡선을 많이 사용한 디자인으로 자연을 즐기는 정서를 반영하고 꽃, 나비 등 식물과 곤충을 이용하여 자연을 추상적으로 표현했다. 화려한 레스토랑과 호텔학교가 설립되어 테이블 세팅, 테이블 매너와 연회 서비스가 일반화되기 시작했다.

아르데코

아르누보와 달리 샤프하고 직선적인 이 새로운 양식은 1925년 파리에서 개최된 박람회의 명칭을 따서 아르데코art deco라고 불리게 되었다. 지그재그 등 기하학적인 아름다움을 새롭게 선보여 모더니즘의 시초가 되었고 테이블웨어에도 다양한 디자인이 유행되었다.

현대

현대는 미디어의 발달로 트렌드가 빠르게 변하고 있고 대중은 이러한 문화적 속성을 반영한 파티 문화를 확산시키고 있다. 현대 파티 문화의 특징은 식사 중심에서 벗어나 미적인 공간장식, 즐길 수 있는 다양한 퍼포먼스와 이벤트를 강조하고 있다.

또한 기업에서는 파티를 즐기는 대중의 라이프스타일과 니즈를 적극적으로 마케팅 수단으로 채택했으며, 이러한 활동이 보다 화려하고 다양한 형식의 파티 문화가 확산될 수 있는 촉매제가 되고 있다. 이에 대중의 다양한 취향을 만족시키며 급변하는 트렌드를 파티에 접목시키는 새로운 감각과 아이디어가 요구된다.

우리나라 파티의 역사

예전이나 지금이나 사람들은 모두 즐거움을 추구한다. 그리고 잔치나 축제의 형태로 일상 속의 사소한 것에서부터 비일상적인 것까지 모두 함께 참여했다는 기쁨과 즐거움의 공감대 형성은 공동체의 집단문화이자 인간의 본성을 잘 표현해주는 보편적인 현상이다. 한국의 파티에 해당하는 고대풍속은 발생 시기를 정확히 알 수 없으나 노래와 춤, 예술이 결합된 축제 중 하나인 제천의례에서 시작되었다. 하늘에 제사를 지낸 후 많은 사람들이 모여 음주가무를 하며 즐기는 것이 관례였다. 결국 우리나라의 파티는 이러한 축제문화에서 자연적으로 파생된 연회라고 할 수 있다. 우리 민족에게 잔치나 축제는 매일 똑같은 일상 속에서 새로운 자극을 주는 비일상적인 체험으로 예로부터 흥이 살아 있었고 풍류를 즐기는 삶의 체험이 되었다. 우리나라 사람들은 이른 시기부터 계를 결성하고 연회를 갖기를 좋아했고 이에 따라 연회문화가 매우 발달했다. 몇몇 뜻이 맞는 사람끼리 결속을 다지기 위하여 자신의 집이나 아름다운 산수에서 개최한 계회도 있었다. 이러한 연회에서는 대부분 풍악이 울리는 가운데 술을 마시고 시회詩會를 벌이기도 했으며, 이를 후대에 알리기 위해 그림이나 친필로 기록화를 남기기도 했다. 이처럼 연회는 음악과 미술, 문학이 만나는 종합예술의 장이었다. 특히 조선 시대 중국과의 외교관계는 국가의 중요한 업무에 속하여 중국 사신의 접대에도 상당한 관심을 두었는데, 사신을 접대하기 위한 최고의 향연이 서호를 중심으로 하는 한강의 뱃놀이였고 이를 기념하기 위해 그림으로 그려 사신들에게 주었다는 일화도 전해진다.

우리의 삶에서 잔치, 축제는 무언가를 축하하거나 같은 행사에 참여하여 먹고 마시는 행위이다. 서로 즐거운 대화를 나누며 소통하고 교감하는 이런 행동들이 공감대를 높이고 친밀감을 불러일으킨다. 우리나라의 파티 문화 역시 같은 마음을 가진 사람들이 모여 한뜻으로 행사를 즐기며 사교의 장을 열었다. 특히 우리나라의 잔치는 국왕에 대한 충성심을 낳는 수단이 되었고 참가자들의 개인적 친밀감을 높이는 수단이 되었다. 잔치에서 참가자들은 자신의 심회를 털어놓는 교류를 통해 인간적 모습을 보여주었고 분명히 예절이 따라할 자리임에도 불구하고 술과 여흥을 통해 일탈을 느낄 수 있었다. 실제로 정조실록의 기록에

▶
유기를 이용한 한식 테이블

서 보면 연회를 하는 목적에 대한 내용이 언급되어 있는데, '왕과 신하 사이에 근엄과 존경만으로 일관하다보면 정이 통하지 않아 서로 도움이 되는 충고를 제대로 할 수 없기에 음식을 차려두고 서로 모이는 기회를 갖기 위해 잔치를 하고 음식을 권하는 예를 만들어 상하의 정이 통하게 하고 은근한 정이 붙도록 하는 것이다'라고 하여 현대적 개념의 파티와 비슷한 것을 이해할 수 있다.

옛날 우리나라 잔치의 경우에는 국가의 공식적인 행사 외에 서양 중세의 국왕이나 귀족들이 즐겼던 연회와 비슷한 유형으로 새해 첫날을 비롯해 각종 경축일이나 절기일에도 잔치를 베풀었다. 현대적 개념을 지닌 파티의 국내 보급은 대한제국 시기에 이루어졌는데, 미국에서 유입된 댄스파티 등 호텔의 사교적인 파티 형태였고 근대화가 급속히 진행되면서 결혼 피로연이나 기업 파티, 상류계급에 의한 파티 등으로 확대되었다.

고려 시대 연회

고려 시대에는 국왕이 국가의 대표로서 공식적인 행사를 하고 불교 행사인 연회를 개최했는데, 대표적인 고려 연회는 팔관회와 연등회라고 말할 수 있다. 고려의 태조는 고려를 세우면서 백성들이 혼란스럽지 않도록 모든 제도를 신라 제도대로 따랐다. 팔관회나 연등회 역시 신라의 제도를 이은 것으로 고려 시대의 팔관회와 연등회는 불교를 바탕으로 하면서 국가를 수호하고 결속시키는 원동력이 되었다. 고려 시대의 팔관회, 연등회 같은 연회는 일정한 격식이 있었는데, 불교적 격식의 틀 안에 천영, 오악, 명산을 섬기는 팔관회와 부처님을 섬기는 연등회 연회가 있었다. 또한 팔관회나 연등회의 연회에서 향등香燈, 진다進茶, 진화進花 등의 일정한 격식이 연회의 구성 요소가 되기도 했다. 향등은 부처님 앞으로 나아가 불燈을 밝히고 향香을 지핀다. 연회가 다도茶道와 결합된 형식으로 진다가 있었으며, 진다와 함께 꽃을 바치고 꽃을 꽂는 행위, 즉 진화進花가 다도와 결합된 하나의 중요한 연회의례 행위로서 자리하고 있었다.

특히 팔관회 등은 초창기 고려왕조와 같이 지역분산적인 국가 형태에서 국왕의 위상을 직접 보여주어 정통성과 카리스마를 과시하고 통합성을 높일 수 있는 행사였고 고려인들의 유대감을 높이기 위한 '즐기기同樂'가 강조되었다. 이러한 유대감은 종교적 심성과 믿음 속에서 만들어질 수 있었고 사람들은 고려의 국왕 아래에서 부처님의 가호와 문명을 누린다는 감성을 갖게 되고 팔관회 등의 축제를 통해 이를 일반인까지 확인시켜 주었다.

고려 시대 연회의 모습은 다양했으며 왕실 등을 중심으로 공식적으로 치러지는 행사도 많았고 대개 의례로 정해져 있었다. 이런 의례절차는 사회적인 관계, 즉 국왕 이하의 형식적인 권력서열을 확인시켜 주었다. 또한 국왕이 치르는 잔치, 즉 연회는 참여자들의 유대감과 비참여집단과의 차별성을 강화시키기도 했으며, 연회가 축하 분위기를 돋우는 가장 훌륭한 도구가 되었고 참석자들은 연회 도중에 덕담으로 즐거운 시간을 보냈다. 그러면서도 권위의 상징인 군주와 관료 사이가 절대적인 상하 관계이기에 연회를 통해 상호간의 인간적 정서와 교분을 쌓아 예절과 의례로 인한 거리감을 해소하고 군주와 신료 간의 유대감을 높이는 수단이 되었다. 그러나 잔치는 참여자들의 유대감을 강화시켜주기도 하지만 그 속에는 좌석 배치, 하사품이나 잔치차림 등에서 개인적 의존관계를 보여주는 장이었으며, 특히 국왕의 개인적 의존관계는 그 사람의 관직과 별개로 권력서열을 의미한다는 점에서 중요했다. 그래서인지 국왕과의 거리와 자리 배치는 서양의 연회에서처럼 늘 중요한 문제가 되었다. 또한 일반 관료가 하는 공식적인 잔치 중에는 '학사연'이 있었는데, 학사연은 과거시험을 치른 후 합격자가 발표되면 시험 주관자인 지공거가 주관하는 잔치였다. 학사연이란 축하 잔치 속에서 정치적 관계를 맺고 미래의 인간적 유대를 굳히는 상징이 되었으며 국가 역시 이를 공식적으로 인정했다. 이렇게 연회는 고려인의 일상 속에서 비일상적인 것이면서 삶과 심성에 여러 가지 영향을 미치는 행사였으며, 그것은 즐거움뿐만 아니라 때로는 사교의 장, 때로는 정치적 목적을 지닌 것이었다.

고려 시대 연회의 공연문화

고려 시대에는 신선사상, 풍수도참, 불교, 도교, 유교 등의 다양한 종교적·문화적 배경을 바탕으로 공연예술 장르들이 발전을 이룬 시기였다. 연회의 사전적 정의로는 배우가 각본에 의해 분장하고 음악, 배경, 조명 등 여러 가지 장치의 힘을 빌어 사건, 인물을 구체적으로 연출하는 예술을 말한다. 고려 궁중의 연회문화, 즉 공연문화는 시詩, 가歌, 무舞가 결합된 전통 연희로 '정재'가 있었고, 정재는 궁정의 의식과 연회를 통하여 전승되었다. 정재는 문학, 음악, 무용의 요소가 총체적으로 결합된 연희양식이라는 측면에서 지금의 판소리나 탈춤과 동질성을 지닌다. 판소리와 탈춤이 민속 문화를 기반으로 자생하여 발전했다면 정재는 궁정 문화의 필요에 의해 공식적으로 육성되었다고 볼 수 있다. 정재의 공연을 중심으로 궁정의 연회는 궁궐 내부에서 거행하는 궁중연향과 궁궐 밖 연도에서 거행하는 행렬의식으로 나뉘는데, 즉 연회가 베풀어지는 공간의 차이에 따라 정재의 공연 방식이 달라진다. 궁중연향은 국가적인 경사나 명절을 맞이하여 궁궐의 전각과 마당에서 거행하는 잔치를 이르는데, 행렬의식은 궁중연향의 연속으로 이루어지는 경우가 많으며 임금이나 외국사신 등의 거리행차를 환영하기 위해 연도에서 거행하는 의전행사를 말한다. 정재가 공연된 궁중연향에서는 궁궐의 일상공간이 일시적으로 공연공간으로 전환되고, 행렬의식에서는 임금의 행렬이 지나는 대궐문 앞 큰길이 거대한 공연공간으로 전환된다. 특히 궁중연향의 공연공간에서는 임금에게 술과 음식을 올리는 의례절차에 따라 7~9가지의 정재가 공연되었다. 행렬의식의 공연공간에서는 복합공간의 성격에 맞추어 정재의 공연방식과 무대장치에 변화를 주었다.

정재는 중세 연극의 범주에 포함되었는데 중세 연극은 중세의 시대정신을 반영하여 관념적 질서에 의한 조화를 중요하게 표현했다. 고려 궁중의 연회문화를 대표한 연등회, 팔관회, 나례 등은 공연예술과 중세예악을 대표하는 것으로 이를 통해 무대공간, 무대기술, 배우 연기, 공연종목 등의 지속적 발전을 이룰 수 있었으며 우리나라 중세 연극사 형성에 중대한 역할을 했다. 고려사회에서 예악禮樂은 국가를 다스리고 민족을 하나로 엮어내는 통치수단의 역할을 담당했는데 예악의 구성 요소인 제사와 악무는 고려왕조의 근간을 이루는 것으로서 '예'를 행하는 곳에는 반드시 '악'이 뒤따랐다. 연등회, 팔관회, 나례를 비롯한 궁중연회는 산과 누정 등과 같이 자연을 배경으로 한 친환경적 야외극장을 공연무대로 삼고 있고, 다채로운 공연종목들이 자연과 일체된 공연공간과 가설무대에 담겨 있었으며, 여기에 잔칫상과 여흥이 뒤따라 연회장의 분위기를 고조시켰다.

조선 시대 궁중연회 연향

조선 시대는 성대한 연회문화가 발달한 시대이기도 하다. 연회의례는 조선왕조가 비록 유교를 표방했다고는 하나 불교의 궁중의례가 기저에 깔려 있는 고려의 연회의례에 뿌리가 있다고 할 수 있다. 조선 시대에는 왕이나 왕비의 생일을 축하할 때, 세자의 탄생이나 왕세자의 책봉을 기념할 때, 외국 사신을 영접할 때, 동짓날이나 정초 등 여러 궁중의식 때 화려하고 웅장한 잔치가 베풀어졌고 이러한 잔치를 연향宴享이라 했다. 연향은 왕이나 왕비가 왕실의 위엄과 권위를 선보이는 자리였으며 악공樂工, 여기女妓, 무동舞童, 가동歌童 등 행사의 즐거움을 배가시키는 공연자들에게는 자신의 능력을 최대한 발휘할 수 있는 기회가 되었다.

조선의 궁중연회는 대내적인 연회와 대외적인 연회로 구분할 수 있는데, 대내적인 궁중연회의 경우 왕조의 위엄을 올리고 상하관계의 확고한 정립과 본연의 예를 다하며 한해의 무사안위를 기원하고 염원하는 심층적 의미가 내포되어 있다. 대외적인 궁중연회는 중국, 일본 등 각국 사절들이 내왕하면서 외교 현안에 관한 협상을 하고 체류기간 동안 왕실에서 베푸는 연회를 받으며 양국 간 평화적 관계를 유지하고자 하는 외교 접대의 개념을 갖고 있었다.

조선 시대의 대내적 궁중연회 의례는 조선 전기에 열었던 회례연, 양로연, 풍정, 진연 등이 있었다. 회례연은 매년 정조正朝나 동지에 왕세자와 문무백관이 아울러 술과 음식을 즐기며 연회에 참여했고 조정의 엄숙하고 경건한 예로 성대하게 열리기도 했으며 세자의 책봉이나 왕비의 책봉 후에 열리기도 했다. 그러나 조선 후기에는 이러한 회례연은 임금을 신성시하여 임금의 탄일이나 명절에 국경일처럼 풍정을 올리던 체재에서 점차 군신 간에 화목을 도모한다는 명분하에 정조正朝 회례연만 남기고 없어지더니 사대부 집안의 회갑이나 특별한 날에 손님을 청하여 행하던 잔치처럼 회갑이나 특별한 날에 행하는 행사로 바뀌다가 그보다 규모가 작은 진연으로 바뀌게 된다.

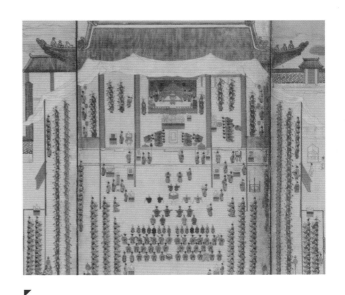

순조기축진찬도의 궁중연회 모습(1829)

조선 초기 우리나라 풍속에 임금에게 바치는 음식을 차린 것을 풍정이라 했다. 임금에게 잔치를 베푸는 것으로 공신과 그 적장이나 종친과 의정부 육조 신하들이, 혹은 세자나 왕비들이 임금에게 바치는 풍정이 주로 행해졌다. 그리고 점차 의정부 육조 신하들이 강무한 후 혹은 탄일과 정조, 단오, 추석, 동지와 같은 명절에 풍정을 올리는 것이 정례화하면서 풍정은 점차로 임금과 신하의 궁중 회례연으로 자리를 잡아가기도 했다. 그러나 이러한 풍정도 조선 후기에는 회갑연이나 특별한 경우에만 올리는 것으로 되었으며 효종 정묘년 이후에는 헌수에 그치거나 집안에서 올리는 잔치 정도로 간략화되기도 했다.

진연은 내연과 외연으로 구분되는데 내연은 내명부가 주축이 되는 연향으로 왕비, 대왕대비께 올렸고 외연은 대전에게만 올렸다. 진연은 임금이 대비전에 올리는 진연, 의정부 육조에서 올리는 진연, 공신, 종친, 의빈, 의정부, 육조에서 임금에게 올리는 진연 등이 수시로 행해졌다. 풍정이나 회례연 같이 큰 잔치를 못할 때 작은 잔치로 수시로 행한 것이 진연이다. 즉 탄일, 명절, 사중삭, 세자입학, 세자가례, 왕비책봉 등 특별한 날 풍정이나 회례연을 못해도 진연은 했다.

조선 전기에 양로연은 스승 공경의 의례로 처음 시행되었다. 특히 임금이 노인이 들어올 때 일어나서 맞이하거나 매년 추석이 지나 만물이 풍성한 늦가을에 개최하여 풍요를 노인들과 같이 맞이하면서 노약자가 편안히 사는 이상사회를 건설하려는 의지가 잘 반영되어 있었다. 성종 때 스승 공경의 의의를 살려 임금이 문묘에 석전참배를 한 후에 성균관에서 양로연이 베풀어지기도 했다. 그러나 조선 후기에는 조선 전기에 매년 행해지던 풍정, 진연, 회례연 같은 잔치가 거의 행해지지 않고 양로연 잔치를 열어주는 대신 실질적으로 노인들을 구휼하는 정책을 집행하였다.

정치명분의 기틀을 표명하고 왕조의 체재 유지를 위한 조선 시대 최초의 국가예전인 국조오례의國朝五禮儀는 오례를 기본으로 시대 변화를 수용했는데, 오례 중에서 궁중행사와 가장 밀접한 관계가 있는 것이 가례嘉禮이다. 궁중연회는 가례嘉禮에 직접적으로 해당되거나 간접적으로 연관되어 있는데, 가례의 목적은 만민을 서로 가깝게 하기 위한 것이며 만민이란 왕실에서부터 서민에 이르기까지 광범위한 사회계층을 포함하는 개념으로 왕이 주인 역할을 하여 상하가 함께 어울릴 수 있다는 의미다. 특히 즐기는 연향은 가례의 중요한 덕목 중하나로 음식을 나누는 자리를 통해 '만민화친萬民和親'이라는 가례 원래의 개념을 달성하기 용이했다. 오례에는 식음의 예로 종족과 형제를 친근하게 한다는 식음례, 남녀 사이의 혼례와 관례의 혼관례, 오랜 친구로서 공부한 벗과 함께하는 빈사례, 사방의 빈객에게 풍성한 향연의 예로 공경함을 보이는 향연례, 선왕先王을 함께 모셔 형제의 나라를 친하게 하는 신번례, 왕실의 외척인 이성의 나라를 친하게 하는 하경례가 있다.

특히 조선왕실에서 일어나는 모든 활동을 기록하는 다양한 의궤가 있었는데, 왕실의 활동에서 빈도가 잦은 잔치를 기록한 것이 많았다. 이것은 기록을 통해 왕실의 경축행사를 널리 홍보하자는 취지가 있었다. 왕을 비롯한 왕족과 관리 등 수백 명이 참가하고 동원되는 궁중연회의 규모와 내용이 고스란히 기록되어 있었고 그 연회의 비중과 크기에 따라서 진연의궤, 진찬의궤, 진작의궤라는 명칭의 책으로 기록되었다.

궁중연회 의궤의 구성

의궤儀軌는 조선왕조에서 왕실과 국가의 여러 가지 의례적 행사를 수행한 뒤에 그 내용을 글과 그림으로 기록한 보고서 형식의 책이다. 의궤는 의식과 궤범을 합친 말로 의식의 모범이되는 책이라는 뜻이다. 전통시대는 국가에 중요한 행사가 있으면 선왕 때의 사례를 참고하여 거행하는 것이 관례였으므로 국가 행사에 관계되는 기록을 의궤로 정리해서 후대에 시

무신년진찬도의 사실적인 연회 모습(1848)

신축진찬의궤도병의 성대한 연회 묘사(1901)

행착오를 최소화하려 했다. 즉 행사의 기록을 체계적이고 세부적인 의궤로 남겨 나중에 열리는 행사에 참조하게 하려는 목적이 있었으며 궁중연회의 경우 왕을 비롯한 왕족과 관리 등 수백 명이 참가하고 동원되었다. 특히 진연의궤, 진찬의궤, 진작의궤, 수작의궤 등은 궁중 연회의 규모와 내용을 보여준다.

진연의궤는 조선 시대 국가에 경사가 있을 때 궁중에서 베푸는 잔치를 기록한 의궤이고 진찬의궤는 왕과 왕비·왕대비의 기념일을 맞이하여 음식을 올린 의식을 기록한 의궤이다. 진작의궤는 왕과·왕비·왕대비 등에 대하여 작위를 높일 때 행한 의식을 기록한 의궤이고 수작의궤는 가장 작은 행사를 기록한 의궤이다. 명칭은 다르지만 궁중잔치의 멋과 화려함 을 보여주는 대표적인 의궤라고 할 수 있다.

궁중연회의 모습을 정리한 의궤에는 잔치에 올린 음식물을 비롯하여 잔치에 필수적으로 따랐던 궁중음악과 궁중무용, 각 무용을 공연한 기생들의 복장과 명단, 왕실에 바쳐진 꽃 등 조선 시대 궁중의식의 면모를 보여주는 자료들이 기록되어 있다.

특히 연회참여자들의 위치를 미리 확인할 수 있도록 그려 놓은 반차도와 궁중무용의 구 체적 모습, 연주된 악기와 복식, 그릇 및 상위에 올려진 꽃 등은 의궤에서 살펴볼 수 있는 귀중한 자료이다.

궁중연회 장면을 궁중미술기관인 도화서圖畫署의 화원이 그린 진연의궤도가 병풍으로 제작되어 연회의 내용을 짐작케 해주고 각종 진연, 진찬, 진작의궤의 권수에도 진연반차도, 회작반차도, 야연반차도, 익일회작도, 정재도, 채화도, 악기도, 복식도 등이 그려져 있었다. 연회의 순서와 참가자들의 위치를 그린 것이 반차도, 노래와 춤을 즐기며 술을 마시는 순서를 그린 것이 회작반차도, 밤에 열린 잔치를 그린 것이 야연반차도, 노래하고 춤추는 모습을 그린 것이 진찬도이다.

원행을묘정리의궤

조선시대 정조가 통치했던 18세기 후반은 문예부흥기이다. 사회 각 분야의 발전이 두드러진 시기로 정조 대왕은 조선왕조를 통틀어 가장 성대하고 장엄한 행사를 기획하게 되었다.

원행을묘정리의궤園行乙卯整理儀軌는 을묘년1795에 어머니 혜경궁 홍씨의 회갑을 맞아 부친인 사도세자의 묘소가 있는 수원 현륭원으로 행차한 내용을 기록한 것으로 활자로 인쇄한 최초의 의궤라는데 의의가 있다. 조선 시대의 의궤는 대부분 사람이 직접 손으로 쓰고 그림을 그린 필사본이 대부분이었으나 정조는 원행을묘정리의궤를 널리 알리기 위해 활자로 인쇄할 것을 결정했다.

정조 19년1795의 어머니 혜경궁 홍씨의 회갑잔치를 하러 가는 행렬, 행사의 준비과정과 준비물, 행렬의 모습과 참가자, 경비와 인건비 처리 등에 이르기까지 행사의 전모를 기록하면서 잔치에 참여한 인원의 위치와 공연된 무용을 그림으로 상세히 정리했다. 여기에는 화성 행궁의 전경, 봉수당의 잔치, 잔치자리에서 공연된 무용, 잔치에 사용된 조화, 그릇, 복식, 주요 행사장면, 행사에 사용된 가마의 모양과 세부도, 행렬 전체의 모습을 그린 반차도가 있다. 이 전통은 그대로 계승되어 순조 이후에 간행된 의

원행을묘정리의궤도의 상세한 연회 행렬(1795)

궤에는 반차도, 행사도 등의 그림이 첨부되었다. 우리가 오늘날 정조의 화성행차나 회갑잔치를 그대로 재현할 수 있는 것도 이처럼 풍부하게 남긴 의궤때문이다.

영접도감의궤

조선 건국 초 중국 명나라 사신을 영접하기 위한 예절을 영조례迎詔禮라고 하여 사신의 입경 시점부터 출경 시까지 영접하기 위한 준비와 절차를 위한 기관인 영접도감을 설치했다. 영접도감의궤迎接都監儀軌는 영접도감의 구성인원과 각 부서의 행사 기록을 남겨 사신의 접대와 관련한 진행사항과 각각의 업무상황 과정이 담긴 의궤이다.

영접도감의궤는 접대 업무를 총괄하는 기관인 도청을 중심으로 하여 담당업무에 따라 총 7종의 의궤를 제작했다. 먼저 영접을 총괄하여 진행한 사항을 기록한 영접도감도청의궤, 사신접대에 대한 연향과 관련한 일을 담당한 일을 기록한 영접도감연향색의궤, 사신 접대에 관련한 잡비, 잡물과 관련한 일을 기록한 영접도감잡물색의궤, 사신이 머무는 동안 소요되는 각종 음식, 집기, 땔나무, 숯, 의약 등을 제공하는 업무를 기록한 영접도감미면색의궤가 있다. 또 도감의 의막依幕 등 여러 가지 사신의 행동사항, 방수防守, 파수把守, 문의 개폐 등의 일을 기록한 영접도감군색의궤, 사신의 일행에게 세 끼마다 제공하는 술, 고기 등 반찬을 만드는 일을 기록한 영접도감반선색의궤, 외국 사신의 예단, 사신들이 쓰는 물건을 내어주는 일을 담당하고 내역을 기록한 영접도감응판색의궤가 있다.

근대 이후

조선도 근대화의 소용돌이에 휩싸이게 되면서 서구식 예법과 서양식 연회문화가 펼쳐지는 등 변화가 일어나면서 국내에도 상류층을 중심으로 파티 문화가 도입되었는데 호텔에서 의연금義捐金을 마련하기 위한 사교적인 댄스파티를 개최했다. 외교사절, 명사, 지역 유지들이 함께 파티에 참가했으며 일부 신지식인 사이에는 서구 문화에 대한 동경으로 사교댄스를 여가활동의 일환으로 즐겼다.

현대에는 한국전쟁 이후 미군부대를 중심으로 댄스파티와 크리스마스나 핼러윈 같은 전통적인 미국 명절을 기념하기 위한 파티를 하던 것이 시초가 되었다. 그 후 1990년대 후반 젊은이들 사이에 파티 문화가 본격적으로 빠르게 확산되면서 오늘날 현대적 개념의 파티로 자리 잡아가고 있다.

파티 문화의 이해

파티 문화

우리나라에서 사교의 일환으로 파티가 처음 도입된 것은 개화기 서양문화가 들어오게 되면서부터였지만 1980년대에서 1990년대 초반까지만 해도 파티 문화라는 말은 생소한 언어였다. 그러나 1990년대 후반기를 넘어서면서부터 과거 부유층의 전유물이었던 파티 문화가 대중의 새로운 문화생활로 자리잡아가면서 파티가 좀 더 보편화되었다. 그것은 개인의 일생 동안 일어나게 되는 특별한 날을 기념하여 축하하는 개인 파티, 즉 프라이빗 파티private party 에서 시작되었다. 개인적으로 적은 수의 사람들이 모여 이벤트성으로 모임을 하는 소규모

로맨틱한 파티 스타일

파티이다. 1990년대 후반에는 '즐겁게 놀고 맛있게 먹는데도 패션이 있다'는 것이 트렌드로, 특히 서울의 소비특구인 강남구 청담동을 중심으로 우리나라 최초의 맞춤파티 공간이 생겨나 개인의 특성과 기호에 맞는 특별한 테마 파티를 주최했으며, 생소한 개인 파티 문화에 대한 개념이나 거부감을 해소시키는 원동력이 되었다.

또한 청담동의 트랜디한 레스토랑, 바에서도 주로 외국 명품 브랜드들이 주최하는

▶
프라이빗 디너 파티

테마 파티를 개최했고 해당 제품을 입거나 사용한 스타, 패션모델을 초청하여 화려함을 더해주었는데, 이것은 현재 기업이 파티를 하는 가장 큰 이유인 론칭 파티launching party의 시초가 되기도 했다. 인터넷 문화가 발달하면서 같은 목적을 공유한 사람들의 크고 작은 동호회가 확산되었다. 특히 다양한 직종의 회원들을 중심으로 사교파티를 열어 대중화를 이끈 소사이어티 클럽은 사람들이 만남을 통해 자연스러운 인맥을 형성하고 파티를 통해 의사소통을 활성화하는 수단으로의 역할을 제시했다. 비슷한 시기에 홍대클럽을 중심으로 발전한 클럽의 파티 문화는 춤과 음악을 사랑하는 젊은이들의 자유로운 문화 해방구가 되어주기도 했으나 차츰 클럽문화가 변질되었다. 대부분의 사람이 클럽을 선정적인 춤을 추고 여러 이성들과 즉석만남을 가지는 곳으로 인식하면서 건전한 소통을 나누는 파티 문화가 활성화되는데 걸림돌이 되기도 했다.

이렇게 파티가 대중적으로 자리하게 된 계기는 크게 3가지로 볼 수 있다. 먼저 클럽 문화가 확산되고 회원제 소사이어티 클럽의 사교모임을 연 젊은이들에 의해 파티가 보편화되었고 때맞추어 확산된 인터넷의 팽창에 의해 젊은이의 사회적 파티 문화 확산을 이끌었으며, 이를 통해 파티를 콘셉트로 하는 많은 비즈니스가 등장했다. 특히 결혼정보회사 등에서는 사교를 목적으로 하는 파티를 마케팅으로 활용하여 파티의 확산에 중요한 역할을 하게 되었다.

둘째는 이러한 '사람들과의 만남과 소통'이라는 파티 성격을 마케팅에 잘 활용하여 기업들이 다양한 이벤트에 파티의 극적인 요소를 가미하게 되었다. 기업 파티가 활성화되면서

자금을 지원 받고 전문적 교육을 받은 사람들이 파티시장에 참여하게 되어 파티가 질적·양적으로 확장되기 시작했다. 또한 개인 파티 시장의 성장으로 인해 개인이 직접 참여하여 개성과 욕구를 반영한 차별화된 전문 파티업체가 등장하게 되었다. 특히 어린이 파티 시장의 경우에는 자녀의 수가 줄면서 고객의 관심이 확대되어 꾸준히 증가세를 보이고 있다.

파티와 커뮤니케이션

우리가 흔히 파티의 목적은 사람과 사람이 만나 소통하고 교류와 화합하는 것이라고 말한다. 물론 이러한 목적은 파티를 개최하는 중요한 계기가 되기도 한다. 즉 사람들은 파티를 통해 만남과 소통이라는 커뮤니케이션의 장을 열어가는 것이다.

흔히 의사소통이라고 일컫는 커뮤니케이션communication이란 언어, 몸짓, 화상 등의 물질적 기호를 매개수단으로 하는 정신적·심리적인 전달 교류이다. 어원은 '나누다'를 의미하는 'communicare'로 어떤 사실을 타인에게 알리는 전달의 뜻으로 쓰인다. 커뮤니케이션은 상

파티 테이블 세팅

징을 통하여 의미를 전달하게 하는 현상, 즉 정보전달의 현상이라고 정의할 수 있다. 이처럼 파티는 특별함과 즐거움을 통해 커뮤니케이션을 형성하게 되고 사람과 사람이 중심이 되어 소속감과 일체감을 느끼고 지식의 교환과 정보공유가 이루어지며 현대사회에서 중요시 여기는 인맥 네트워크를 형성시킨다. 특히 서양의 파티는 시대적 분위기와 의도에 따라서 여러 가지로 해석되었으나 한 가지 공통점은 모두 집단의 커뮤니케이션을 도모한다는 것이다. 건전한 사교방법으로 인해 각 집단의 결속력과 유대감을 증대하여 사교적인 공간, 즉 커뮤니케이션의 한 공간으로 자리 잡았던 것이다. 또한 파티는 사람이 모여 원만한 인간관계를 맺고 유지하며 정보교환과 자기계발을 이룰 수 있는 기회의 장이기 때문에 파티에 참가한 사람들은 의사소통을 통해 즐거움과 감동은 배가 되고 그 결과가 즉각적으로 피드백되는 직접적인 커뮤니케이션의 장인 것이다.

특히 오늘날 파티가 갖고 있는 요소인 식공간의 개념에서 보면 파티 식공간이야말로 커뮤니케이션의 장소, 커뮤니케이션의 미디어로 그 가치가 새롭게 부각되고 있다. 이런 이해 하에서 심리적 전달교류인 파티 공간을 계획하고 연출하여 인간과의 관계를 조화롭게 하기 위한 새로운 커뮤니케이션 공간으로 연출·조정해 가는 새로운 활동이기도 하다.

또한 파티가 기업의 마케팅 수단으로 떠오르고 있는데, 이는 급변하는 환경 속에서 기업들이 소비자의 기호와 니즈를 파악하고 효과적으로 메시지를 전달할 때 기업과 소비자 간의 커뮤니케이션 형성이라는 목적달성 요소가 있기 때문이다. 특히 파티는 기업이 현장에서 소비자를 직접 만나고 파티를 하는 한정된 공간과 시간, 즉 현장 안에서 소비자를 공통된 관심사로 유도하여 쌍방향 커뮤니케이션을 발생시키는 점에서 효과적인 마케팅을 기대할 수 있다.

파티 마케팅

일반적으로 마케팅은 소비자의 필요와 욕구를 충족시키기 위해 시장에서 일어나는 일련의 활동이라 할 수 있다. 즉 파티를 상품화하여 소비자에게 다양한 정보와 기회를 제공하고 직접 문화를 체험하게 하여 소비자의 필요와 욕구를 충족시키는 모든 제반 활동을 의미한다. 여기에서 소비자는 파티에 참여하는 모든 참가자를 뜻하며 공급자의 경우는 상품화된 파티를 누구에게 어떤 가격으로, 혹은 어떤 유통경로를 통해서 판매하고 어떤 방법으로 알릴 것인지를 결정하게 되는 것이다. 특히 요즘 각 파티업체는 여러 가지 매체를 활용하여 파티 참가자에게 행사 정보를 전달하기 위해 끊임없는 경쟁을 벌이고 있다.

파티는 마케팅 요소 중에서 세일즈 프로모션sales promotion에 속하는 활동이다. 즉 파티 마케팅은 고객의 니즈needs와 원츠wants를 반영하여 직접 상품과 만나고 체험하고 새로운 가치 제공을 통한 신규 고객의 창출 및 기존 고객의 로열티 형성이라는 목적을 만족시켜야 한다. 이에 참신한 아이디어와 마케팅 전략으로 고객을 유치하기 위해 파티를 마케팅 수단으로 사용하는 기업들이 늘어나고 있다.

파티에는 다양한 기법의 마케팅이 존재하는데 타깃 마케팅, 스타 마케팅, DB 마케팅, 제휴 마케팅, 노블 마케팅, 소셜 마케팅, 체험 마케팅, 감성 마케팅, 마지막으로 VVIP 마케팅이 있다.

타깃 마케팅은 연령, 소득, 직업 등 다양한 라이프스타일을 지닌 특정한 타깃의 니즈를 충족시키기 위한 세부적이고 정확한 마케팅 기법이다.

스타 마케팅은 대중이 선호하는 유명 스타를 초대해서 파티 홍보를 하는 마케팅 기법이다.

DB 마케팅은 기업이 갖고 있는 다양한 종류의 데이터베이스를 선정해서 타깃을 초청하는 마케팅 기법이다.

제휴 마케팅은 기업이 갖고 있는 각각의 브랜드들이 함께 제휴하여 브랜드를 홍보하여 시너지 효과를 낼 수 있는 마케팅 기법이다.

노블 마케팅은 VVIP 구매고객을 타깃으로 하는 특별하고 고급스런 마케팅 기법이다.

소셜 마케팅은 SNSsocial network services가 발달하여 커뮤니티를 통해 친밀감과 브랜드 접촉을 넓힐 수 있는 마케팅 기법이다.

체험 마케팅은 고객의 참여를 유도하여 직접 만져 보고 느낄 수 있는 체험을 하게 하는 마케팅 기법이다.

감성 마케팅은 고객의 감성을 자극하는 스토리텔링이나 이미지 표현으로 파티를 통해 오감을 만족시키는 마케팅 기법이다.

VVIP 마케팅은 최상위 소득계층 상위 10% 이내의 극소수 타깃을 위해 고품격 라이프스타일을 제공하는 로열 마케팅 기법으로 노블 마케딩 기법과 유사하다.

파티 플래닝

파티 기획의 기본 3요소

파티 기획party planning의 과정은 파티의 감동과 재미를 끌어낼 수 있는 특별한 아이디어의 도출이 가장 필요하다. 도출된 아이디어를 바탕으로 논리적인 전개를 펼칠 수 있는 글쓰기 능력과 이를 바르고 명확하게 설명할 수 있는 발표 능력이 파티 기획의 핵심 3요소라 할 수 있다. 즉 아이디어의 발상, 기획서 작성능력, 프레젠테이션의 3가지 요소로 진행되며 각 과정이 긴밀한 영향을 주기 때문에 동일한 중요도를 차지한다.

▼ 파티 행사 준비

▼ 파티 준비를 위한 센터피스 만들기

▼ 파티 행사장 철거

파티 기획은 기승전결起承轉結의 이야기 구조로 콘텐츠를 구성하여 논리적인 기획서를 작성하고 이를 효과적인 프레젠테이션으로 전달하여 결정권자인 클라이언트를 설득하는 과정을 거치게 된다. 파티는 참가자에게 진정한 재미와 감동을 제공한다. 영화나 콘서트, 축제 등의 문화적 콘텐츠가 각각의 이야기를 가지고 즐거움을 끌어내는 것처럼 파티도 참가자에게 즐거움을 이끌어내기 위해 비슷한 구조의 콘텐츠를 가지고 있다.

반면, 기획자 입장에서 파티의 주최자에게는 논리적인 정보를 제공하여야 한다. 파티 기획의 기본 정보 전달 방법 '6W2H'를 사용하고 적절한 이미지나 동영상 등을 근거 자료로 사용하는 이유는 파티의 주최자가 정확하게 내용을 이해하고 주최자가 의도한 파티를 개최하도록 설득하기 위해서이다.

이처럼 파티 기획에서 아이디어 발상, 기획서 작성능력, 프레젠테이션 중에 어느 것도 중요하지 않은 것은 없으며 이 3가지 기본 기획의 단계는 파티 개최를 위하여 반드시 필요한 것이므로 각 요소를 점진적으로 공부하고 꾸준하게 기획서 쓰는 연습을 하여 체계적인 기틀을 잡도록 한다.

아이디어 발상

콘셉트 개념

콘셉트concept는 '분류의 기술'이다. 콘셉트의 어원은 모은다는 의미의 'Con'과 붙잡는 의미의 'Cept'로 이루어졌으며 '흩어져 있는 것을 모으다'라는 뜻을 가지고 있다. 또 콘셉트는 개념이라고 부르기도 한다. 파티나 이벤트, 광고, 제품 개발 등에서 사용하는 콘셉트의 경우는 기본 의미에서 보면 먼저 같은 것끼리 모은 후 분류하는 기술이라 할 수 있다. 파티에서의 콘셉트는 차별화의 기술이다. 파티의 목적을 잘 표현한 콘셉트는 파티의 주최자가 참가자들에게 전달하고자 의도한 메시지를 분명하게 전달할 수 있게 해준다. 즉 잘 짜인 콘셉트는 형태가 고정된 파티일지라도 다른 파티와 차별화된 특별한 즐거움을 제공할 수 있기 때문에 좋은 콘셉트를 도출해내는 것이야말로 재미와 감동이 시작되는 파티의 출발점이며, 또 우리가 많은 시간을 할애하여 파티 기획에 신중해야 하는 이유이다.

콘셉트 도출

콘셉트는 대상의 특성을 새로운 각도로 잡아내어 기존의 개념을 무너뜨릴만해야 한다. 특별한 콘셉트를 만들어내야 하는 고민은 비단 파티 기획자뿐만 아니라 제품을 만드는 기업이나 이를 알려야 하는 광고업계에도 중요한 문제이다. 콘셉트를 도출하는 과정은 먼저 인간의 욕구needs를 살펴보는 곳에서부터 시작한다. 욕구를 충족하는 방법인 아이디어idea를 발상한 후 이 생각을 하나의 개념인 콘셉트concept로 설명할 수 있어야 한다. 따라서 좋은 콘셉트는 가능한 10글자 내로 쉽게 압축할 수 있어야 하고 하나의 단어로 표현하거나 사물의 이름으로 형상화할 수 있어야 한다. 즉 '콘셉트가 한마디로 무엇인가?'라는 질문에 기획자는 명쾌하게 대답할 수 있어야 한다는 뜻이다. 마케팅에서 콘셉트는 제품product으로 구체화되고 파티에서 콘셉트의 구체화는 테마theme로 혼용될 수 있으며 타이틀title로 사용하기도 한다. 성공적인 콘셉트의 사용은 앞서 언급한 테마나 타이틀뿐만 아니라 파티 현장에서 이벤트의 각 요소마다 철저하게 적용되어 일체화된 이미지로 형상화되어야 한다.

테마

테마theme와 콘셉트concept, 즉 주제와 개념은 유사한 용어로 자주 혼용되어 사용된다. 명료하게 도출된 콘셉트는 테마로도 사용되기 때문이다. 하지만 두 단어는 차이가 있다. 우선 차별화를 만들어 내는 것을 콘셉트라고 하면 테마는 기존에 있는 것을 의미한다. 즉 주제theme가 명확하다는 것은 차별화된 콘셉트가 이미 존재한다는 뜻이다.

때로는 명료한 콘셉트가 없는 평범한 파티를 만들기도 한다. 그러나 차별화된 콘셉트가 존재하는 테마 파티는 움직이는 힘을 갖고 있어 파티의 주최자에게는 목적을 달성하게 하고 파티의 참가자들에게는 재미와 감동을 충분히 선사한다.

이야기

이야기story는 파티의 전반을 이끄는 매력적인 주제가 될 뿐 아니라 이야기 구조의 기승전결은 파티 프로그램의 배열에 영감을 주어 클라이맥스가 어느 시점에 등장할지를 짐작할 수 있게 한다.

기획서 작성

파티 기획서는 고객에게 아직 실현되지 않는 파티를 제안하여 설득하는 문서이다. 따라서 미사여구를 늘어놓거나 필요 이상으로 형용사를 많이 사용한 글은 오히려 읽는 이에게 부담만 주기 때문에 자제하는 것이 좋으며 똑같은 표현을 반복하거나 자기만 아는 어조, 약자를 사용하는 것도 특별한 목적이 있을 때가 아니면 사용하지 않는다. 누가 읽더라도 이해하기 쉽고, 간결하게 쓰는 것이 중요하다. 기획서, 보고서, 설명서 등과 같은 실용문서는 의사결정권자에게 정확하게 정보를 제공하고 신속한 의사결정을 내릴 수 있는 논리적인 '글쓰기'가 반드시 필요하다.

논리적인 글쓰기

논리적 글쓰기는 논리적으로 정보를 배열하는 방법으로 내가 주장하는 바를 상대에게 납득시켜 원하는 방향으로 행동하게 만드는 힘을 가지고 있다. 여기에서 말하는 '글쓰기'는 이야기를 만드는 '글짓기'와 다르며 결론, 근거, 증명, 재강조의 구조를 가지고 있다. 처음 글쓰기 훈련을 할 때는 하루에 한 가지씩 주제어를 정하여 형식에 구애받지 않고 자신이 쓰고 싶은 내용을 자유롭게 한두 줄 정도만 간략하게 써 내려가는 습관을 갖도록 한다.

중요한 정보 먼저 제안

문서는 빠른 의사결정을 돕기 위하여 중요한 정보를 먼저 제시해 배열하고 이를 증명해 나간다. 첫째 문장에서 주장을 쓰고 둘째 문장에서 주장을 뒷받침하는 근거를 보여준다. 셋째 문장에서는 이를 증명하고 마지막 문장에서 다시 주장을 되풀이하여 재강조하는 형식이다. 이러한 형식을 연역적 또는 역피라미드형 배열이라고 말한다.

중요한 정보 파악

고객이 원하는 정보가 중요한 정보이다. 기획자가 얼마나 어렵게 아이디어를 발상하고 어떠한 노력 끝에 그 정보를 구했는지에 관한 정보를 고객은 반드시 알 필요는 없다. 다만 고객이 결정해야 할 것이 무엇인지, 그 결정의 효과는 어떠할지 등의 결론에 더 관심이 있다는 것을 알아야 한다. 철저하게 고객이 원하는 방향으로 고객의 문제를 해결할 아이디어를 주장하도록 한다.

주어와 서술어의 간소화

문장에서 가장 핵심이 되는 정보는 서술어에 들어 있다. 중요한 정보는 되도록 빨리 제시해야 한다. 한글은 영어와 다르게 주어와 서술어 사이에 다른 성분이 많이 들어 있어 중요한 정보가 빨리 제시되지 못하는 구조를 가지고 있다. 이러한 제약을 극복하는 길을 주어와 서술어의 간격을 가장 최소화하는 것이다.

발표

프레젠테이션 작성

프레젠테이션presentation 파워포인트 문서는 청중을 대상으로 다양한 시각적 자료를 활용하여 핵심을 명쾌하게 전달하여 상대를 이해시키고 설득하기에 편리한 문서이다. 이러한 문서도 마찬가지로 논리적인 '글쓰기'의 방법을 따른다. 하지만 문서의 특성상 나타나는 차이점을 중심으로 설명한다.

하나의 슬라이드one slide는 논리적 문장의 기본인 결론 → 근거 → 증명 → 재강조로 구성되고 하나의 문장은 하나의 메시지one message를 전달하여야 한다. 한 번에 여러 가지 주제를 보여 주면 핵심을 이해하기 어렵다. 의외로 자주 실수하는 부분이니 이 개념을 유념하여 전달력을 높이도록 노력하자.

근거는 2줄 내에 완료한다. 근거에 해당하는 부분은 1줄이 가장 적합하며 2줄을 넘기지 않도록 하며 20포인트 이상을 사용한다.

증명은 읽게 하지 말고 보여준다. 즉 시각적 요소를 강조하는 것이다. 청중은 정보의 대부분을 눈으로 받아들이는데, 눈으로 보았을 때도 쉽게 이해되는 문서 작성이 필요한 이유이다.

특별히 파티 기획서는 아직 실현되지 않는 아이디어를 실행하도록 제안하기 때문에 상대가 충분히 상상하고 납득할 수 있도록 이미지, 도형, 차트, 영상 등 시각 자료를 적극적으로 활용한다. 프레젠테이션 문서가 일반 실용문서와 다른 점은 '읽기'보다 보기를 강조한다는 점이다.

기획서 예시

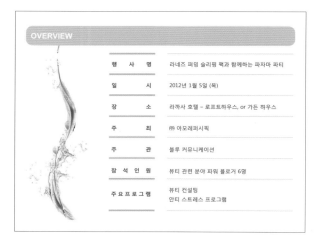

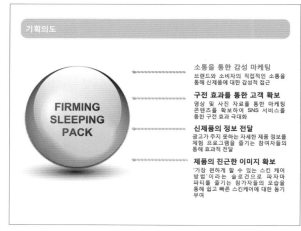

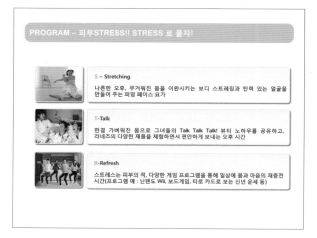

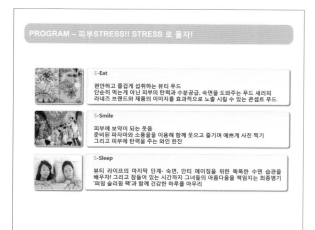

VENUE

장소 >> 6F 로프트 하우스

✓ 피트니스 무료이용
✓ 객실 Wi-fi 가능
✓ 초고속 유무선 무료인터넷
✓ **iPod Station**

DETAIL

Decoration >> 로프트 하우스 라운지

✓ 바닥 풍선
✓ 난간 풍선 (고정)
✓ 탁자 위 플라워 DP

DETAIL

LANEIGE

Decoration >> 로프트 하우스

✓ 플라워
✓ 탁자 위 슬리핑 팩 DP (다수)
✓ 탁자 위 쿠키, 케이크, 와인, 과일 세팅
✓ 바닥 풍선

INTERIOR

Flower>> Be Watweful!! 촉촉한 수분을 상징하는 블루와 화이트 계열의 플라워 장식

PROGRAM – 1차 파워블로거 대상

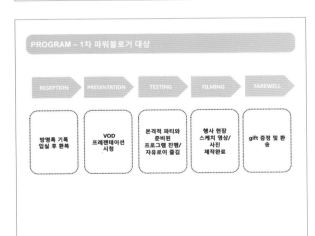

RESEPTION → PRESENTATION → TESTING → FILMING → FAREWELL

| 방명록 기록 입실 후 환복 | VOD 프레젠테이션 시청 | 본격적 파티와 준비된 프로그램 진행/ 자유로이 즐김 | 행사 현장 스케치 영상/ 사진 제작완료 | gift 증정 및 환송 |

OVERVIEW

항목	세부내용	12/10	12/15	12/20	12/30	1/5
파티 장소	행사장 하드웨어 설비 조사					
프로그램	프로그램 확정					
	프로그램에 따른 출연자 계약					
	진행 MC 섭외					
	프로그램 별 동선 배치, 구성도					
연출 계획	어젠다 작성					
	배너 디자인 사이즈 확인, 발주					
	행사장 연출, 디스플레이 계획안					
	행사장 세팅					
케이터링	메뉴선정					
	최종 견적서 작성					
예산 집행	1차 선금 집행	계산서 발행 1차				
	잔금 집행	행사 종료 후 7일 이내 정산				

발표 능력

파티 기획서를 발표할 때에는 단순히 정보를 전달하려고만 하지 말고 청중에게 영감을 불어넣을 수 있는 능력이 필요하고 명확한 주제를 일관성 있게 유지하며 흐름의 맥을 이어나가야 한다.

주제를 확정하고 나서 그 주제를 발표 내내 명확하고 일관성 있게 이야기해야 하는데, 우선 헤드라인을 먼저 언급하고 난 후 시작 전 전체 아웃라인을 설명하도록 한다. 즉 전체 발표 내용에 대한 개요를 설명하고 각 주제 사이의 명확한 전환을 통해 주제를 시작하고 마무리한다. 섹션별 시작되는 시점과 마무리가 정확해야 한다.

발표능력에서 중요한 점은 청중이 쉽게 이야기를 따라가게 하는 것인데, 발표 개요는 길을 안내해주는 이정표 역할을 한다. 또한 발표 시에는 언제나 열정을 보이고 발표에 힘을 싣도록 하며 자신의 경험을 팔고 때로는 발표 수치에 의미를 두기도 한다.

발표 자료는 시각적이고 간결해야 하며 항시 기획서는 읽는 것이 아니라 보는 것이라는 생각으로 원인원one in one이라는 한 화면에 한 가지의 핵심만 담는 기법과 슬라이드 당 1~2개의 이미지만 사용하는 기법으로 영감을 준다. 즉 발표 자료의 내용은 간결하되 시각적인 비중이 커야 한다. 주제에 따른 적절한 강약이 있는 내용으로 연습하고 또 연습하여야 한다. 꾸준히 연습한다면 발표가 완벽해진다. 마지막으로 '하나 더last one more thing'라는 말을 하여 기대감을 형성하고 발표자가 관객들을 위해 추가로 준비했다는 인상을 남긴다. 발표자는 이제 프레젠테이션을 하나의 이벤트로 접근하며 '강한 오프닝, 중간시연, 강한 마무리, 더 하나의 앙코르' 식으로 구성해나간다.

파티 기획 전달 방법 요소

파티 기획파티 플래닝은 명확한 콘셉트concept를 정하고 함께하는 사람들people을 고려하며 어떤 목적title으로 함께할 것인지를 신중히 생각해야 한다.

6W2H1T는 파티의 기획내용을 정확히 전달할 수 있는 기본 요소가 되며 파티 플래닝을 진행하는 데 가장 중요한 역할을 한다.

1T는 주제theme를 말한다. 원하는 파티를 성공적으로 이끌기 위해서는 명확한 주제를 설정

하고 진행해야 한다. 파티 플래닝이란 명확한 주제가 있는 테마 파티theme party의 성격이 강하고 기존 파티가 단순한 축하나 친목을 목적으로 한다면 새로운 형태의 파티는 특별한 의미를 부여한 아이디어를 존중하고 일상에서의 즐거운 일탈과 소중한 사람들과의 만남 그 자체를 중요시한다는 것이다.

오늘날의 파티 플래닝은 주제에 따른 분위기가 형성되도록 파티의 주제와 어울리는 식공간 연출이 반드시 이루어져야 한다. 사람들이 원하는 파티의 차별화된 콘셉트가 무엇인지를 정확히 반영해서 명확한 테마 설정과 완벽한 준비 단계가 절실히 요구된다. 6W2H에 대한 설명은 다음 표와 같다.

6W2H의 이해

구분	내용
who (host)	파티 주최자의 의도에 맞는 파티 플래닝이 이루어져야 한다.
whom (guest)	파티 초대객의 연령층, 개인 건강상태, 기호도를 가능한 인지하는 것이 좋다.
when (time)	주최 측의 사정, 관련 분야의 상황(적절한 시기), 장소의 형편, 참석자의 편의 등을 고려해야 한다.
where (place)	파티가 진행되는 장소가 어느 곳인지에 따라서 서빙방식, 파티 공간 디자인 연출 및 코디네이트 아이템 등이 결정된다.
what (party design)	파티에 참석하는 참가자의 연령이나 식습관에 따라 원하는 방향 및 콘셉트가 달라질 수 있고 트렌드에 맞는 유형별 파티가 이루어져야 한다.
why (purpose)	진정한 커뮤니케이션의 장을 만들고 자신만의 개성을 강조한 가치 충족 동기 등의 이유가 있어야 한다.
how (style)	파티 연출 플랜은 실제로 기획단계에서 조건에 따라 어떻게 메뉴를 선정할 것인지와 파티 코디네이트 아이템(coordinate item), 파티 배경음악(BGM), 색다른 주제의 파티 공간 연출(party decoration), 서빙의 방법(serving skill) 등이 명확하고 상세하게 설명되어야 한다.
how much (budget)	파티 기획 및 연출에 필요한 지출내역 및 행사비용 등을 감안하여 행사 전후의 수익과 지출을 꼼꼼하게 분석한다.

기획서 실무

기본 제안서의 이해

기본 제안서는 파티가 어떻게 펼쳐질 것인지에 대해 대략적인 그림을 보여주는 단계이다. 주최 측의 요구와 기획안을 제출하는 측의 의도 사이에 차이점은 없는지 검토하는 것이다. 심화된 내용이 아니기 때문에 작성시간과 분량은 많지 않으나 앞으로 개최될 파티 이벤트의 청사진이 되기 때문에 이 단계에서는 기획 내용도 a안, b안, c안 등과 같이 3개 정도의 기획안을 제안하여 어느 것이든지 최상의 안을 채택하는 과정을 거치는 것이 바람직하다.

기본 제안서 구성과 6W2H 이해

내용은 먼저 제안자가 파티 당사자들who, whom의 파티 개최 목적why을 이해하고customer analysis 목적을 달성하기 위한 메시지, 즉 콘셉트concept를 설정하여 이를 명료하게 정리하는 것에서부터 시작한다. 메시지를 파티 참석자들에게 쉽고 또는 매력적으로 전달하기 위하여 스토리, 심벌 등으로 이미지화theme하고 파티 현장에서 이를 실현하여how 전달한다. 마지막으로 기획안의 아이디어의 실행가능성 여부how much를 확인한다.

6W2H에 의한 기본 제안서의 구성

정보전달 방법: 6W2H		기본 제안서	내용
when	언제		계절, 시간, 기간 등
where	어디서	기본 정보(resources)	행사장, 야외 등
who	누가		주최자, 스폰서
why	왜	콘셉트(concept) ▼	목적, 목표
whom	누구에게	고객 분석(profiling) ▼	연령, 성별, 직업 등
what	무엇을	테마(theme)	상징, 이미지, 내용
how	어떻게	▼ 실행(execution)	연출, 순서
how much	얼마에	예산(budget)	예산

기본 제안서의 내용

제안서		구성 내용
표지		공식명칭, 메인타이틀, 주최자와 입안자, 작성 일자
목차		제안서 순서, 예산, 별첨
기본 정보		메인타이틀, 개최 일시, 개최 장소, 참석자 수(VIP, press, guest) 주최자·후원자, 주요 프로그램
콘셉트		개최목적과 목표 : 이벤트 방향 또는 전달 메시지 도출
고객 분석		고객의 특징, 환경 등 분석
주제, 테마		콘셉트에 의한 테마 설정, 테마 적용 개요 지도
	연출	프로그램: 타임테이블, MC 프로필, 오프닝 프로그램, 메인프로그램, 서브프로그램 공간연출: 공간별 연출안, 테이블 세팅안, 플라워 어레인지안 등 식음료: 메뉴 및 음료 리스트 기타: 인쇄물, 기념품
운영		주차, 동선(staff, guest, guard), 물품 보관소
예산		대분류 예산
별첨		회사 소개서, 타사 사례 등

기본 제안서 쓰기

첫째 표지, 즉 타이틀은 기획서의 표지 중앙에 쓴다. 콘셉트를 구체화시킨 매력적인 타이틀을 만들도록 노력한다. 행사의 공식 명칭, 주최자의 로고와 이름을 바르게 쓴다. 이밖에도 제안사와 발표자의 이름, 작성일 등도 기입한다.

둘째, 목차와 기본 정보contents, resource는 한 눈에 보아서 이해하기 쉽도록 만든다. 표나 간결한 이미지를 사용하면 좋다.

셋째, 페이지 구성concept, profiling, theme, execution은 다음과 같이 한다. 서브타이틀은 각 슬라이드마다 해당 슬라이드의 역할을 알려준다. 헤드라인은 결론 또는 주장, 즉 하고 싶은 말을 정확하고 적절하게 내용을 집약하여 표현한다. 헤드라인만 읽어도 슬라이드의 내용을 이해할 수 있다면 가장 잘 만든 표제어이다. 헤드라인을 설명하는 글이 서브라인이 된다. 헤드

라인보다 2포인트 작은 폰트를 쓰며 1~2줄이 가작 적당하고 가능한 3줄을 넘지 말아야 하고 서브라인까지 읽으면 대부분의 내용을 파악할 수 있어야 한다.

사진, 도해, 차트, 애니메이션 등 눈으로 보고 직관적으로 판단할 수 있는 자료로 주장을 증명한다. 재강조 또는 정리에서는 마지막으로 해당 슬라이드의 주장을 강조하면서 다음 슬라이드로 넘어갈 수 있도록 연결하면 효과적이다.

파티의 유형

파티는 시간이나 형식, 목적과 내용에 따라 달라지는데 내용은 다음과 같다. 시간별로 조찬, 브런치, 런치, 애프터눈 티, 칵테일, 만찬, 애프터디너 파티 등으로 나눌 수 있다.

파티의 시간별 분류

조찬

조찬breakfast은 아침 식사로 비교적 간단하게 진행되는 세미캐주얼 형태의 식사형태로 보통 아침 8시에서 9시 사이의 회의와 함께 진행된다.

브런치

아침과 점심을 겸한 식사형태인 브런치brunch는 가족끼리 휴일에 늦은 아침을 즐기는 식사형태이다. 점심식사와 구별하기 위해 오전 11시경에 시작하고 메뉴는 아침보다 풍성하고 전채부터 후식까지 코스로 즐기기도 한다.

런치

정식오찬으로 비즈니스 모임 등이 열리는 식사의 형태인 런치lunch는 테이블 세팅도 격식을 갖추어 코스별로 차리는 것이 예의이며 샴페인은 내지 않고 주류는 될수록 내지 않는다.

애프터눈 티

여성을 중심으로 사교 성향이 짙은 모임으로 간단한 다과의 식사형태인 애프터눈 티afternoon tea는 테이블 세팅이 화려하고 여성적 부드러움이 있으며 짧은 시간에 많은 사람을 초대할 수 있는 티 파티 형식으로 오후 2~5시에 하는 것이 일반적이다.

칵테일

여러 가지 주류와 음료를 마시면서 대화를 나누고 즐기는 스탠딩 형식으로 진행하며 식사 중간, 특히 오후 저녁시간 전에 칵테일cocktail이 베풀어지는 경우가 많고 비교적 짧은 시간이 소요된다.

만찬

파티 종류 중에서 가장 격식을 갖춘 식사의 형태인 만찬dinner은 인테리어, 식기, 식탁 위 장식품 등 총체적 아름다움이 동원되는 격식 있는 파티이다. 만찬은 정선된 재료와 격식을 갖춘 그릇을 풀세트로 사용하며 같은 파티일지라도 사람의 수가 많을 경우에는 뷔페 스타일로 준비한다.

애프터디너

안돌레스라고도 하는 애프터디너after dinner는 늦은 밤부터 자정 전후까지 이루어지며 메뉴는 일품요리나 간단한 것으로 준비한다.

파티의 목적별 분류

개인 파티

현대에는 가족의 특성과 기호에 맞게, 개인의 개성을 중시하는 문화가 도래하면서 개인 파티private party가 개인이 직접 참여하고 경험하여 새로운 나를 발견하는 새로운 스타일을 제시

기업의 와인 리셉션

하는 파티로 각광을 받고 있다.

리셉션

기업의 신제품 론칭 행사 및 전시회, 음악 리셉션reception 등 다양한 오프닝 파티를 진행하며 행사에 맞는 완벽한 기획과 세련된 디자인으로 색다른 경험을 제시해 주는 파티이다.

비즈니스 파티

기업의 비즈니스 파티business party는 이제 기업의 성공전략을 감지하는 중요한 요인으로 자리 잡고 있다. 풍부한 경험과 차별화된 파티 콘셉트와 연출로 기업 경영의 가치를 한층 더 보여주는 파티이다.

파티의 내용별 분류

뷔페 파티

뷔페 스타일의 파티buffet party는 메인이 되는 테이블 위에 요리, 식기, 커틀러리를 놓고 각각 자유롭게 즐기는 파티의 한 형태로서 좌석순위나 격식이 크게 필요 없는 것이 장점이다.

기업 창립 기념 파티

티 파티

오후 3시에서 5시 사이 2시간 정도로 홍차나 케이크를 곁들인 약식 모임을 티 파티tea party라고
한다. 친구들과 가볍게 즐기는 파티로 어울린다.

하이 티

티 파티보다 좀 더 호사스럽고 메뉴도 조금 다양한 파티를 하이 티high tea라고 한다. 각종 케
이크와 콜드미트cold meat, 훈제연어smoked salmon, 각종 샐러드와 과일 등이 나온다. 회의를 길게
이어가는 경우와 특별한 쇼가 진행될 때 하는 파티이다.

실버 티

행사 시 모금을 할 경우가 있는데 회의장 입구에 은쟁반이나 은으로 된 접시에 금일봉을
놓는다는 뜻을 지닌 파티이다. 실버 티silver tea는 기부 문화가 활발한 서양에서 흔히 볼 수
있는 파티이다.

리셉션

공공단체나 고위층 인사 혹은 국빈이나 귀빈을 환영할 때의 초대모임으로 시간과 형식이

▼
디저트 파티 테이블

까다롭지는 않으나 시간을 잘 지키고 정장을 입는 것이 예의이다. 특히 리셉션reception은 참석했다가 먼저 나가는 경우도 있어 자리의 안내와 배치에 세심하게 신경을 써야 한다.

디저트 파티

저녁 식사 후에 갖는 간단한 모임으로 오후 8시와 10시 사이 정도에 진행되며 음악 감상, 시낭송, 시사 모임 등 다양하게 즐길 수 있다. 디저트 파티dessert party는 초대 측에서 복장에 관한 드레스코드를 전해줄 수 있고 음식은 브랜드, 위스키 등의 식후주와 아이스크림, 젤리

돌 파티

▼
베이비 샤워

▶
브라이덜 샤워 웰컴 테이블

등을 준비해서 대접한다.

베이비 샤워

아기의 탄생을 축하하는 의미로 간단한 차와 다과를 들면서 즐기는 파티의 일종이다. 베이비 샤워baby shower에서 'shower'는 쏟아진다는 의미로 아기의 머리 위로 축복과 행운이 내리기를 기원한다는 뜻에서 유래했으며 초대된 사람들은 선물을 가져오기도 한다.

브라이덜 샤워

결혼을 앞둔 예비 신랑·신부를 위한 파티를 브라이덜 샤워bridal shower라고 하는데 신부의 부모가 준비하고 간단한 런치 메뉴로 차와 스낵, 와인 등을 즐긴다. 신부의 느낌을 한껏 살린 순결하고 로맨틱한 이미지로 스타일링한다.

칵테일파티

가장 많이 열리는 파티로 부담을 주지 않고 형식에 얽매이지 않는 파티라고 할 수 있다. 칵테일파티cocktail party는 여러 가지 주류와 음료, 오르되브르를 곁들이면서 스탠딩 형식으로 하

는 파티를 말한다. 칵테일파티는 테이블 서비스 파티와 디너 파티에 비해 비용이 적게 들고
지위고하를 막론하고 자유로이 이동하면서 자연스럽게 담소하고 시간과 복장 등에서 크게
제약받지 않기 때문에 현대인에게 더욱 편리한 사교모임으로 각광받고 있다.

포틀럭 파티

서양에서 즐기는 파티의 한 형태인 포틀럭 파티potluck party는 각자가 준비한 일품요리를 한 가
지씩 가져와 한 자리에서 함께 즐기는 파티로 모임을 주최한 사람은 장소를 제공하며 독특
한 재미와 요소가 있는 개인적인 성향이 강한 파티이다.

아웃도어 파티

경치가 좋은 야외나 정원에서 하는 파티인 아웃도어 파티outdoor party는 쾌적하고 좋은 날씨
를 선택하여 파티를 즐긴다. 바비큐 파티나 피크닉, 가든 파티 등이 이에 속하고 테이블이
나 의자를 거의 준비하지 않으므로 스탠딩 형식의 파티가 많고 메뉴는 뷔페에 준하는 핑거
푸드 등이 인기이다.

뷔페 파티

초대객이 테이블에서 직접 음식을 담아 자리로 돌아와 앉아서 식사하기도 하고 스탠딩 형
식으로 캐주얼하고 자유롭게 즐기는 식사형태이다. 참석인원수에 맞게 뷔페 테이블에 각종
요리를 뷔페 접시에 담아 놓고 서비스 스푼이나 또는 집게tong를 준비하여 초대객들이 적당
량을 덜어서 식사할 수 있도록 하는 파티를 말하며 좌석순위나 격식이 크게 필요 없는 것
이 특징이다.

　뷔페라는 어원은 원래 프랑스어로 식기수납장을 가리키는 말이었는데 식공간의 식기 및
커틀러리, 리넨 등의 수납장으로 오픈된 공간에서 음식을 준비하여 덜어 먹었던 방식에 의
해 오늘날의 셀프 서비스를 뷔페 스타일 서비스라고 한다. 오랜 항해 기간 동안에서 모든
음식을 테이블에 가득 차려 놓고 먹었던 때에서 비롯되어 일명 바이킹 스타일이라고도 한
다. 이러한 방식은 많은 사람들을 초대해야 할 때 공간이 좁아도 문제가 없으며 조리와 서

▶
가든 파티

▶
아웃도어 파티

▶
전시장 파티 테이블

비스에 투자되는 인원과 시간을 약식으로 진행하여 편의성을 도모하기 위해 시작된 파티방식이다.

뷔페 파티의 분류

시팅 파티

정해진 자리는 있으나 요리 서비스는 메인테이블에서 이루어지는 방식을 시팅 파티sitting party

라고 한다. 각자 앞 접시를 가지고 커틀러리를 놓아둔 채 중앙의 요리를 개별 서비스한다는 점에서 원 테이블one table 서비스와 유사하다.

스탠딩 파티

의자가 따로 정해져 있지 않고 파티 시간 동안 서서 진행되는 파티를 말하며, 스탠딩 파티standing party 형태는 공간이 좁아서 테이블과 의자를 배치할 수 없는 경우에 적합하다. 스탠딩 뷔페 파티standing buffet party는 시팅 뷔페 파티sitting buffet party에 비해 형식에 구애를 덜 받지만 식탁 없이 음식을 먹는 것이 쉽지 않아 음식을 적게 먹는 경향이 있다.

싱글 서비스

테이블 위의 코스 요리가 순서대로 한 방향으로 나란히 차려지는 형식의 파티를 싱글 서비스single service라고 한다.

듀플리케이트 서비스

테이블 위에 요리가 두 줄로 나란히 차려지는 형식의 파티를 듀플리케이트 서비스duplicate service라고 한다.

파티 식공간 연출 이미지

파티 스타일

캐주얼 스타일

캐주얼 파티의 경우에는 밝고 경쾌한 느낌을 이어가기 위해 비비드vivid 계열의 강렬한 컬러를 선택한다. 센터피스로 플라워를 이용할 경우 비비드 컬러의 거베라나 해바라기 등을 선택하여 다이나믹한 분위기가 테이블 위에 연출되도록 한다.

로맨틱 스타일

로맨틱 파티의 경우에는 우아하고 럭셔리한 느낌의 장미나 화이트 덴파레, 칼라 등의 플라워를 선택하여 신비스럽고 조금은 화려한 느낌을 보여주도록 한다.

클래식 스타일

클래식 파티의 경우에는 차분하고 격조 있는 우아함을 표현하기 위해 고전적이고 고풍스런 색상을 선택하도록 한다. 장식성이 풍부한 테이블클로스를 사용하거나 금색의 식기류 등이 더욱 세련되고 전통적인 느낌을 가져다준다.

내추럴 스타일

내추럴 스타일은 자연친화적 느낌의 연출을 위하여 인공적인 것을 배제하고 자연에서 흔히

▶ 로맨틱 느낌의 파티 스타일

▶ 엘레강스한 느낌의 파티 스타일

▶
자연을 소재로 한 내추럴 느낌의 파티 스타일

▶
모던한 느낌의 파티 스타일

얻을 수 있는 소재와 자연이 주는 아름답고 차분한 색조를 선택해 여유 있고 편안한 연출이 가능하다.

모던 스타일

도회적인 느낌의 모던 스타일은 군더더기 없는 간결한 연출을 시도할 때와 세련되고 샤프한 이미지 연출에 어울리며 블랙 앤 화이트의 컬러대비를 이용하여 현대적인 디자인 연출을 한다. 빨강색이나 노란색을 포인트 컬러로 사용하면 테이블의 이미지를 더욱 부각시킬 수 있다.

목적별 파티 콘셉트

비즈니스 파티

비즈니스 파티는 동일한 목적을 가지고 정보교환을 위해 모이는 경우가 많으므로 메뉴에 너무 포만감을 주어 세미나 등에 지장을 주어선 안 되고 적당하게 즐기는 메뉴를 선택해야 한다. 깔끔한 일식, 중식에서 메인을 선택해 적절히 내도록 하고 테이블 스타일링의 경우에는 너무 복잡한 디자인보다는 심플하고 모던한 스타일링으로 블랙과 화이트를 적절히 테마 컬러로 선택한다.

외국인을 위한 파티

외국인과 함께하는 파티는 우리 식문화에 접근할 수 있도록 한식을 위주로 메뉴를 선택해야 한다. 한상에 음식을 차려내고 먹는 한국 음식문화에서 서양식 코스 메뉴를 본뜬 한식 코스 메뉴로 설정한다. 테이블 스타일링은 전통한식을 표방하는 디자인도 그다지 나쁘지 않지만 동서양의 이미지를 적절히 살린 젠zen 스타일이나 퓨전의 이미지를 테이블에 나타내도록 한다.

친구들과 함께하는 파티

가까운 사람과의 친밀하고 감각적인 파티 스타일링 및 세련된 음식의 선택이 필요하다. 부담 없이 즐길 수 있지만 푸드 스타일링에도 세심히 신경써야 하고 테이블에 마주앉아 더욱 돈독해지는 정을 나눌 수 있는 공통분모styling & food가 반드시 들어가야 한다. 정찬 코스 요리보다는 가볍게 즐기면서 포만감이 느껴지는 메뉴를 선택한다.

파티 에티켓

파티에서 지켜야 할 에티켓party etiquette은 다음과 같다.

초대장 받은 후 파티 참석 여부 밝히기

초청장과 RSVP 서양식에서는 격식을 갖춘 자리에 손님을 초대할 때 초청장에 'RSVP'라는 말을 적어놓는데, 이는 프랑스어로 'Repondez, Sil Vous Plait'를 줄인 말로 초청받은 사람의 참석 유무를 알려달라는 것으로 파티를 주최할 때 좌석과 음식을 초대한 게스트의 수에 따라 정확하게 맞추어 놓기 때문이다. 그러나 서구식 파티예절에 익숙하지 않은 탓으로 초청장을 받고도 전화로 참석 여부를 밝히는 것에 인색한데, RSVP가 적힌 초청장을 받으면 늦어도 행사 1주일 전에 참석 여부를 알려주는 것이 주최자에 대한 도리이다.

초대시간에 맞추어 방문하기

가정 파티의 경우 초대된 시간보다 일찍 도착하는 것은 주최 측에 폐가 된다. 준비가 대부분 초대시간 직전이 되어야 끝나기 때문에 약속 시간에 맞추어 방문하는 것이 예의이다.

모르는 사람과도 말 나누기

파티에 참석하는 일을 꺼리는 사람들이 의외로 많은데 모르는 사람 틈에 끼어 신경을 쓰며 음식을 먹는 것이 여간 부담스럽지 않다는 의견이다. 파티에 초대하는 쪽에서는 이점에 특히 주의를 기울여 안면이 있는 사람을 앉힌다거나 혹은 옆자리에 앉게 된 낯선 손님을 소개하는 것이 바람직하다. 하지만 파티석상에 참여한 만큼 모르는 사람이 옆에 앉게 되더라도 적극적으로 인사를 나누는 태도가 바람직하다.

드레스 코드 맞추기

포멀한 파티의 경우 파티 초대장에는 드레스 코드dress code가 있다. 이것은 파티에 올 때 입고 오는 복장의 상태를 의미하는데, 원래 파티의 정장으로는 남성의 경우는 턱시도를, 여성의 경우에는 이브닝드레스를 입는 것이 예의이다. 그러나 파티의 콘셉트에 따라서 테마컬러나 소품을 드레스 코드로 정하는 경우도 있다.

칵테일파티 매너 지키기

칵테일파티에서는 식전에 오프닝으로 간단하게 여는 파티이다. 주로 칵테일, 주스, 셰리와인 등과 카나페를 함께 제공하는데 칵테일 냅킨으로 잔을 살짝 받친 후 잔을 기울여 조금씩 마시도록 한다. 자연스럽게 옆 사람과 눈을 맞추며 대화하고 사교를 즐기도록 한다.

파티 도중에 나올 때는 메모 남기기

부득이한 사정으로 파티 도중에 나와야 할 경우에는 먼저 가는 이유를 간단히 적어 주인에게 살짝 전달하고 주위사람이 잘 알지 못하게 몰래 나오도록 한다.

Understanding the Wedding

CHAPTER 10 웨딩의 이해

21세기 지식기반 사회에서는 새로운 자신을 발견하고 개성을 중시하는 감성문화의 시대가 열리고 있다. 젊은 세대를 중심으로 새로운 트렌드의 결혼문화를 창출하게 되었으며 하우스웨딩, 웨딩 플래너 같은 새로운 문화와 직업이 각광받기 시작했다.

Understanding
the Wedding

우리나라 혼인의 변천과정

현대식 결혼식은 우리 결혼문화가 아니라 서구에서 들어온 결혼문화이다. 요즈음 우리의 전통문화를 멀리하는 현대식 결혼식이 많이 진행되고 있으나 전통 혼례를 올리는 수도 해마다 늘고 있는 것을 알 수 있다. 이는 천편일률적인 결혼식에서 벗어나 색다르고 좀 더 차별화된 결혼식을 치르고 싶어 하는 생각에서 비롯되었다.

상고 시대의 원시 혼속에 대해서는 알려진 바가 없고, 간혹 잡혼이나 군혼이 있었던 것으로 추정하고 있으며 고조선, 부여에서는 가계를 중요시하여 형이 죽으면 형수를 아내로 맞이하는 혼습이 있었다. 고구려 시대는 모계 중심 사회의 풍습으로 서옥의 혼속이 있었고 신라 시대에는 왕족의 순수성을 유지하기 위해 왕족 간의 혈족 혼인도 있었다. 백제에는 부녀의 정조가 요구되는 일부일처제의 혼속이 정립되었다. 삼국 통일 이후 고려 초기에도 계급적 내혼제가 그대로 답습되고 근친혼이 성행했으나 원나라의 세조가 왕가의 동성혼은 성지에 위배되므로 엄히 다스린다고 하여 충선왕1310이 우리나라 역사상 처음으로 종친과 양반의 동성금혼을 국법으로 공포했다.

또한 시대의 흐름과 사회의 급격한 변화에 의해 전통 혼례, 제례, 상례 등의 의식을 간소화·현대화하는 뜻에서 1973년에 가정의례준칙이 발표되었다. 그러나 그 목적과 의의를 다하지 못한 채로 일부 특권층의 호사스런 결혼식이 문제가 되기도 했으나 혼례식은 일생의

전통 혼례 이미지

가장 뜻 깊고 중요한 행사인 만큼 현대에는 혼례의 의미를 깊이 새기고 행하는 마음가짐이
중요하다.

웨딩 플래너

웨딩 플래너는 결혼을 앞둔 예비 신랑·신부를 대상으로 결혼에 관한 모든 것을 준비해주
고 신랑·신부의 스케줄 관리와 각종 행사 절차 기획 및 내용 확인, 예산 작성 등 토털 결혼
식, 리셉션 등을 기획·연출·진행해주는 전문인이다. 좀 더 자세히 설명하자면 주로 신랑·
신부의 결혼 스케줄 관리 및 진행, 결혼 관련 소요비용 편성, 리셉션 기획 연출, 결혼식 장

▶
웨딩 이미지

소 섭외 및 예약, 예식 형태의 선정 및 연출, 신부화장, 웨딩드레스, 부케 및 야외촬영 상담 예약, 혼수, 가구, 예물에 대한 혼수시장에 대한 경제적 정보 제공, 혼수용품 구매 대행 및 알선, 신혼여행에 대한 정보 제공 및 자문역할 등 결혼과 관련한 각종 상담에서부터 기획, 연출, 마무리를 담당하는 결혼 이벤트 관련 총 연출자라고 할 수 있다. 또한 결혼을 앞둔 신부의 마음을 친절하고 따뜻하게 배려하는 호스피털리티hospitality, 환대가 우선시되어야 하며 웨딩 파티의 주체는 사람이라는 인식과 자신감, 열정, 자신만의 개성을 갖추었을 때 '웨딩 플래너'라는 직업의 문은 활짝 열릴 것으로 기대된다.

웨딩 플래너의 업무

미국에서는 웨딩 플래너를 지칭할 때 브라이덜 컨설턴트consultant, 코디네이터coordinator, 디렉터director, 플래너planner, 프로듀서producer라고도 하는데, 의미는 거의 같다. 대부분의 경우 주요 업무로는 예식 당일 모든 것을 순조롭게 진행시켜야 하는 역할을 담당한다. 브라이덜 컨설턴트나 코디네이터는 보통 웨딩 전체에 관여하고 있으며 모든 내용을 신부가 결정하고 합의한 후 컨설턴트가 실행하게 된다. 컨설턴트는 또한 많은 상품, 서비스일명 패키지를 취급하는 업체supplier의 목록을 가지고 있어야 하며 신랑·신부에게 가장 잘 어울리는 업체를 제공하고 합리적인 예산에 맞는 제안을 해야 한다. 이와 같이 미국에서는 웨딩 플래너가 신부 개인과 계약을 하여 일을 맡게 되는 스타일이 일반적이며 주요 업무는 다음과 같다.

코디네이트, 플래닝 업무

신부가 희망하는 드레스를 선택해 주는 드레스숍과의 연결, 메이크업, 스킨케어를 담당하는 뷰티숍, 플라워 디자인, 부케를 담당하는 플로리스트와의 연결, 초대장 디자인에 관한 조언 등 예식 하루 전까지 코디네이트 업무에 관한 전반적인 것을 담당한다.

▶
웨딩 리허설

프로듀서 업무

예식 당일에 관한 업무로 신부의 드레스업, 메이크업을 돕고 예식의 입장에서부터 리셉션의 진행에 이르기까지, 또한 식이 끝난 후 마무리까지의 업무가 포함되고 결혼 전날에 이루어지는 웨딩 리허설 때의 관리감독 등을 담당한다.

멘탈케어와 중재 업무

코디네이트, 프로듀서 업무 외 여러 가지 고민이나 상담을 받아 같이 해결하는 업무도 중요하다. 이혼한 부모님을 예식에 초대하는 과정에서 일어나는 문제, 초혼자와 재혼자 커플 간의 웨딩에 대한 사고의 차이, 커플이 각기 다른 종교관이나 민족관을 가져 발생하는 여러 가지 문제의 해결책을 제안하는 중재 업무를 말한다.

웨딩 플래너의 자질과 능력

결혼식을 성공적으로 완벽하게 이끌어 주는 이가 바로 웨딩 플래너이다. 기쁨과 만족은 물론 강한 책임감과 성취감까지 느낄 수 있는 웨딩 플래너라는 직업을 가지기 위해서는 현실적으로 갖추어야 할 많은 요소들이 있다.

계획성

파티 + 웨딩을 준비하기 위해 클라이언트가 의뢰한 목적과 의도에 맞는 기획, 계획을 세우는 것이 가장 기본적인 능력으로 평가된다. 예산과 적절한 상황에 맞는 수준 높은 전략과 계획으로 웨딩·파티를 제작·운영하고 실행할 수 있어야 한다.

조직력

파티 + 웨딩이 운영되고 실행될 때 선두에서 지휘하는 플래너의 명확한 판단이 있어야만 분야별 영역에서 활발하고 정확한 참여가 이루어지게 된다.

실행 능력

일을 추진하게 되는 과정에서 겪게 되는 어려움과 의견 불일치, 불가피한 사안에도 동요하지 않고 강한 설득력과 추진력을 갖추고 업무를 실행할 수 있어야 한다.

리더십

웨딩 플래너는 각 분야별 적재적소에 맞는 유능한 인재를 배치하고 조화시키며 역할을 충분히 이루어 내도록 관리하고 지휘하는 강한 리더십이 요구된다.

마케팅 능력

웨딩시장에 대한 분석과 차별화된 웨딩 파티의 창출, 시대에 맞는 트렌드로 전략을 개발하고 앞선 감각으로 다양한 마케팅과 프로모션을 펼쳐야 한다.

커뮤니케이션 능력

웨딩 비즈니스와 관련된 조직을 이끌고 커뮤니케이션을 원활하게 하기 위해서는 인간관계 형성이 중요한 덕목이 되므로 협력 및 제휴업체와 소통하여 성공적 웨딩·파티가 될 수 있도록 한다.

웨딩 비즈니스

최근 들어 우리나라는 여성 경제활동의 확대와 학력수준의 상승 등에 따라 결혼 시기가 늦어지고 있다. 그러나 결혼식의 전체 건수는 해마다 증가하고 있으며 이에 따라 웨딩시장의 전체 규모도 증가하여 인구수에 비례해 볼 때 한국의 1년간 결혼식 횟수는 평균 31만 건에 달하며 전체 웨딩시장의 규모는 약 4조 원 정도로 추정된다. 특히 2002년 이후 호텔 예식이 허가되고 예식 비용이 해마다 늘어 우리의 결혼문화가 다른 나라에 비해 상당히 호화롭게 진행되고 있는 것을 짐작할 수 있다. 일반 웨딩과 구별되는 파티 + 웨딩으로 진행되는 웨딩의 형태를 구분하면 다음 표와 같다.

우리나라의 결혼식 풍경은 대부분의 하객들이 식사하기 바쁘고 식장은 가족, 친지만이 지키고 있는 것을 자주 보게 된다. 진심으로 신랑·신부를 축하하며 끝까지 함께 즐기는 서양의 웨딩과 달리 형식적인 참여에 그치는 경우가 많다. 그러나 점차적으로 차별화된 결혼을 꿈꾸는 젊은이들이 늘어나면서 자신만의 특별한 가치를 누리고 즐기려는 새로운 형태의

일반 웨딩 파티 +웨딩의 비교 분석

구분	일반 웨딩	파티 + 웨딩
성격	대중화, 보편화	주제성 부여로 고급화, 개성화, 차별화
주 상품	식사 및 음료	분위기를 위한 장식, 프로그램에 의한 행사 연출력, 식음료, 축제 분위기
전문성	낮음	절대적으로 필요하며 아이디어 창출 필요
진행시간	1~2시간	3시간 이상
성공요소	식음료의 질	차별화된 연출력 및 프로그램 시나리오 실행력
연회장	기존 연회장(웨딩홀) 활용	창의성을 발휘해 새로운 분위기의 특별한 결혼 연회장 창출
개최 효과	식음료의 질 향상, 연회장 회전율 상승, 저원가 실현	인적·물적 서비스 고급화, 이미지 상승, 객단가 상승, 재방문 고객 창출, 부가가치 상품 판매, 차별적 경쟁 우위 확보
고객만족도	보통 수준	최고 수준

파티 + 웨딩은 신랑·신부는 물론 하객들이 자유로운 분위기 속에서 예식을 축하하고 참여할 수 있게 구성할 수 있는 장점이 있다. 그러나 아직까지 우리나라에서는 개성 있고 차별화된 파티 + 웨딩을 진행할 만한 공간이 부재하고 보수적 성향의 부모님들이 갖고 있는 고정관념, 사고의 벽을 허물기에는 이른 감도 없지 않다.

다만, 파티 + 웨딩을 호텔 위주의 고급화된 예식과 일반 예식을 적절히 조합해서 중상위층의 고객을 타깃으로 삼는다면 특별한 웨딩의 새로운 패러다임을 제시할 수 있을 것이다. 차후 우리나라의 웨딩시장은 장소와 프로그램의 차별화로 수요자의 욕구를 충족시켜 주어야 하며 점차적으로 호텔 웨딩에 버금가는 고급형 서비스를 제공해 주어야 할 것이다.

웨딩 문화의 변화

최근 우리나라의 결혼식에 대한 논란이 많은데, 결혼식은 집안의 위세를 보여주는 자리라는 관념이 강해 혼주와 신랑·신부, 하객을 모두 피곤하게 만드는 '고비용 결혼식문화'에 대한 자성의 목소리가 높아지고 있다. 특별히 친한 사이가 아닌데도 청첩장을 받아 의무적으로 참석하고 심지어 손님들이 신랑·신부 얼굴은 보지도 않고 피로연장으로 올라가버리는 비상식적인 상황이 벌어지기도 한다. 실제로 서양에서는 진짜 친한 사람에게만 청첩장을 보내는 문화가 일반화되어 있고 축의금을 받지 않고 신접살림에 꼭 필요한 물건을 선물 리스트로 만들어 돌리는 게 관행이다.

우리나라에서도 얼마 전 '웨딩 다이어트 프로그램'이라 하여 결혼식을 간소하게 치른다는 전제하에 구청에서 결혼식장 및 턱시도·드레스 대여, 사진촬영·메이크업 비용 등 결혼식 당일 들어가는 비용을 대부분 대주고 당사자에게는 피로연 밥값 정도만 부담하게 하는 새로운 프로그램이 등장했다. 그러나 알뜰하게 치른다고 해도 '결혼이 집안의 위세를 보여 주는 자리'라는 고정관념을 쉽게 깨뜨릴 수는 없을 것이며, 의식 있는 사람들이 주축이 되어 이에 합당한 대안을 마련하는 것이 시급하다. 결혼식도 하나의 기

▶
서양의 결혼식 풍경

획이다. 나름대로의 안목을 발휘해 이제는 기획을 조금 바꾸어야 하는데, 우리의 결혼식 풍경은 너무 많은 하객을 초대하려는 데 문제가 있다. 서양에서 초대되는 하객의 수는 많아도 100여 명 정도라고 한다.

우리도 이제 꼭 초대해야 할 가까운 사람들만 초대해 의미와 형식을 차별화하여 품격을 높이고 반드시 호텔이나 웨딩홀이 아니더라도 자신들만의 특별한 장소에서 경건하게 결혼식을 올리고 하객들이 기억에 남을 만한 결혼식, 진정으로 가보고 싶은 결혼식을 만들어야 할 것이다.

Wedding
Reception

CHAPTER 11　웨딩 리셉션

리셉션, 즉 결혼 피로연은 참석자들과 축하하고 영예를 나누며 즐겁게 식사를 나누는 특별한 행사로 서양에서는 웨딩 예식 후에 리셉션이 열리는 다른 장소로 모두 이동하여 신랑·신부를 위해 진정한 축하 인사를 하고 즐거움을 함께 만끽할 수 있는 소중한 시간을 갖는다.

Wedding
Reception

CHAPTER 11 웨딩 리셉션

　　결혼식ceremony 후에 커플의 서약을 존중하여 서로를 이해하고 함께 모인 참석자들과 축하 인사와 영예를 나누는 리셉션reception, 즉 피로연은 서양에서는 역사가 오래된 행사이다. 축하 파티인 리셉션은 보통 신혼 커플을 축하하는 행사로 반드시 참석자guest와의 즐거움과 쾌적함을 고려하여 계획되어야 한다.

　　서양에서는 아주 작은 리셉션이라도 화려함을 연출하기보다는 때로는 사치스럽게 연출할 때도 있다. 예를 들어, 리셉션을 간단하고 매우 형식적으로 하고 대신 프랑스제 비누를 준비하고 각 참석자 전용 수건을 화장실에 준비해두거나 혹은 교회에서 음료수와 케이크만 준비해 간단한 리셉션을 하더라도 고급스럽게 보이는 컵이나 소품을 많이 준비해 풍성한 느낌을 주는 것이다.

　　예식이 끝나고 리셉션이 있는 다른 장소로 이동하는 경우 가능한 한 재빨리 움직여야 하며 서양은 대부분 당일 정식 사진을 찍고 이동하지만 우리나라에서는 행사 전 전문 사진 촬영을 스튜디오에서 이미 진행하므로 가족 사진 및 친구, 친지와의 사진 촬영만 행사 당일에 마치도록 한다.

리셉션 행사장

리셉션 행사장의 선택은 예식ceremony과 웨딩 전체의 스타일과 성격에 따라 다르다. 웨딩 플래너와의 상담 시 원하는 장소를 추천 받거나 또는 그동안 생각해오던 특별한 장소에서 치르는 결혼식을 원한다면 상담을 통해 결정하도록 한다.

교회·성당·사찰 리셉션

신부와 가족들이 신앙이 깊을 경우 교회나 성당, 사찰에서도 리셉션 행사가 가능하다. 보통은 해당 종교인일 경우 대여가 가능하며 그 외 수수료나 기부금이 필요할 때도 있다. 일반적으로 교회나 성당의 식당이나 정원이 있다면 그곳에서 리셉션을 진행하게 되는데, 테이블, 의자, 커틀러리, 식기 등이 비치되어 있고 출장 연회를 부를 수 있으며 음향시설도 준비되어 있다. 날씨가 좋다면 리셉션을 가든에 확장하는 것도 좋다. 장식이나 렌털 나무 등은

▶
웨딩 리셉션

주최 측이 준비하는데, 텐트를 치는 것도 가능한지 확인해 보아야 한다.

종교적 장소에서 예식을 하는 것은 현실적으로 전용 식장을 빌리는 것에 비해 경제적인 방법이며 동시에 모두의 축복 속에 여유롭고 낭만적인 결혼식이 될 수 있다는 장점이 있으나 종교 예식을 할 경우 웨딩드레스와 촬영, 메이크업, 피로연을 스스로 알아보고 결정해야 하는 번거로움도 있다.

레스토랑 리셉션

서양에서는 시빌웨딩civil weddings 예식 후에 조그만 리셉션으로 이용되는 장소인데, 시빌웨딩은 전통적인 웨딩에서 종교적인 요소를 배제하고 법률적인 부분을 충족시키기 위해 행하는 간단한 예식 형태로 예식 자체를 레스토랑에서 하는 것도 가능하다. 현재 우리나라에서는 '하우스웨딩'을 선호하는 젊은 층에 의해 많이 시도되고 있는 편인데, 레스토랑에서는 세리머니와 리셉션을 모두 진행할 수 있으며 레스토랑이 제공하는 메뉴를 선택하기 용이하고 전용 스태프가 있어 서비스도 도움을 받을 수 있다. 또한 패스트리 전문 셰프가 레스토랑에 상주할 경우 특별한 웨딩 케이크를 주문할 수도 있다.

▶
레스토랑

공공 회관 리셉션

공공 회관은 보통 미국에서 국외 전쟁의 퇴역군인조합이나 볼런티어 소방대 등 특정한 조합을 통해 빌릴 수 있다. 가장 기본적으로 렌털료에는 식장 사용료와 공공료만 포함되므로 장식부터 식사, 마지막 정리까지 스스로 해결해야 하는 번거로움이 있다. 우리나라 공공 회관의 경우 대부분은 별도의 예식부서 지원팀이 있어 예식은 물론 식사, 장식 등을 해당 기관과 상담하면 다양하게 선택할 수 있다.

웨딩 전문 식장 및 회장 리셉션

일명 '웨딩홀'이라 하는 웨딩 전문 식장은 결혼식 행사 전용으로 지은 곳으로 신부에 따라서는 이런 종류의 웨딩을 싫어하는 경우도 있다. 그러나 호텔보다는 저렴하고 효율적인 비용이 들어 대중들에게 선호되고 있으며 대부분 웨딩의 모든 요소를 처리할 수 있다. 계약서의 세부적인 항목을 살핀 후 예약해야 불필요한 지출을 피할 수 있다.

▶
웨딩홀

▶
호텔 연회

호텔 리셉션

호텔 예식은 비용 면에서 부담이 되므로 일부 계층에서만 주로 시행하고 있으나 초호화 특급 호텔에서의 예식인 경우를 제외하면 일반적인 호텔에도 웨딩홀이 준비되어 있으므로 이용 가능하다. 호텔 내에서 예식과 리셉션을 한 번에 할 수 있고 호텔 자체의 고급스러운 인테리어가 분위기를 좋게 한다. 단, 일부 호텔에서는 웨딩 리셉션 장식 등을 전부 호텔 측에 맡겨야 하는 조건이 있는 경우가 있어 차별화된 웨딩을 꿈꾸는 사람들에게는 다소 어려움이 있으므로 호텔 직원과 상담 시 자신의 생각을 구체적으로 이야기한다.

홈 리셉션

가족의 따뜻함, 친밀감이라는 점에서 생각하면 집에서 하는 리셉션이 가장 적합하나 우리나라에서는 다른 장소보다 훨씬 더 많은 준비가 필요하며 실제로 집에서 치를 경우 현실적으로 많은 어려움이 있다. 가족을 포함한 친한 소수 인원만을 초청하는 특별한 웨딩을 생각한다면 반드시 자신의 집이 아니더라도 적당한 장소를 물색해야 한다. 홈 웨딩은 가족들끼리 함께 즐기는 리셉션으로 사랑이 넘치는 아이디어이기도 하지만 실제로는 그렇지 않을수도 있다. 우선 집에서 꾸미는 웨딩 리셉션의 이미지를 영화 속에서의 웨딩과 같은 모습으로는 상상할 수 없기 때문이다. 실제로 사는 집은 그리 면적도 넓지 않고 최소한 50인을 수용할 수 있어야 하며 숙박 부분까지 신경을 써야 하기 때문에 생각처럼 그렇게 웨딩 파티가 간단하게 치러지지 않는다. 서양의 경우 홈 웨딩은 가든이 있어 그곳에 텐트를 치는데, 텐트의 연출은 리셉션의 중요한 포컬 포인트focal point가 될 수 있다.

미국의 홈 웨딩에서 예식이나 리셉션용으로 야외에서 텐트가 필요한 경우는 반드시 컨설 턴트의 전문 지식이 필요한데, 예를 들어 키친용 텐트 사이즈나 장소, 키친의 크기가 충분하 지 않을 경우 조리용과 냉장용의 모든 도구를 가져와야 하고 사람들 눈에 띄지 않고 사용하 기 좋은 장소를 물색해 두어야 한다.

최근에는 호텔이나 일반적인 예식장 외 레스토랑이나 특별한 웨딩을 전개하는 하우스웨 딩 전용 식장이 조금씩 생겨나고 있는 추세이다.

특별한 장소의 리셉션

미국에서는 여러 지역에서 개인의 행사를 위해 식장으로 이용하게 해주는 특이한 장소가 있다. 이 중에는 역사적 건조물, 공공 건물주말 가능, 개인 또는 공공 가든, 선박 등이 있다. 대 부분의 장소에서는 공공 회관과 같은 원리가 적용되어 사용에 관한 모든 규정이 있는 서류

· ·· 홈 웨딩 시 고려해야 할 점

집에서 웨딩을 치를 경우 생각해야 할 것은 첫째로 요리에 관한 부분이다. 직접 주방에서 요리가 가능한지와 출장요리사(caterers)가 필요한지의 여부이다. 둘째는 웨딩 리셉션에 필요한 테이블, 의자, 리넨, 테이블웨어, 글라스류 등의 모든 아이템들을 구비하고 있는지, 혹은 렌트를 해야 하는 품목은 무엇인지를 살핀다. 셋째는 음식 서비스나 테이블 서비스에 필요한 스태프의 인원에 관한 것이다. 넷째 는 홈 웨딩을 할 경우 화장실의 개수와 간이화장실도 제공되는지의 여부일 것이다. 다음은 자동차의 주차 가능 위치와 조명에 필요한 충분한 플러그와 엑스트라 조명을 체크해야 한다.

또한 날씨에 관한 것으로 비가 올 경우를 대비해 실내 장소도 확인해야 하며 얼음과 음료수를 담아두는 냉장고, 아이스박스의 여분, 그 리고 마지막으로 전문 웨딩 플래너와의 상담이 필요한지 등이 될 것이다. 홈 웨딩은 특별한 의미와 소중한 경험을 얻어 오랜 시간 좋은 추억으로 남을 수 있지만 체계적인 플래닝과 완벽한 실행이 동시에 일어나야 하기 때문에 충분히 고민하고 결정해야 한다.

▶
홈 웨딩

가든 웨딩

를 입수해 두어야 한다. 사용료, 리셉션과 예식의 시간범위, 마무리에 관한 사항, 지역의 사용허가, 지정된 음식공급catering 업자와의 계약 관계, 건물·부지 내의 사용부분, 게스트가 이용하는 화장실의 수, 음향장치, 메뉴에 따른 키친의 사용 유무, 렌털 예정 품목 확인, 신부용 대기실 유무 등을 철저하게 체크하도록 한다.

가든 리셉션

날씨만 허락하면 가든에서 하는 웨딩도 가능한데, 야외에서 예식을 할 때에는 특히 세밀하게 신경을 써야 한다. 몇 시간 동안 야외에서 지낼 경우 벌레 퇴치 스프레이는 필수이고, 웨딩 케이크는 직사광선이나 열이 닿지 않는 곳에 두는 것이 바람직하므로 가능하면 예식 준비가 될 때까지 냉장고에 넣어둔다. 운반할 때는 깨끗한 카트로 천천히 운반한다.

리셉션의 종류

리셉션의 종류에는 간단한 케이크와 음료수만을 제공하는 것에서부터 정성이 있는 포멀 디너에 이르기까지 다양하다. 리셉션이 반드시 필요한 것은 아니나 개최하는 경우에는 가족의 바람대로 간결한 것에서부터 정성이 듬뿍 들어간 것까지 여러 가지 형태의 리셉션을 준비할 수 있으며 예식 시간이 리셉션 스타일을 좌우하고 변경이 필요한 경우도 있다.

리셉션의 시간에 따라 참석자들은 어떤 식사가 준비되는지 예측할 수 있는 기준이 되기

도 한다. 예를 들어, 오후 2시에 예식
이 있고 3시에 리셉션이 있다면 게스
트는 착석 디너라고 생각하지는 않을
것이고 오후 4시가 예식이라면 당연히
리셉션은 착석 디너로 할 것이라고 예
측할 수 있다. 그 이외 미국의 결혼식
에서는 게스트가 알 수 있도록 사전에
행사 진행을 일러두기도 하는데, 예를
들어 오후 4시부터 2시간 동안 칵테일
파티를 열고 그 후 6시에 착석 디너를

리셉션 헤드 테이블

예정하고 있는 경우 참석자들이 이를 알고 있지 못했다면 디너가 시작된 시점에서 참석자는
당황하게 된다. 칵테일파티로만 리셉션이 당연히 끝날 것으로 생각하고 밤에 이미 다른 약
속을 해두었거나 베이비시터가 없어 집으로 가야 할 사람들이 있을 수 있으므로 불필요한
요리 비용을 감당해야 하는 경우도 생겨나게 된다.

시팅 블랙퍼스트

시팅 블랙퍼스트sitting breakfast 리셉션은 반드시 정오 전에 하도록 한다. 메뉴로는 간단한 와플
을 주로 내는데, 하트 모양의 와플이나 그 위에 딸기를 얹어내도록 한다.

시팅 브런치

시팅 브런치sitting brunch는 보통 정오 전후에 하게 되며 크레이프나 간단한 크림 같은 앙트레를
포함한다.

바이킹 브런치

바이킹식의 브런치biking brunch와 런치는 정오 전후에 하며 참석자는 고기, 오플렛을 직접 가져

다 먹거나 서비스를 받는다. 뷔페인 경우에도 커플은 웨이터가 식사 서비스를 도와주며, 특히 부모님이 앉는 테이블은 네임 카드를 놓아두어 예약석이라고 표시해 주고 다른 참석자는 다른 자리에 자유롭게 앉을 수 있다. 테이블클로스를 깔고 꽃을 연출한 테이블을 하나쯤 마련해 두어 편리한 장소에 두고 여기에 접시, 커틀러리, 냅킨 등을 세팅한다.

애프터눈 티

애프터눈 티afternoon tea는 낮의 예식 후에 이루어지는데, 간단한 샌드위치를 곁들인 티 파티에서부터 영국식의 차와 은기를 준비해 티 파티보다 좀 더 호사스러운 하이 티high tea의 메뉴를 제공하기도 한다. 각종 케이크와 콜드미트cold meat, 훈제연어smoked salmon, 각종 샐러드와 과일 등이 나오게 한다.

칵테일 리셉션

칵테일 리셉션cocktail reception은 보통 늦은 오후에 행해지며 부담을 주지 않고 형식에 얽매이지

▶ 칵테일 리셉션

않는 파티라고 볼 수 있다. 칵테일파티는 여러 가지 주류와 음료, 오르되브르를 곁들이면서 스탠딩 형식으로 하는데, 테이블 서비스와 디너 파티에 비해 비용이 적게 들고 지위고하를 막론하고 자유로이 이동하면서 자연스럽게 담소할 수 있다.

디너 리셉션

디너 리셉션dinner reception은 보통 오후 6시쯤 시작한다. 리셉션 중에서 가장 격식을 갖춘 식사의 형태로 인테리어, 식기, 식탁 위 장식품 등 총체적 아름다움이 동원되는 웨딩 리셉션이다. 요리는 정선된 재료와 격식을 갖춘 그릇을 풀세트로 사용하며 같은 파티일지라도 사람의 수가 많을 경우에는 뷔페 스타일로 하기도 한다.

디저트 리셉션

디저트 리셉션dessert reception은 보통 오후 8시 이후에 시작하며 웨딩 케이크 이외에도 디저트와 각종 커피, 브랜디 또는 식후 음료가 준비된다. 경우에 따라 포멀 웨딩formal wedding에는 조

▶
디저트 리셉션

식을 내는 것도 가능하다. 보통은 리셉션의 시간이 늦어질수록 형식이나 스타일에서 더욱 깊이감이 생긴다. 나이트웨딩의 경우 밤에 해변에서 장작불을 켜고 파티를 즐기는 것도 가능하고 시간이 늦으면 늦을수록 더욱 파티 형식이 정찬에 가까워진다.

리셉션의 형식

시팅 리셉션

시팅 리셉션sitting reception은 풀코스의 식사형식, 전채 요리부터 시작하여 일반적으로 수프, 메인디시, 샐러드, 디저트, 커피 등의 풀코스 요리가 나온다. 자리가 정해져 있다.

뷔페 리셉션

캐주얼한 스타일의 식사 방법인 뷔페 리셉션buffet reception은 건배와 댄스가 함께 이루어진다. 테이블에 준비된 뷔페 음식을 원하는 양만큼 직접 덜어와 자신의 자리로 와서 먹는 식사 방법이다.

푸드스테이션 형식 리셉션

푸드스테이션food station 형식의 리셉션은 식장 여기저기에 다른 식사중식, 일식 등가 뷔페로 차려져 있어 각자가 좋아하는 음식을 가져다 먹는 형태이다. 뷔페 형식과 달리 여러 곳에 음식이 차려 있어 참석자의 움직임을 자연스럽게 연출할 수 있다.

칵테일 리셉션

칵테일 리셉션cocktail reception은 착석 리셉션과 다르게 포멀하지 않고 캐주얼한 형태이며 웨이터가 요리를 각자에게 서빙하는 경우도 있다. 메뉴는 신랑·신부의 의견을 담아 다양하게 준비하며 고가의 식사가 준비되는 경우도 있다.

리셉션의 관습

리셉션에는 2개의 관습이 존재한다. 술은 내어도 좋으나 꼭 필요한 것은 아니다.

커플에게 하는 건배

베스트맨best man, 신랑 들러리의 리더은 파티가 시작될 때 앞장서서 건배 제의를 하게 된다. 아버지가 아들을 환영하거나 친구나 동료가 주인공 커플의 만남에 어떻게 관여했는지 등의 말을 하

커플 건배

웨딩 케이크

고 두 사람의 미래를 위한 건배를 한다. 샴페인으로 하는 건배가 일반적이기는 하지만 술을 마시지 않는 참석자를 위해 스파클링, 그레이프 주스 등도 건배할 때 이용된다.

프루트펀치나 그 외의 주류, 물을 내는 경우도 있으나 필요한 것은 간단한 인사말과 함께 동시에 글라스를 들어 올리며 건배를 한다. 건배를 받는 쪽은 착석한 채로 받으며 다른 사람들은 모두 일어나서 건배한다.

웨딩 케이크

웨딩 케이크는 신랑·신부가 처음으로 음식물을 나눈다는 의미로 새롭게 시작하는 두 사람의 인생에서 서로 이해하고 배려하는 것을 의미한다. 원래는 풍부함과 다산의 상징으로 작은 케이크를 부수어 커플의 머리 위에 올려놓고 두 사람의 인생에 단맛을 더한다는 의미로 케이크를 겹쳐 쌓아 그 상태를 유지하기 위해 설탕옷을 입혔다. 여기서 오늘날의 아름답고 맛있는 값비싼 과자를 먹는 관습이 시작되었다. 커플이 케이크를 커팅하고 서로 나누는 관습의 의미를 이해한다면 참석자도 케이크를 먹을 때까지는 자리에서 일어나지 않는 매너를 지킨다.

리서빙 라인

서양에서는 예식날 신부와 접촉하면 그 사람에게도 신부의 행복과 행운이 옮겨 온다는 설이 있다. 결혼하는 커플은 특별한 날을 서로 나누기 위해 참석자를 초대하는 것이므로 정중하게 커플과 주최자가 참석자와 인사를 나누고 조금이라도 개별적인 이야기를 나누게 된다. 이 배경을 바탕으로 참석자를 초대하여 인사하는 열을 리서빙 라인receiving line, 접대자측 열이라 한다. 이 열은 신랑·신부 등 웨딩 파티에 등장하는 일행 한 사람 한 사람에 의해 이루어진다. 커플이 리셉션을 주최할 경우 그들이 열의 선두가 되도록 한다. 우리나라는 일일이 식사 테이블을 찾아다니며 참석자 전원에게 인사하는 것이 보편화되어 있으나 서양에서는 참석자 전원의 테이블에 인사할 경우 일행들의 식사시간이 없어져 버릴 수 있으므로 웨딩 파티 일행은 리셉션장에 도착하자마자 곧바로 열을 만들어 인사한다. 순서를 기다리는 사람을 위해 간단한 샴페인이나 프루트칵테일을 준비해 두기도 하며 나이 드신 분들을 위해 테이블과 의자를 몇 개를 준비해 대기실로 이용하기도 한다. 접대자 측의 리서빙 라인은 에티켓에 정해진 특정한 순서로 형성된다.

만일 아버지와 베스트맨이 열에 참가하지 않을 경우에는 참석자에게 인사를 하거나 상의를 걸거나 화장실 안내, 음료수 접대 등의 서비스를 담당해 주기도 한다.

리서빙 라인에서 인사할 때는 게스트는 신랑·신부에게 축하인사와 행운의 기도를 해 주고 가까운 친구와 친척은 보통 신부에게 키스하고 신랑과 악수한다. 장갑을 끼고 있는 여성은 장갑을 벗고 열에 참가하는 것이 좋다.

· **리서빙 라인 순서**

① 신부의 어머니(또는 리셉션 주최자)　　② 신랑의 아버지
③ 신랑의 어머니　　　　　　　　　　　④ 신부의 아버지
⑤ 신부　　　　　　　　　　　　　　　　⑥ 신랑
⑦ 신부 들러리 중의 리더로 기혼자 혹은 미혼자　　⑧ 신랑 들러리의 리더
⑨ 신부 들러리

▲ 리서빙 라인

또한 우리나라에서 이혼한 부모의 경우 자녀를 양육하지 않은 한쪽 부모는 웨딩 예식에 공식적으로 참여하기 힘든 편이다. 그러나 서양 웨딩에서는 대부분의 경우 계부와 함께 신부의 어머니가 주최자인데, 리서빙 라인에서 계부는 주최하는 역할이며 신부의 아버지는 특별 참석자의 입장이라고 보면 된다. 반대로 계모와 함께 신부의 아버지가 주최자이면 상황이 반대로 된다. 신랑의 부모님이 이혼한 경우에는 보통은 어머니가 리서빙 라인에 참가하고 아버지와 계부는 열에 참가하지 않는다.

좌석 배치

참석자의 좌석을 정할 때 참석자의 입장을 고려하여 좌석의 장소, 위치를 정해야 한다. 좌석 결정이 제대로 되지 않는다면 많은 시간을 거기에 매달려야 하는 경우도 생긴다. 그렇기에 뷔페 형식의 파티가 인기 있는 이유이기도 하다. 앞에 놓는 테이블과 부모님 테이블 이외에는 모두가 편한 장소에 자유롭게 앉을 수 있다.

메인테이블에는 참석자 쪽에서 바라보았을 때 신부는 신랑의 오른쪽에 앉는다. 베스트맨이 신부의 오른쪽에 앉고 메이드 오브 오너maid of honor, 신부 들러리의 리더는 신랑의 왼쪽에 앉는다. 그 다음 위치는 남녀가 교대로 앉도록 한다. 메인테이블에는 신랑·신부만 앉아도 되고 많은 웨딩 파티 일행과 가족용으로 U자형 테이블을 준비해도 좋다.

부모님 테이블석에 앉는 사람은 양가 부모, 조부모, 성직자 등이다. 그 이외의 참석자는 가족과 테이블 사이즈에 따라 달라지는데, 보통 자리의 위치는 신랑의 아버지는 신부 어머니의 오른쪽이고, 신랑의 어머니는 신부 아버지의 오른쪽에 앉도록 한다. 성직자는 신부 어머니의 왼쪽에 앉는다. 가족이 많을 때는 부모 전원이 하나의 테이블에 앉고 조부모는 다른 테이블에, 그 다음으로 형제자매가 세 번째 테이블에 앉는 형식으로 연령별 분류를 해주는 것이 좋다. 나머지 다른 사람들의 좌석을 결정할 때는 각 테이블의 주제나 테마를 정해 결정한다. 예를 들어, 이웃 사람을 모두 하나의 테이블로 하고 동호회 또는 직장 동료들을 하나로 묶어

한 테이블에 앉게 하는 탄력적인 운영이 필요하다. 정식 만찬의 경우 테이블에 이름을 붙여 구별하기 쉽게 하거나 좌석표를 사용한다. 테이블 카드에는 참석자의 이름과 테이블 번호를 적어 식장의 입구 부근 테이블클로스와 꽃으로 세팅한 테이블에 올려놓는다. 참석자는 카드를 들고 자신의 테이블을 찾아 앉도록 하며 테이블 센터피스에 번호를 붙여 쉽게 테이블을 찾을 수 있도록 한다. 전원이 좌석에 앉으면 번호를 떼어내도록 한다. 참석자가 모두 자신의 테이블을 찾아 착석한 후에도 좌석표가 남아 있다는 건 당일 참석하지 않은 것이므로 참석의 여부를 확인할 수 있다.

또한 신부나 신랑 또는 쌍방의 부모님이 이혼한 경우 무엇보다 커플의 의견이 가장 중요하며 이혼한 부모님의 사이에 따라 달라질 수 있다. 예를 들어, 어느 정도 사이가 좋고 친밀한지, 혹은 이혼하고 시간이 어느 정도 지나갔는지의 여부도 영향을 주는 요소가 된다. 모두가 어느 정도 사이가 좋고 긴장되는 상황이 아니라면 리셉션에 상대와 그 파트너까지 초대하는데, 보통 이혼한 부모가 함께 앉지는 않으므로 다른 테이블을 준비하도록 한다.

더블웨딩 리셉션

더블웨딩 리셉션double wedding reception은 그리 복잡하지만은 않다. 신부가 자매인 경우, 주최자는 신부의 어머니 한 사람뿐이므로 리서빙 라인 순서는 신부의 어머니, 언니의 시어머니, 언니와 언니의 신랑이고, 이 순서가 동생 측으로 계속되며 그 뒤는 들러리로 이어진다. 아버지와 신부 들러리는 리서빙 라인에 많은 사람이 있으므로 참가하지 않아도 된다. 어머니 세 명이 함께 리서빙 라인의 선두에 설 수도 있으나 일반적으로는 두 신랑의 어머니가 근처에 동행해서 소개를 받고 간단하게 진행한다. 신부가 자매가 아닌 경우는 리서빙 라인을 두 열로 만든다. 들러리가 많을 때에는 메인테이블을 가까운 곳이나 서로 마주보게 나누는 것이 좋고 부모님은 모두 같은 테이블에 앉는다. 비교적 소규모의 더블웨딩에서 웨딩 파티 일행은 가장자리나 중앙의 같은 테이블에 앉아도 좋은데, 어느 경우에라도 신랑의 베스트맨은 신부의 오른쪽, 신부의 메이드 오브 오너는 신랑의 왼쪽, 그 외의 일행은 남녀 교대로 앉도록 한다. 커플마다 다른 웨딩 케이크를 준비하여 서로 상대의 케이크를 볼 수 있도록 하고 연상의 신부가 먼저 자른다.

리셉션의 전통

리셉션에도 역시 결혼식과 같이 몇 세기에 걸쳐 이어 내려오는 전통이 있으나 일반적인 전통이 대부분이어서 반드시 지켜야 하는 것은 아니다. 그러나 결혼식의 의미를 되새기고 기억에 남는 웨딩을 진행하고 싶다면 이러한 전통들을 이벤트의 요소로 살려내는 것도 좋을 듯하다.

축사

영국의 엘리자베스 여왕시대에는 왕실의 시인이 결혼할 커플에게 존경의 뜻으로 노래와 시를 낭독했는데, 오늘날에는 신랑이나 베스트맨이 참석하지 못한 사람들이 보내온 축사를 읽는다. 축사를 읽은 후 베스트맨이 신부의 부모님에게 그것을 전하면 신랑·신부가 신혼여행에서 돌아올 때까지 보관한다.

또한 축사는 신랑이나 신부의 부모님과 친지가 공무원이나 정계의 지도자일 경우 축사를 요청할 수 있고 대부분의 정부관계자들은 사업 목적이 아닌 일반 시민의 결혼 축사 요청은 허락하여 인사장을 송부해 주기도 한다.

케이크 참

영국에서는 웨딩 케이크 안에 끈이 달린 참을 넣어 두는데, 리셉션에 참가한 여성이 끈을 당기게 한다. 케이크 참cake charm에는 각각의 의미가 있고 반지 모양의 참을 뽑은 사람은 다음에 결혼을 할 사람, 하트 모양을 뽑은 사람은 사랑이 찾아올 사람을 암시하는 등 참을 뽑은 사람은 그것을 부적처럼 간직하는 관습이 있다. 이것은 서양의 리셉션에서 인기 있는 게임의 하나이다. 리본의 끝에 달려 있는 참을 케이크 안에 넣어 리본을 당겨 미래를 점치는 것으로 케이크 커팅 전에 한다. 즐거운 게임으로 신나는 이벤트가 되기도 하나 리본을 너무 세게 당겨 케이크가 넘어지지 않도록 주의해야 한다.

케이크 커팅

웨딩 케이크는 케이크 커팅cake cutting의 예식 행사에 사용된다. 로마 시대에는 케이크 조각을 잘라 그것을 신랑·신부에게 뿌리면 아이가 생긴다는 설이 있었다. 그 후 프랑스에서는 작게 자른 케이크를 모아 설탕과 물을 사용해 굳혔고, 이것이 전통적인 과자의 유래가 되었다. 정식 리셉션에서 케이크는 디저트 직전에 잘라 아이스크림과 같이 나누고, 캐주얼한 뷔페 스타일 리셉션의 케이크 커팅은 커플이 퇴장하기 전에 이루어진다. 경우에 따라서는 케이크를 높게 실물로 만들지 않고 아랫단에는 모형의 케이크를 두고 맨 위의 단에만 실물로 해서 직접 커팅에 사용되기도 한다. 리본장식이 붙은 케이크 나이프로 신부가 처음 두 조각을 자르는데, 이것은 부인이 주로 요리를 한다는 뜻이다. 신랑은 처음 조각을 한 입 정도 부인에게 먹여 주는데, 이것은 남편이 한 집안의 경제적 책임자라는 뜻이다. 이제부터 새로

리셉션 테이블

•• **케이크 참의 의미**

- **닻(anchor)** : 안정된 생활을 뜻한다.
- **네잎클로버(4 leaf clover)** : 곧 다가올 행복을 뜻한다.
- **머니백(money bag)** : 그녀에게 행복이 찾아온다는 뜻이다.
- **위시본(wish bone)** : 꿈이 이루어진다는 뜻이다.
- **반지(wedding ring)** : 다음 신부는 당신이라는 뜻이다.
- **하트에 화살 모양(heart with arrow)** : 사랑이 이루어진다는 뜻이다.

신랑 케이크

운 생활을 함께한다는 의미로 서로의 입에 한 입씩 먹여주기도 한다. 케이크의 가장 윗단은 냉동해서 첫 결혼기념일에 먹는 경우도 있고 장식용 케이크 톱cake top, 인형과 같은 소품도 함께 보관해 둔다.

신랑의 케이크

예전 신랑의 케이크groom's cake라고 하면 프루트케이크로 리셉션에서 잘라 참석자가 돌아갈 때 집으로 가지고 갔다. 특별한 상자나 자루에 보관했는데, 이것에 관한 유래는 미혼의 여성이 새신랑에게 케이크를 받아 당일 밤 베개 밑에 넣어두면 그 여성이 결혼하는 꿈을 꾼다고 한다. 오늘날 신랑의 케이크는 신랑의 취미를 나타내기 위해 리셉션에서 준비하거나 혹은 리허설 디너용 케이크로 준비하기도 한다. 풋볼, 하이킹, 차 모양의 재미있는 케이크도 있고 커플이 처음 만난 장소나 허니문 장소를 묘사한 것도 있다.

댄스

서양 리셉션의 경우 대부분 음악을 준비하는데, 녹음된 것을 들어주거나 실제로 연주를 하는 경우까지 다양하다. 댄스dance는 서양 웨딩에서 가장 중요한 리셉션의 일부이다. 수백 년 전 유럽에서는 리셉션에서 야외극이나 촌극이 인기가 있었는데, 최근 들어 댄스로 바뀌게 되었다. 리셉션에서 착석 스타일의 식사인 경우는 보통 식사 정리가 끝나고 나서 시작되는데, 그다지 포멀하지 않은 리셉션에서는 커플의 희망에 따라 언제든지 시작할 수 있다. 신랑·신부가 두 사람에게 특별한 음악을 댄스곡으로 선정해서 처음으로 춤을 함께 춘다. 두 사람이 춤을 추고 있는 동안 참석자는 원을 만들어 그들을 에워싸고 칭찬을 하며 축하해준다.

다음은 신부의 아버지가 자신의 딸과 함께 춤을 추다가 도중에 시아버지와 교대를 한다. 신부와 신부의 아버지가 함께 추는 춤을 '라스트 댄스last dance'라고 하는데, 마지막 작별을 의미한다. 신랑은 처음 자신의 어머니와 춤을 추게 되는데, 이때도 서로에게 추억이 있는 곡

댄스

을 선정해야 한다. 다음에는 장모와 함께 춤을 춘다. 이 두 번째의 댄스에서는 신랑의 들러리가 신부의 시아버지와 교대한다. 서양에서는 이 스페셜 댄스가 중요한 의미를 지니고 있다. 웨딩 파티 일행은 혼돈이 일어나지 않도록 순서를 파악하고 있어야 하며 또한 댄스에 맞는 음악을 연주하는 것도 중요한 일이다. 경우에 따라 두 번째 댄스에서 신부와 신부의 아버지만 춤을 추는데, 모두가 동의하면 시아버지와 교대하도록 하며 그 후 신랑과 신랑의 어머니가 춤을 출 수 있도록 곡이 바뀌게 된다. 리셉션을 할 때 각 신랑 들러리usher는 신부와 신부 들러리bridemaid 전원과 춤을 춘다. 때로는 참석자들도 자연스럽게 춤을 출 수 있고 몇몇의 남성은 신부와 춤을 추어도 무방하다. 댄스는 축하의 중요한 부분이므로 가족의 민족적인 배경을 나타내는 데도 또 다른 의미가 있다. 폴카 등의 전통적인 댄스나 라인댄스, 스텝댄스도 파트너가 없는 참석자에게 즐거움을 줄 수 있다.

선물

과자 등 참석자에게 주는 선물favor을 말한다. 신랑·신부는 추억을 남기기 위해 참석자에게 기억에 남을 만한 선물을 주는데, 이것은 커플의 이니셜이 새겨진 초콜릿이나 와인, 드라제, 천연비누, 좌석 번호가 붙은 작은 사진액자, 커플의 이름과 예식날짜가 새겨진 작은 도자기

선물

벨 등과 같이 커플과 관계된 물건으로 선택한다. 지중해 주변 나라의 문화에는 '드라제'라고 하는 사탕이 있는데, 인생의 달콤함과 쓴맛을 상징이다. 속에 든 알맹이인 아몬드 맛은 조금 쓰고 겉은 달콤한 사탕으로 싸여져 있다. 5개의 아몬드five sugared almond는 상징하는 의미도 남다른데, 건강healthy, 부유함wealth, 행복happiness, 충성fidelity, 번창flourish, 번영prosperity의 뜻이 담겨 있다.

드라제를 담은 상자를 예쁘게 리본으로 포장해서 참석자가 돌아갈 때 나누어 주기도 하며 출구 부근의 테이블 위에 다른 선물과 함께 놓아두어 가지고 갈 수 있게 한다. 또 신랑·신부가 그곳에 서서 감사 인사를 하며 전달하는 것도 가능하다.

부케토스

오늘날 예식이 끝날 때 신부 들러리와 미혼 여성을 모두 모아 신부가 등을 돌려 어깨너머로 부케를 던지는 것을 부케토스tossing the bouquet라고 한다. 이 전통은 1800년대 초기 미국에서 신부가 신부 들러리 한 사람 한 사람에게 작은 부케를 던진 것이 계기가 되었는데, 그중 하나에 반지가 숨어 있어서 그것을 받은 신부 들러리가 신부 다음으로 결혼을 한다는 유래가 생겼다.

가터토스

몇몇의 민족 사회에서는 신부가 무릎 바로 위에 장식용의 빨간 가터를 착용하는데, 부케토스의 직전이나 직후에 신랑이 신부의 다리에서 가터를 벗겨 부케토스와 같은 요령으로 미혼의 남성에게 던져 준다. 가터를 받은 남성은 부케토스를 받은 여성의 다리에 그 가터를 신기고 즉석에서 이들이 스페셜 댄스를 보여 주기도 한다. 가터토스 던지기는 500년 전 영국의 스타킹 던지기 의식에서 유래되었는데, 혼례객이 혼례 관계자의 대기실까지 침입해 여성이 신랑의 양말을 벗기고 남성이 신부의 스타킹을 벗겼다. 순서

가터토스

대로 양말, 스타킹을 던져 그것을 신랑·신부의 코에 걸게 되는 사람이 그 다음으로 결혼한다는 속설도 있었다. 14세기경에는 신부의 스타킹을 갖기 위해 다수의 참석자가 재단까지 모여들 정도로 귀중품으로 취급되었고 신부는 신변의 안전과 존엄을 지키기 위해 스타킹을 벗어서 군중에게 던졌다고 한다.

웨딩카

서양에서는 웨딩카를 소란스런 파티에서 벗어
난다는 의미로 일명 '도주용 차'라고 하여 '우리
방금 결혼했어요Just Married'의 사인과 함께 차에
빈 깡통, 낡은 구두를 달아 요란하게 소리를 내
곤 한다. 신혼여행 중에 신혼부부가 악령으로
부터 공격을 받기 쉽다고 생각하고 빈 깡통과
소음이 악령을 쫓아버린다는 전언이 있어 차에
깡통을 달게 되었다. 낡은 구두는 신부의 세대
주가 아버지에게서 남편으로 이동한다는 뜻으
로 특히 식민지 시대의 미국에서는 한때 구두가 혼수품의 하나였고 신랑은 부인에게 권력
을 나타내기 위하여 구두를 침대에 박아서 고정시켜 놓았다고 한다.

그리고 커플이 교회에서 예식을 끝내고 떠날 때 꽃이나 쌀 세례를 받지 않았다면 리셉션
이 끝나 신혼여행을 떠날 때 받아도 좋다. 일부 영국에서는 전통놀이라고 하여 훈제청어를
자동차의 머플러에 묶어 과하게 축하하는 경우가 있는데, 머플러가 뜨거워지면서 나는 청
어의 지독한 냄새가 악령을 쫓는다는 말이 있다. 우리나라의 웨딩카는 작은 풍선과 꽃, 리
본, 천, 깡통을 달아 최대한 멋지고 요란하게 장식하기도 한다.

재혼의 리셉션

오늘날 재혼 수의 증가로 인해 이전처럼 제약이 많지는 않다. 특히 신랑이 초혼인 경우와
신부가 첫 웨딩에서 성대한 리셉션을 하지 못했을 경우는 웨딩 파티 일행을 포함한 리서빙
라인, 식사, 댄스 등의 실질적 모든 리셉션의 내용을 포함한다. 그러나 커플이 조용하게 치
르기를 원한다면 가까운 가족들만 모여 레스토랑이나 집에서 디너로 해도 좋다. 각자의 취
향에 맞추어 재혼에 대한 특별한 감동을 얻을 수 있다면 충분히 의미가 있는 예식이 될 수
있을 것이다.

리셉션의 주요 사항

재미와 즐거움

웨딩 리셉션은 신랑·신부를 위해 축하와 즐거움을 함께 만끽하는 시간이다. 계절, 장소, 리셉션 형식, 커플의 라이프스타일에 따라 스포츠 등 야외활동을 포함시켜도 별 문제가 되지는 않는다. 영국에서는 실제로 웨딩에서 수렵대회를 개최하는 관습을 계승하여 진정으로 즐기는 파티 문화를 이어가고 있다.

방명록

방명록guest book은 행사에 누가 참석했는지 기록을 남기는 물건으로 매우 중요하다. 방명록은 식장의 입구에 두어 참석자에게 서명을 하도록 신부 들러리, 가족, 친구가 옆에서 부탁을 한다.

웨딩 선물

서양에서는 집으로 보내준 선물wedding gift을 리셉션장에 가지고 와 진열하는 경우도 있다. 그러나 대부분은 새 보금자리로 초대를 한 후 선물을 보여 준다. 참석자가 현금으로 리셉션에서 웨딩 선물을 대신한다면 신부에게 건네기 위해 처음 인사를 끝내고 다시 리서빙 라인에 줄을 서서 선물을 전한다. 신부는 현금을 받으면 특별히 준비한 실크 봉투에 넣는다. 그러나 선물은 보통 예식 전까지 신부의 집에 보내든지 예식 후 커플의 집으로 보내면 된다.

웨딩 선물

사랑의 키스

참석자가 글라스를 두드려서 커플이 모두의 앞에서 사랑의 키스kiss of love를 하도록 유도한다. 또한 참석자가 사랑이 들어간 노래를 부르면 커플이 사람들 앞에서 키스하는 경우도 있다.

머니 댄스

몇몇 민족은 참석자가 신부와 춤을 출 때 돈을 내지 않으면 안 되는데, 이것은 머니 댄스money dance라고 하는 관습으로 신부에게 '현금' 선물을 주는 하나의 방법이다. 다른 민족에게는 머니 트리money tree라고 하여 지폐를 나뭇잎처럼 매달아서 현금을 선물하는 경우도 있다.

그 밖의 엔터테이닝

리허설 디너

전통적으로 신랑의 부모가 주최하는 리허설 디너rehearsal dinner는 옛날부터 유래가 있는데, 커플을 공격하려는 악령을 물리치기 위해 시작되었다. 이런 악령을 물리치는 데는 소음이 가장 효과적이라고 여겨 웨딩 전날의 리허설 파티는 떠들썩했고 글라스와 식기, 플레이트를 산산조각 낸 다음 종료했다.

오늘날의 리허설 디너는 예전에 비해 떠들썩하지 않고 다음날 예식을 위해 웨딩 관계자들이 쉴 수 있도록 보통은 빨리 끝낸다. 신랑의 부모님이 비용을 지불하는 이유는 당일의 웨딩 리셉션 주최자인 신부 가족에게 감사의 마음을 담는 것이다. 리허설 후에는 디너가 시작되는데, 야외에서의 바비큐, 레스토랑에서의 디너, 호텔에서의 격식을 갖춘 정찬 등 가족이 희망하는 대로 자유롭게 선택할 수 있다. 참가자 리스트는 자유롭게 준비하는데 웨딩 파티 일행과 가까운 친구만 참가할지 혹은 신랑 가족을 모두 포함할 것인지는 유연하게 결정하며, 단 리허설 디너가 실전의 리셉션보다 과장되지 않도록 주의해야 한다. 참가자는 보통 웨딩 파티의 일행, 양가 가족, 멀리 떨어져 살아서 미리 도착해 있는 친척이 포함되고 각각의 부인이나 남편, 약혼자도 초대된다. 예식을 관장하고 결혼식을 법적으로 인정해 주는 성직자가 일가친척이거나 멀리서 온 경우는 리허설 디너에 초대를 받는다. 참가자 리스트는 최종적으로 신랑의 부모님이 결정한다.

좌석은 테이블을 T자형이나 U자형, 장방형이나 정방형으로 설치하며 리셉션과 동일하게 신부는 신랑의 오른쪽에 앉고 양측에는 신랑·신부의 들러리가 앉으며 신랑의 부모님은 주최자로서 주빈의 자리에 앉도록 한다. 디너가 시작되기 전에는 칵테일을 만들어 신랑의 아버지가 처음 건배를 제의하고 그 뒤로 신부 아버지가 하도록 한다.

이동 웨딩

1980년경부터 미국에서는 많은 사람들이 자신이 태어나고 자란 지역을 떠나 다른 지역으로 이동하는 경향이 있었는데, 웨딩은 가족이나 친구들이 한꺼번에 만나는 자리이고 거리가 멀면 이동하는 것도 쉽지 않기 때문에 주말 웨딩을 선호하게 되었다. 주말 웨딩에는 거리가 멀어 1박 예정으로 오는 참석자가 전일이나 예식 당일의 비는 시간에 피크닉, 골프, 야구 등을 관전한다. 여성은 스파를 즐기거나 신부는 들러리와 함께 런치를 하여 예식을 위한 이동에 그치지 않고 여행과 즐거움을 만끽하는 것을 말한다. 이 때문에 많은 사람들이 웨딩 이외에도 모처럼 재미있게 즐길 수 있는 장소를 우선시한다. 혹은 또 다른 의미로 이동 웨딩destination wedding은 '휴양지 결혼식'이라

이동 웨딩

하여 신랑·신부와 절친한 이들만 참석해서 진행되는 미국의 문화이다. 휴양지 결혼식은 결혼식 + 신혼여행 + 축하객들의 휴가라는 일석삼조의 의미를 갖기도 한다.

결혼 전 리셉션

웨딩 리셉션 참석 인원을 가족과 가까운 친구만으로 제한하는 경우에 신부의 부모는 리셉션에 초대되지 못한 사람들을 위하여 결혼 전에 파티before reception를 여는 경우가 있다. 장소는 자유롭게 결정할 수 있고 리셉션의 형태는 티 파티나 칵테일파티, 착석 디너 등 어떤 종류를 선택해도 관계는 없다. 리셉션의 주된 목적은 커플에게 축하를 표하는 것과 참석자에게 가족이나 친구를 소개하는 것이기도 하기 때문에 신부, 약혼자, 신부의 부모님이 참가하며 신랑의 부모님이 근처에 살고 있으면 참석자가 도착할 때 함께 인사하는 역할을 맡기도 한다.

결혼 후 리셉션

웨딩 리셉션 후 신부의 어머니와 멀리서 찾아온 참석자와 다시 만나 축하를 나누며 선물을 보여 주기 위해 집으로 초대하는 것인데, 리셉션에서 디너가 없었을 경우에는 식사를 대접하지만 리셉션의 반복이 되지 않도록 간단한 대접을 하도록 한다.

신랑·신부를 축하하는 파티

신부의 본가와 떨어진 장소에 신랑 부모님이 살고 있는 경우 그분들이 주최하는 파티가 자주 열린다. 멀어서 친족이나 친구를 많이 웨딩 리셉션에 초대하지 못할 경우 그들에게 신부를 소개하기 위함이다. 이 파티의 초대장은 웨딩 리셉션 초대장을 대신하나 커플을 위한 선물은 준비하지 않아도 된다. 파티의 형태는 웨딩 리셉션보다는 작고 파티의 장식도 귀엽고 부드러운 이미지로 흰색이나 파스텔 분위기로 하며 웨딩에서 신부를 연상하는 장식적인 표현은 하지 않는다. 신부는 첫선을 보이기 위해 드레스를 입을 수는 있으나 대부분 예식 때 입을 드레스는 공개하지 않는 편이다.

웨딩 리셉션 테이블 세팅

리셉션에서 웨딩의 품격과 화려한 이미지는 테이블 세팅의 깊이에 따라 달라질 수 있다. 이것은 테이블의 코디네이트 아이템과도 밀접한 관계가 있다. 대부분의 호텔이나 전용 웨딩홀에서는 식장에서 일반적인 의자에 패브릭으로 커버를 해서 세팅하는데, 리넨을 대여하는 대여업체에 따라 느낌도 달라질 수 있다. 업자는 여러 종류의 컬러, 디자인, 소재가 다른 테이블클로스, 냅킨, 의자 커버를 준비하고 있다. 웨딩 플래너웨딩 프로듀서는 테이블에 여러 장의 테이블클로스로 겹쳐 멋스러움을 표현하거나 의자 커버 위에도 콘셉트와 어울리는 리본을 달아 좀 더 우아하게 표현하는 방법 등을 연구해야 한다. 그 외 테이블웨어, 커틀러리, 글라스, 센터피스, 피겨 등의 모든 테이블 코디네이트 아이템에도 세심한 주의를 기울여 특별한 웨딩 리셉션이 될 수 있도록 노력해야 할 것이다.

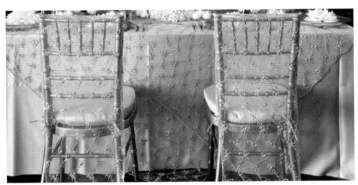

▶ 웨딩 패브릭

Wedding Table Image

CHAPTER 12 웨딩 테이블 이미지

웨딩 테이블 이미지는 분위기에 따라 콘셉트를 정해 디자인을 살려 조화로운 구성을 만들어 내는 것이다. 대표적인 이미지로는 클래식, 엘레강스, 로맨틱, 캐주얼, 내추럴, 모던 등으로 구분된다.

Wedding Table Image

웨딩 테이블 이미지

포멀 웨딩 테이블 이미지

웨딩 테이블에서 포멀 이미지formal image를 나타낼 때는 좀 더 격조가 있고 품격이 있는 테이블 코디네이트를 표현해 주어야 한다. 포멀 이미지는 정식 또는 공식적인 정찬의 테이블로서 호텔이나 레스토랑의 프랑스 풀코스 요리 세팅이나 웨딩 리셉션 테이블에서 자주 볼 수 있다.

리넨은 흰색 다마스크지, 오건디, 실크 등의 화이트 계열 컬러로 고급스럽게 표현하고 냅킨도 같은 소재로 선택한다. 테이블웨어는 골드라인이나 실버라인이 있는 자기로 많은 장식이 들어가지 않은 매끈하고 고급스러운 느낌이 나는 플레이트를 선택한다.

글라스는 크리스털 제품으로 맑고 투명한 것으로 풀 세팅한다. 커틀러리는 실버 느낌의 고급스러운 것으로 한다. 피겨먼트는 크리스털, 도자기 등의 재질로 소금, 후추통을 세팅하고 캔들 스탠드candle stand, 촛대는 실버의 고급스러움이 있고 초를 여러 개3~5개 정도 꽂을 수 있는 것으로 세팅한다.

센터피스는 격조가 있으며 우아하고 품격이 있는 이미지의 플라워로 공간을 장식한다. 흰색이나 핑크색의 색조를 그린과 함께 어두운 톤의 컬러로 배색하여 우아하고 고급스럽게 표현한다. 백색 장미, 델피니움, 백합, 리시안서스 등의 웨딩 플라워를 이용한다.

흰색, 검은색, 회색의 무채색을 기본으로 연한 핑크나 아이보리, 그린의 컬러를 배합하여 차분하고 숭고한 느낌이 나도록 기품이 있는 이미지로 표현한다. 베이스는 고급스런 느낌의 자기나 품격과 격식을 갖춘 느낌이 나는 것이면 좋다. 심플한 디자인의 글라스 화기나 적당히 무게감과 안정감이 있는 것으로 선택한다.

엘레강스 웨딩 테이블 이미지

웨딩 테이블에서의 엘레강스 이미지는 우아하고 세련된 느낌을 표현하며 여성적 아름다움을 나타낼 수 있는 최상의 이미지이다. 주로 웨딩 리셉션 테이블에서 많이 볼 수 있으며 우아한 색조의 그러데이션을 중요시한다.

리넨은 흰색의 실크나 광택이 있고 섬세한 자수나 레이스가 있는 것으로 하여 여성의 성숙미를 더욱 돋보이게 표현한다. 테이블웨어는 고급스러운 느낌의 흰색 자기나 실버라인이 들어간 플레이트를 주로 사용한다. 접시의 테두리에 복잡하지 않은 정교한 장식이 있는 우아하고 세련된 것으로 선택한다.

글라스는 맑고 투명하며 부드러운 느낌을 주는 것으로 한다. 커틀러리는 실버 느낌의 고급스런 소재를 사용하며 무늬는 곡선 느낌의 우아한 것으로 한다.

▶
포멀 웨딩 테이블

▶
엘레강스 웨딩 테이블

피겨먼트는 여성의 섬세하고 우아한 분위기가 있는 것으로 자기 인형이나 실버의 냅킨홀더, 또는 꽃의 모티프가 있는 것도 잘 어울린다. 센터피스의 플라워는 우아한 이미지가 있는 장미나 칼라calla 등 곡선의 느낌이 살아 있는 것을 사용한다. 스마일락스나 아스파라거스의 소재를 함께 섞어 고귀한 이미지를 표현한다.

컬러는 자색 계열로 적자색을 중심으로 그레이시 톤grayish tone을 위주로 흰색, 파스텔컬러의 핑크를 사용한다.

베이스는 고급스런 자기, 실버의 화기, 장식적인 느낌이 흐르는 곡선의 이미지가 살아 있는 것으로 한다. 또한 적정한 중량감과 장식이 잘 살아 있는 디자인의 화기를 선택하고 줄기stem가 가늘고 높이가 좀 있는 것을 선택해도 좋다.

클래식 웨딩 테이블 이미지

클래식은 전통적이고 고전적이며 본질적인 이미지로 웨딩 테이블을 안정감이 있게 세팅해야 한다. 인테리어나 플라워 등 모든 이미지는 중량감이 살아 있고 격식 있게 표현하며 웨딩 리셉션은 최상급으로 표현해야 한다. 나이가 있는 커플의 결혼식 스타일링 이미지로 선택하면 깊이감이 있고 점잖은 느낌을 준다.

리넨에서 테이블클로스는 깊은 느낌을 잘 살릴 수 있는 딥톤deep tone의 컬러를 가진 중량감이 살아 있는 벨벳이나 두꺼운 자카드 등의 패브릭을 사용하여 테이블에 안정감을 주도록 한다. 테이블웨어는 고급스런 자기나 금색의 문양이 있는 화려한 것으로 선택하되 가볍지 않은 느낌을 주어야 한다. 중량감, 안정감, 전통적인 느낌의 클래식 이미지를 잘 살리도록 한다.

글라스는 정교한 장식이 들어간 크리스털을 사용하며 고급스런 감각과 깊이감이 있어야 한다. 커틀러리는 금색이나 실버의 광택이 살아 있는 고급스러운 것을 사용하며 장식적인 전통 문양이 들어간 것이 좋다.

피겨민트 중 캔들 스탠드는 클래식 테이블에서 고급스럽고 웅장한 이미지를 잘 부각시켜 줄 수 있고 캔들의 우아한 빛이 돋보이게 해준다. 또한 골드 컬러의 태슬 장식도 화려하고 격조 높은 이미지를 잘 표현할 수 있다.

센터피스 중 클래식 이미지의 꽃은 깊이감이 있는 색상으로 배열하는 것이 고급스러움과 클래식한 스타일을 잘 전달해준다. 디자인은 좌우대칭으로 안정감을 주고 진한 초록색을 풍부하게 표현하여 자연풍의 인상을 가지도록 한다. 열매나 과일을 센터피스에 이용하는 것도 효과적이다.

와인 컬러, 차색茶色, 약간 흑색을 띤 적색으로 보라와 붉은색을 섞은 듯한 컬러를 주어 안정감과 깊이감을 주도록 한다. 고품격의 이미지로 골드 컬러의 고급스러움과 아름답고 gorgeous, 화려하며 우아한 느낌을 주는 컬러 선택이 필요하다.

베이스는 중량감, 안정감, 고급감이 있는 화기를 선택한다. 장식이 있는 전통 문양과 고전적인 느낌이 있는 것으로 클래식의 품격을 잘 보여 주도록 한다. 전통 자기나 유리베이스, 앤티크antique적인 느낌이 살아 있는 화기를 선택한다.

▶
클래식 웨딩 테이블

로맨틱 웨딩 테이블 이미지

웨딩 테이블에서의 로맨틱 이미지는 사랑스럽고 어린 소녀의 달콤한 이미지를 잘 살려 주도록 하는데, 나이가 어린 커플들의 웨딩이나 약혼식engagement, 혹은 예비 신부를 위한 축하 파티bridal shower party 등에서 활용할 수 있다.

리넨은 달콤하고 사랑스러운 느낌이 살아 있는 디자인이나 소재가 좋으며 부드러운 시폰, 레이스, 리본 등으로 표현한다. 냅킨을 세팅할 때도 부드러운 베이비 핑크 컬러의 리본을 묶어 주면 로맨틱 이미지를 잘 살려 낼 수 있다.

테이블웨어는 아름답고 깨끗한 느낌을 주는 흰색 자기를 주로 사용한다. 무거운 장식성이 없는 심플한 이미지나 소녀다운 느낌을 주는 청아한 자기로 선택한다. 부드러운 곡선의 표현이 살아 있는 것이나 꽃무늬가 잘 살아 있는 느낌의 본차이나도 좋다.

글라스는 깨끗하고 투명감이 살아 있는 것으로 선택한다. 부드러운 장식이 있는 것도 세팅하면 로맨틱한 테이블을 잘 살려준다. 글라스에 코르사주corsage나 리본을 달아 주는 것도 효과적이다. 실버의 커틀러리나 손잡이가 단아한 모양의 디자인이 좋겠고 아기자기한 느낌을 잘 살려 줄 수 있으면 좋다.

로맨틱 이미지의 피겨figure는 귀여운 디자인의 냅킨 홀더나 네임 스탠드, 캔들 스탠드에서 잘 찾아볼 수 있다. 격식이 있는 것이 아닌 가볍고 귀여운 이미지를 주면 효과적이다.

센터피스는 스위트한 감각의 배열이 필요하다. 봄의 이미지가 연상되는 소프트한 컬러의 꽃을 사용한다. 베이비 핑크, 베이비 옐로, 베이비 블루 등 온화하고 섬세하며 달콤한 파스텔톤의 연한 색을 중심으

▶
로맨틱 웨딩 테이블

로 한 꽃으로 사랑스럽게 표현한다.

컬러는 맑고 연한 핑크를 중심으로 하고 흰색에 청색을 입혀 소프트한 배색을 나타내도록 한다. 베이비 민트 컬러나 베이비 블루의 한색을 입혀서 상쾌하고 기분 좋은 느낌의 이미지가 묻어나오면 좋고 핑크색, 흰색, 물색을 연상하면 된다.

베이스는 프릴의 장식성이 있는 것으로 리본이나 천사 느낌의 장식이 있는 귀여운 모양의 화기를 선택한다. 흰색의 철재 바스켓도 로맨틱한 표현에 효과적이며 유리나 자기 베이스를 이용할 때에는 꽃잎이나 소재를 늘어뜨리거나 감아주면 사랑스럽고 아름답게 표현될 수 있다.

캐주얼 웨딩 테이블 이미지

캐주얼한 이미지의 표현은 웨딩에서 리허설 웨딩rehearsal wedding이나 결혼 전 리셉션before reception에서 연출해 볼 수 있다. 밝고 선명하며 즐거운 이미지로 표현한다.

자유롭고 캐주얼한 이미지가 있는 컬러풀한 원색의 테이블클로스를 선택하도록 한다. 냅킨의 색상을 달리해서 재미있게 표현하는 것도 좋으며 가벼운 질감의 소재와 경쾌한 모티프를 선택하도록 한다.

테이블웨어는 자유로운 발상이 있는 식기를 선택할 수 있다. 플라스틱, 자기, 스테인리스 등의 실용적이고 형식에 얽매이지 않는 식기를 사용할 수 있다. 풀 세트로 식기를 세팅하지 않아도 무방하다.

글라스는 플라스틱에서부터 유리 재질까지 모두 가능하다. 단, 디자인이나 형태를 선택할 때 경쾌하고 역동적인 느낌을 주는 것이 중요하다. 다양한 모양의 커틀러리를 사용할 수 있다. 플라스틱이나 손잡이의 컬러가 선명한 것으로 선택한다.

자유로운 느낌을 더욱 잘 살려 줄 수 있는 피겨의 선택이 중요하다. 컬러의 생동감이나 다양한 소품의 선택은 캐주얼한 이미지를 더욱 극대화시킬 수 있다. 센터피스는 원색적인 플라워

컬러를 살린 캐주얼 웨딩 테이블

의 선택과 배합이 중요하다. 밝고 활기찬 이미지의 꽃인 거베라, 달리아 등 컬러나 모양에서 활동적인 감각을 줄 수 있는 것으로 한다. 혹은 채소나 과일 중에서도 선명한 컬러 배합이 가능한 소재를 택해도 좋다. 자유롭게 발상하여 즐거운 표현을 하도록 한다.

마음을 즐겁게 표현해 줄 수 있는 것으로 일명 '비타민 컬러'라고 하는 황색이나 오렌지 계열의 색이 있다. 이 컬러와는 반대색으로 청색이나 흰색을 조합해내는 세퍼레이션 배색도 효과적이다. 비비드 컬러, 브라이트 톤bright tone을 잘 살려 밝고 기운찬 즐거운 이미지를 연출 한다.

베이스는 푸른 색조의 신선한 감각을 주는 유리 재질, 줄무늬, 체크무늬가 있는 독특한 unique 화기의 선택이 최적이다. 반드시 화기가 아니더라도 주방에서 흔히 보는 주방용품을 화기로 이용해 만들면 재미있고 자유분방한 이미지의 캐주얼한 표현이 될 수 있다.

모던 웨딩 테이블 이미지

웨딩 테이블에서의 모던의 이미지는 '현대적인', '최신의'라는 의미를 담고 있다. 즉, 시대가 변하면 모던의 느낌도 변하는데, 그 시대 트렌드에 맞는 멋을 살려 내는 것이 가장 중요한 모던의 포인트가 될 것이다. 지금은 각각의 이미지가 2개씩 믹스된 내추럴 모던, 클래식 모던, 엘레강스 모던 등이 일반적이다. 젊은 감각의 도시적인 이미지를 좋아하는 커플을 위해 종전의 이미지와 모던을 혼합시켜 웨딩 테이블 이미지를 살려내면 세련된 아름다움을 연출할 수 있다.

흰색이나 검은색 등의 도회적이고 쿨cool한 느낌의 테이블클로스를 사용한다. 심플하고 단정한 느낌이 나는 소재의 선택이 중요하다. 테이블웨어는 인공적인 감각이 묻어나는 재질의 식기를 사용하거나 무채색을 이용한 식기를 선택해야 한다. 블랙과 화이트의 대비는 모던에서 멋스런 표현이 되기도 하는데, 심플하면서도 도회적이며 샤프한 디자인의 식기를 사용한다.

모던 웨딩 테이블

샤프한 디자인의 글라스를 사용하는 것이 좋다. 손잡이stem가 블랙 컬러로 되어 있으면 더욱 모던 이미지를 극대화시킬 수 있다. 유리 소재가 아니어도 스틸이나 알루미늄 등 인공적인 느낌의 재질도 좋다.

세련되고 샤프한 디자인의 커틀러리를 세팅한다. 스테인리스나 아크릴 소재도 좋으며 흰색이나 블랙 컬러의 색상이 있는 커틀러리도 사용한다. 최신식의 인공적이며 진보적·직선적인 감각이 배어나는 모던의 이미지를 표출하는 냅킨 홀더나 캔들 스탠드 등을 사용한다.

센터피스는 샤프한 이미지를 주는 라인 플라워를 사용하며 칼라, 앤슈리엄Anthurium andraeanum, 스틸글라스 등이 대표적이다. 모던 이미지의 센터피스를 디자인할 때는 꽃의 종류를 적게 하고 개성과 특징을 살린 직선 구성으로 디자인 배열을 하는 것이 센터피스 구성 포인트가 된다.

컬러는 흰색, 검은색, 회색의 무채색이 기본이다. 포인트를 위해 레드 컬러나 황색의 옐로를 더하면 역동적인 느낌을 준다. 톤의 차이에서 대비 효과를 낼 때는 메탈릭 컬러를 더해주면 효과적이다.

베이스는 스틸, 알루미늄, 스테인리스, 유리 같은 소재의 화기와 인공적인 소재가 잘 어울린다. 직선적인 라인에 심플한 형태의 독특한 디자인을 지닌 화기가 필요하다.

내추럴 웨딩 테이블 이미지

웨딩 테이블에서의 내추럴 이미지는 자연을 느끼고 편안한 공간의 이미지를 표현할 때 효과적이다. 여름철 해변가에서 하는 나이트웨딩night wedding은 드라마틱하면서도 편안하고 안정적인 내추럴 이미지를 표현하기에 최적이다.

리넨은 면, 마 소재의 천연섬유를 사용하여 상쾌하고 시원한 느낌을 주고 자연 속에 있는 기분을 느끼게 한다. 대나무 소재나 커다란 잎으로 배열하여 테이블클로스를 대신할 수 있으며 좀 더 자연스런 이미지를 표현할 때는 테이블클로스 대신 식탁의 나뭇결을 그대로 보이게 하여 소박하고 따뜻한 느낌을 표현한다. 나뭇가지나 난잎을 엮어서 매트mat로 사용하면 효과적이다.

테이블웨어는 가벼운 질감의 자연 소재 식기를 사용하도록 한다. 나무로 된 식기나 대나무 소재의 질감이 중요시되는 식기가 최상이며 내추럴한 컬러의 그린이나 베이지색의 식기도 좋다.

인공적인 모던 이미지와는 반대로 자연의 느낌을 담은 글라스를 사용한다. 투명한 유리 소재의 글라스는 나뭇잎으로 두르고 라피아 끈으로 묶어주면 내추럴한 이미지를 잘 나타내준다. 자연 그대로의

내추럴 웨딩 테이블

나뭇가지를 꺾어 커틀러리로 사용할 수 있고 평온하고 온화한 이미지를 주기 위해 손잡이가 나무wood 느낌이면 더욱 좋다.

피겨먼트는 자연의 편안함이 배어나는 소재나 디자인의 소품을 이용하도록 한다. 대나무를 그대로 잘라 캔들 스탠드로 이용하면 자연 소재를 중심으로 한 코디네이트에 효과적이다.

센터피스는 자연의 들꽃 같은 이미지를 주는 플라워로 코스모스, 마거리트가 최상이다. 이끼나 나무 소재를 이용해서 볼륨을 주어 정원이나 야산의 느낌을 표현한다면 자연을 그대로 느껴볼 수 있다. 바질, 민트, 허브로 장식해도 풀이나 나무의 자연 모티프를 감각적으로 느낄 수 있다.

베이지, 아이보리, 황록색 계열의 3가지 컬러가 중심이 된다. 황색, 오렌지색, 황록색의 밝은 톤을 배색하여 봄의 느낌을 표현하고 차색茶色과 풍성한 초록색을 입히면 가을의 내추럴함이 표현된다. 베이스는 나무, 대나무, 바스켓, 테라코타의 화기나 베이지, 아이보리색을 이용하여 자연의 풍성한 이미지를 돋보이게 한다.

Directing the Table of the House Wedding

CHAPTER 13 하우스웨딩 테이블 연출

특별한 주제를 가지고 감각적으로 표현하는 하우스웨딩은 형식에 따라 우아하고 세련된 느낌을 표현하고 좀 더 격조 있고 품격 있는 플라워 연출을 하는데, 주최자의 요구에 맞게 명확한 디자인 콘셉트를 살려 특별한 날 최상의 이미지를 부각시키는 것이 좋다.

Directing the Table of the House Wedding

CHAPTER 13 하우스웨딩 테이블 연출

하우스웨딩

하우스웨딩house wedding을 말 그대로 풀이하면 가족과 함께 집에서 하는 결혼식을 의미한다. 그러나 현실적으로 우리나라에는 서양과 같이 넓은 정원을 갖고 있지 않으므로 몇몇의 집을 제외한다면 본인의 집에서 결혼식을 치르는 것은 상상할 수도 없을 것이다. 그러나 반드시 초대를 해야 하는 가족같이 친한 사람들을 선별하여 결혼식에 초대해 특별하고 차별화된 자신만의 결혼식을 올리려는 젊은이들이 늘어나면서 하우스웨딩은 이제 우리나라의 트렌드가 되고 있다. 하우스웨딩은 틀에 박힌 결혼식에 식상하여 변화와 개성을 추구하는 젊은 세대를 중심으로 파티와 웨딩을 혼합한 현대적 개념의 차별화된 웨딩문화를 일컬으며, 특별한 파티 웨딩 공간을 디자인하고 음식, 연출, 테마의 시각적·촉각적 즐거움이라는 요소와 재미와 색다른 요소를 추가해 웨딩문화의 새로운 커뮤니케이션 공간으로 연출·조정해 가는 창의적 활동이라고 할 수 있다.

다시 말해서 하우스웨딩은 반드시 자신의 집에서만 하는 것은 아니며 실제로 정원이 딸린 예쁜 집을 별도로 빌리거나 혹은 레스토랑이나 가든, 그 외의 특별한 장소에서 자신만의 특별한 결혼식을 올리는 것을 말한다. 그러므로 하우스웨딩을 기획하게 된다면 초대된 사람들의 연령과 성별을 잘 파악하고 집안의 구조 등을 꼼꼼히 따져 본 후 웨딩 리셉션 플래닝에 따른 기본 요소에 의해 콘셉트를 결정하도록 한다. 특히 주의해야 할 점이 있다면 기본적인 메뉴의 선정과 함께 기획 단계에서 참석자의 연령과 성별, 그리고 당일의 리셉션

하우스웨딩

콘셉트와 어울릴 수 있는 장식들이 함께해야 한다는 것이다. 특히 전문 웨딩 플래너라면 여러 가지 종류의 소품들을 이용해 적당히 화려하게 꾸민 후 흔한 풍선장식 등을 앞세워 '서프라이징surprising'이라고 앞다투어 말하는 경솔함을 범해서는 안 된다. 신랑·신부가 원하는 방향을 철저하게 파악해서 진정한 호스피털리티hospitality의 마음으로 감동을 줄 수 있는 리셉션을 기획하는 것이 연출자인 웨딩 플래너의 코디네이터 업무를 성실히 수행하는 것이다.

하우스웨딩 리셉션 기술

리셉션의 테마

리셉션을 기획할 때 기획 단계에서 먼저 사람들이 동일한 축하의 목적으로 모이게 되므로 테마가 세밀하게 기획되어야 한다. 집에서 하는 홈 리셉션의 경우라면 초대하는 호스트의 입장에서는 새로운 커플의 탄생을 위한 축하와 행복과 기쁨을 나누자는 의미가 가득 담겨 있으며 초대받은 게스트의 입장에서는 그런 호스트의 행복과 기쁨을 몇 배 이상 축하해 주려는 마음가짐이 함께 할 것이다.

웨딩 리셉션 장식

리셉션에서의 주체와 개체

기본적으로 리셉션에서의 주체는 사람이 되어야 한다는 것에는 변함이 없다. 사람이 모이지 않는 결혼식은 몹시 초라해 보일 수도 있을 것이다. 따라서 웨딩 플래너는 소수의 사람이라도 초대하여 그들에게 감동적인 시간을 보낼 수 있도록 하기 위해 웨딩 리셉션의 기술을 적절히 이용해야 한다.

하우스웨딩 연출법

먼저 집의 위치나 분위기, 인테리어 스타일 등 그 집에 들어섰을 때 느껴지는 작은 감성 하나하나를 세심하게 짚어 가도록 한다. 집에 있는 작은 정원에서 차분히 가라앉은 느낌을 받았다면 조금은 활동적인 스타일의 웰컴 데코welcome deco를 고려해 본다. 하우스웨딩인 홈 리셉션home reception의 경우에는 그날의 행사가 기존 웨딩홀에서 열리는 것이 아니기 때문에 반드시 집house이 초대된 사람들의 관심거리 1호가 된다는 점은 지극히 당연한 논리이다. 웨딩 플래너라면 그런 당연한 논리를 이용해 작은 감동을 주는 드라마를 시작하여야 한다.

그로우스 존(growth zone) 젊음과 행동적 이미지, 정열, 캐주얼, 스포티, 다이나믹, 아방가르드	**버딩 존(budding zone)** 새롭고 맑은 이미지, 희망, 순수, 로맨틱, 엘레강스, 프리티, 내추럴, 클리어
리펀 존(ripen zone) 아름답고 원숙한 이미지, 건장함, 고저스, 에스닉, 와일드	**위더링 존(withering zone)** 모든 것의 완성, 쓸쓸한 이미지, 클래식, 모던, 노멀, 다크

컬러 이미지 존

컬러가 갖고 있는 이미지

컬러	이미지
빨간색	역동적·자극적 이미지, 자기 확신과 자신감의 상징
노란색	밝고 따뜻한 이미지, 소박하지만 따뜻한 행복의 느낌
파란색	마음을 차분하게 하고 새로운 도전과 자유의 느낌
보라색	신비감을 주는 이미지, 부드러우며 로맨틱한 느낌
초록색	새롭게 시작하는 생명력을 상징, 편안하고 안정된 느낌
핑크	부드러우며 감각적인 여성스러움, 낭만적이며 달콤한 느낌
베이지	내추럴한 느낌, 부드러움과 편안한 이미지
하얀색	깨끗하고 순수한 이미지, 평화와 희망의 긍정적 이미지
검은색	절제된 느낌, 보수적이면서 세련된 느낌

컬러 선택

리셉션 장소에 들어서면서 가장 먼저 느끼는 시각적 요소는 단연 컬러이다. 어떤 컬러를 사용해야 원하는 웨딩 콘셉트의 이미지를 최대한 부각시킬 수 있는지 또는 각각의 컬러가 갖고 있는 다양한 이미지와 성격을 이용해서 상상 이상의 긍정적인 리셉션 파티를 기획할 수 있다.

기본적인 리셉션 테이블 데커레이션

테이블클로스 덮기

테이블클로스table cloth는 청결한 것으로 재질은 리넨linen이나 면 다마스크로 깐 것이 압도적으로 주류를 이룬다. 그 외 부드러운 느낌의 비치는 오건디 등이 인기가 있는 편이다. 테이블클로스 속에 언더 클로스를 깔면 중압감이 있고 테이블에 상처도 생기지 않는다.

플레이트 놓기

정식으로 세팅하지 않는 경우 플레이스 플레이트place plate가 있는데, 그 위에 직접 요리를 올려놓지 않지만 테이블의 콘셉트와 어울리도록 하기 위해 올려놓는다. 접시는 기본적인 테이블웨어인 플레이스 플레이트, 디너 플레이트 순으로 세팅한다.

커틀러리 놓기

프랑스식 코스 요리에서는 요리가 바뀔 때마다 그 요리에 적합한 커틀러리가 일일이 세팅되는 일이 대부분이다. 커틀러리 등의 은제품은 예로부터 집안에서 대대로 전해지는 것도 있지만 실용적인 스테인리스 제품의 수요도 급상승하고 있다.

요즈음은 심플한 형태가 많고 새로운 커틀러리를 준비하는 경우 나이프, 포크, 스푼대·소 등 4개가 한 조가 되어 있는 세트를 구매하는 경향이 많다.

글라스 놓기

점심은 워터 글라스만 놓는데, 글라스도 심플한 것이 압도적으로 많으며 3~4가지 종류의 글라스를 테이블에 모두 한꺼번에 놓는 일은 적은 편이다. 디너도 리셉션 형식의 무게에 따라 워터 글라스와 와인글라스, 샴페인 글라스로 세팅한다. 최근에는 고블릿의 수요가 많고 와인글라스도 심플한 것을 선호하는 편이다.

냅킨 놓기

냅킨은 플레이트의 왼쪽이나 플레이트 중앙에 놓는 것이 일반적이다. 단, 전체적으로 조화가 잘 이루어져야 하고 최근에는 테이블클로스와 다른 색이나 무늬를 맞추는 것도 유행하고 있으며 페이퍼 냅킨도 많이 보급되었다. 패브릭fabric은 무릎에 가지런히 깔고 페이퍼paper 냅킨은 입을 닦는 용도로 해서 더블로 세팅을 하면 한껏 멋을 낼 수 있다.

최근에는 냅킨의 접는 방법도 심플해지고 오건디의 느낌이 나는 패브릭 냅킨이 종이 냅킨과 함께 다양하게 세팅되기도 한다.

▶
리셉션 테이블 연출

플라워·캔들 등의 센터피스 놓기

예전부터 내려오는 좌우 대칭보다 자연스런 꽃 감각이 바탕이 되면서 테이블 중앙의 소품
도 변하고 있다. 꽃으로만 장식된 화려함보다 이끼를 첨가하고 도자기제와 잎으로 만든 모
형을 비대칭으로 조화롭게 데커레이션을 한다. 최근에는 화분 모양의 작은 난을 식탁에 놓
는 등 꽃을 소박하게 사용하는 것이 특색이다.

메뉴 카드·네임 카드 스탠드 만들기

메뉴 카드는 커틀러리의 왼쪽 옆이나 위에 놓고 네임 카드는 글라스 앞에 치우치지 않도록
조화롭게 놓는다. 손님들을 초대했을 때 수작업을 한 메뉴 카드를 내놓는 가정이 최근 늘
고 있다. 수작업으로 만든 부드럽고 감각 있는 작은 메뉴 카드는 특색이 있다.

하우스웨딩의 홈 리셉션 핵심 키워드

이미지

집에서 열리는 웨딩 리셉션은 설렘, 출발, 희망, 발전 등의 축하와 관련한 콘셉트가 있어야
한다. 미래를 향해 새 출발을 하는 신랑·신부의 좋은 기운을 센스 있게 표현한다.

컬러

행운과 기쁨을 의미하는 밝은 컬러를 선택한다. 계절 이미지도 적절히 살려 준다.

데코

집 안의 구석구석을 돋보이게 하는 배려가 필요하고 많은 돈을 들이지 않고도 다양한 소품들을 이용해서 꾸미는 요령도 필요하다. 홈 리셉션에서 가장 중요하고 잊지 말아야 할 것은 '지금부터 새롭게 시작하는 우리들을 지켜봐 주세요', '함께 기뻐해 주세요'라는 의미이다.

홈 리셉션 테이블 데커레이션 실전

하우스웨딩 리셉션의 경우 음식이나 식기를 선택할 때 자유스러운 뷔페가 아닌 1인분씩 세팅하는 착석 디너의 경우라면 조금은 신중해질 필요가 있다. 인원이 많은 경우는 주방을 담당할 케이터러caterer의 선택에도 신중해야 하며 또한 집이 갖고 있는 인테리어 스타일을 잘 감안해 리셉션 스타일을 결정해야 하기 때문이다. 예를 들어, 많은 사람들이 함께하는 자리이기에 자유스러운 이동보다는 한 자리에 그대로 앉아서 리셉션을 즐기는 포멀 디너 formal dinner를 원한다면 서양식의 지나친 풀코스 요리를 피하고 4가지만으로 된 코스 요리를 선택하며 당일 준비된 디너에 앞서 조그만 테이블을 별도로 놓아 바게트 빵과 브리치즈, 와인 등을 미리 준비해 놓고 약간의 허기를 줄이는 데 도움이 되도록 한다.

집안에 문 입구 쪽에 웨딩 리셉션의 콘셉트에 맞는 다양한 종류의 웰컴 보드welcome board, flower & attachment를 준비한다. 홈 리셉션에서의 웰컴 데코welcome deco는 그 집의 활기찬 희망과 미래를 위해 순백색의 칼라와 난의 일종인 베어글라스를 사용하여 쭉쭉 뻗어 나가는 느낌을 강조한 웰컴 플라워welcome flower를 장식한다. 베이스 중간 중간에 앞으로 살아가며 도움이 되는 신랑·신부를 위한 좋은 덕담을 글로 써서 장식해 둔다. 또 문 앞에 리스를 만들어 달고 아래 부분을 길게 리본으로 묶어 내린 후 리본 테이프 부분에 래터링 같은 것으로 '결혼식에 오신 것을 환영합니다.'라고 써넣는다.

메인 세팅 테이블 외의 다른 공간에 음료 및 디저트 전용 테이블을 따로 만들어 둔다. 테이블클로스는 조금은 화려해 보이는 속이 비치는 소재 등을 사용하고 커다란 유리 접시는 여러 가지 통 과일과 그린의 소재들을 이용해 두른 후 가운데는 수박 반쪽을 썰어 속을 파낸 다음 각종 과일을 작게 썰어 담아 수박껍질을 용기로 이용하기도 한다.

웰컴 보드

리셉션 테이블의 메인 세팅 스타일은 희망과 기쁨의 메시지가 담긴 우아하면서도 반듯한 느낌의 이미지를 주도록 하는데, 테마 컬러는 미래의 설렘과 밝고 따뜻한 희망을 주는 포인트 컬러인 노란색yellow color과 반듯하고 모던한 기운이 들 수 있게 블랙 앤 화이트black & white를 적절히 배열한다.

데커레이션의 포인트가 되는 센터피스는 미래에 대한 기대감과 따뜻한 희망을 담은 컬러인 노란색 계열의 프리지아, 장미, 나리꽃 등의 플라워를 사용하고 형태는 조금씩 타고 올라가는 느낌을 주는 타피어리 형태로 한다. 타고 오르는 이미지는 녹색의 아이비 등을 이용한다. 검은색 러너에 시각적으로 눈에 띄는 노란색 계열의 센터피스를 놓는다면 리셉션 테이블에 강한 생명력을 불어넣을 수 있다.

테이블클로스의 경우에는 노란색 톤으로 하며 대신 검은색 러너를 사용하여 절제된 느낌을 준다. 냅킨 컬러 소재는 테이블클로스와 같은 재질로 사용하되 색상은 검은색 혹은 노란색 등 한 가지로만 결정한다. 냅킨의 스타일링 형태는 검은색일 경우 노란색 리본이나 끈으로 묶어 주거나 흰색 접시 중앙에 정사각형으로 접어 가지런히 놓아준다. 노란색일 경우는 같은 색상 계열의 리본이나 노란색의 폼 플라워 한 송이를 살짝 꽂아 주어도 포인트가 된다.

맑고 투명한 화이트 톤의 자기를 사용하여 축하의 기운을 그대로 나타내 보인다. 흰색 플레이트 아래 검은색 자리접시를 놓아주어 테이블에 변화감을 준다.

커틀러리는 손잡이가 검은색인 단정한 디자인 제품을 놓는다. 리셉션 장식을 고려할 때 눈에 띄는 비싸고 좋은 것도 중요하지만 콘셉트에 맞고 연결감이 있는 아이템을 1가지씩 맞추어 가는 일도 리셉션 테이블이 주는 또 하나의 즐거움이 된다. 아이템을 하나씩 조화롭게 맞추어 놓았을 때 완성된 연출력에 대해 여러 사람들이 다양한 화젯거리를 만들어내고 동시에 새롭게 시작하는 신랑·신부에 대한 축복의 의미를 다시 한번 생각해 보는 기회가 된다.

글라스는 와인글라스를 세팅하는데, 손잡이 부분만 검은색인 것으로 세팅하거나 전체적으로 검은색인 글라스를 놓아주면 자연스레 색상의 연결이 돋보인다.

캔들은 검은색 캔들 스탠드를 놓은 후 긴 초를 꽂으면 세팅을 완벽하게 연결할 수 있으나 무리가 되면 작은 유리로 된 캔들 베이스candle vase에 작은 초를 두어 러너의 빈 공간 사이에 배치한다.

네임 카드name card는 큰돈을 들이지 않고도 리셉션에 참석한 사람들의 개개인을 배려하는 가장 좋은 아이템이 될 수 있는데, 홈 리셉션의 경우 거의 초대된 사람들이 대부분 축하의 의미로 빈손이 아닌 축하선물을 가지고 올 것이다. 그것에 대한 보답으로 기념선물memorial present을 준비한다. 유리 글라스에 테라리엄 종류의 식물을 심어 네임 카드로도 사용하고 또 나중에 돌아갈 때 기념선물로 이용하면 일석이조의 효과를 낼 수 있다.

또 다른 네임 카드 세팅 테크닉이 있다. 네임 카드를 한 곳에 일렬로 세워 놓거나 명함처

▶
홈 리셉션(테이블 데커레이션) 연출

럼 만들어 납작한 트레이tray 같은 곳에 차례로 늘어놓고 남은 빈 공간을 계절에 맞게 장미 꽃잎이나 혹은 솔잎, 솔방울, 낙엽 등을 가득 채우고 본인이 직접 이름이 적혀 있는 네임 카드를 찾게 해서 직접 자신의 자리 앞에 세팅하게 하는 것도 오늘 열리는 리셉션에 함께 동참한다는 참여의식을 불어넣을 수 있게 한다.

웨딩 리셉션 핵심요소

리셉션의 콘셉트·테마·타이틀concept, theme, title을 결정짓는 핵심 요소에 대한 생각을 해야 하는데, 즉 계절, 시간, 컬러, 모임 성격, 메뉴, 계절이 주는 이벤트명절, 절기 등에 따라 리셉션 콘셉트reception concept, 테이블 스타일table style과 메뉴 스타일menu style을 결정한다. 또한 홈 리셉션에서 기본적으로 있어야 할 장식과 기술의 경우 웨딩 플래너는 자신만의 노하우가 반드시 있어야 한다.

테이블클로스
패브릭을 구하는 방법, 필요한 원단, 공임, 사이즈size, 컬러 감각이 요구된다.

메뉴 플래닝
요리기술, 음식의 가짓수 제한, 음식을 들기 직전 손님을 위한 테크닉으로 따뜻한 음식은 따뜻하게, 찬 음식은 차게 내놓을 수 있도록 온장고, 냉장고를 적절히 이용하며, 음식 세팅의 노하우가 필요하다.

테이블웨어 컬렉션
그릇의 세팅 방법, 싸게 살 수 있는 곳, 컬러 선정, 가격 결정, 보관 요령 등이 있어야 한다.

센터피스
주제에 맞는 컬러 선택, 계절에 맞는 꽃 시장 보기, 물품 리스트 확보, 실용성, 어프로치approach 기

파티 케이터러

법, 웰컴 플라워welcome flower의 visual accent의 장식에 악센트를 준다.

호스피털리티 이벤트

첫째, 음악은 재즈, 클래식, 팝페라, 사랑이나 여행에 관한 다양한 콘셉트를 선정해 선택한다.

둘째, 조명은 최고의 무드를 가져다주는 촛불을 사용하거나 또는 기존 조명을 이용한 다양한 활용법을 숙지한다.

셋째, 리셉션 회장 입구에서부터의 플라워 어레인지먼트flower arrangement 혹은 그 밖의 많은 양의 장미 꽃잎rose petal, 초, 과일장식 등의 다양한 데커레이션을 한다.

넷째, 애피타이저는 같이 먹으면 맛이 좋은 식전주나 계절에 맞는 특별한 음식 재료로 선택한다.

다섯째, 명화 감상, 톨 페인팅, 십자수, 테디베어, 패치워크 등 신랑·신부의 취미나 특기가 담겨 있는 간이 쇼룸을 두거나 리셉션 테이블 이미지에 표현해도 좋다.

다섯째, 어린이와 함께 오는 손님을 배려하여 방 하나를 놀이방으로 변신시킨다.

엔터테이닝 소재

댄스타임, 연주, 신랑·신부의 어린 시절을 담은 비디오 상영, 축하 시 낭독, 가면 파티, 매직쇼, 칵테일 댄스 등을 할 수 있다.

웨딩 플로리스트

아름다운 꽃을 제외하고는 웨딩을 생각할 수 없다. 예산의 많고 적음을 떠나 신랑·신부는 당연히 웨딩에서 꽃을 사용하기를 원한다. 플라워를 위한 첫째 단계는 플로리스트를 만나는 것이며, 플라워는 콘셉트에 맞는 스타일을 만드는 데에도 상당한 시간이 걸린다. 따라서 웨딩플래너에게 파트너십은 중요하며, 이 모든 상황을 신랑·신부가 좋아하는 감각 있는 스타일, 감동적인 스타일로 조절해 줄 수 있는 감각적인 웨딩 플로리스트wedding florist를 찾아야 한다.

플로리스트 찾기

플로리스트는 웨딩에 관련된 공급업체에서 가장 중요한 것 중 하나이다. 웨딩 플래너라면 갖고 있는 아이디어를 상의하기 위해 적어도 3번은 방문해야 한다. 최고의 비결은 예산을 허비하지 않고 꿈을 현실화시켜 줄 유능한 플로리스트를 찾는 것이다. 잡지를 통해서 웨딩 개최지와 가까운 지역의 플로리스트를 찾는 방법과 개최지에서 친구, 또는 다른 공급업체에서 추천해 주는 사람을 선택한다.

예약할 때 좋아하는 꽃의 목록을 만들고 가능한 한 토요일은 피하도록 하며 날짜와 개최지, 선호하는 것에 대한 아이디어 등 웨딩에 관련된 모든 사항을 알아야 한다. 예산이 어느 부분에 쓰이기를 원하는지에 대한 생각이 중요한데, 대부분 컨설턴트 입장에서 볼 때 웨딩에 들어가는 예산 중에서 5~10%가 평균치로, 욕심을 부리는 정도에 따라 약간의 차이가 날 수 있다.

신부가 좋아하는 꽃의 종류를 메모한 후 플로리스트를 만나는 것이 보통이다. 플로리스트가 모든 꽃 종류를 알려주는 것은 아니기 때문에 잘 알고 있고 좋아하는 품종의 꽃 사진을 플로리스트에게 보여 주는 것도 좋은 방법이다. 좋은 플로리스트는 남아 있는 예산 안에서 웨딩에 어울리는, 신부가 혹은 웨딩 플래너가 좋아하는 디자인을 가지고 온다. 만약 플로리스트가 계속 예산을 초과하여 사용한다거나 플래너가 처음부터 원했던 아이디어를 바꾸기를 원한다면 의뢰 여부에 대해 다시 고민해 봐야 한다. 한편으로는 만약 플로리스트가 웨딩 플래너의 생각을 자꾸 바꾸려고 해도 실망하지 말아야 한다. 왜냐하면 플로리스트는 전문가이기 때문에 창작할 수 있는 여지를 남겨두어야 하기 때문이다.

미국에서 플로리스트는 웨딩 1년 전에 예약해야 하고 예약할 당시에 계약금을 지불해야 한다. 웨딩 플래너의 첫 번째 선택은 3개월 전에 해야 하고, 마지막 모든 선택은 웨딩 3주 전에는 마쳐야 한다.

예산에 따른 스타일

많은 예산을 들여서 화려한 꽃을 창조하는 것은 쉽다. 그러나 신부가 예산이 많지 않아 많은 돈을 쓸 수 없다면 웨딩 플래너는 원하는 스타일을 고수하기 힘들다. 차라리 예산에 대

다양한 리셉션 장식

해 플로리스트에게 정직하게 얘기하고 시작하는 것이 품질을 낮추지 않고 가격을 낮추는 방법일 수 있다. 명백하게 가장 쉬운 방법은 희귀한 꽃과 특별 장식물, 시간이 걸리는 테이블 장식들을 사용할 돈을 저축하는 것이고 또 그 계절에 나는 꽃을 사용하는 것이다. 제철에 나지 않아 온실에서 자란 꽃이나 수입된 꽃들은 일반적으로 그 계절에 나오는 꽃보다 훨씬 비싸다. 정말로 좋아하지만 준비하기 어려운 비싼 꽃이라면 적게 사용하는데, 좀 더 특별하게 기억될 수 있는 신부의 부케에 사용한다.

일반적이거나 평범한 꽃들도 멋져 보이게 할 수 있다. 그것은 비싸지 않으며 신부 들러리의 부케나 현대적인 느낌의 중앙 테이블 장식에 사용된다. 리셉션을 장식하는 예식 꽃들을 사용하면서 돈을 절약할 수 있는 또 다른 방법이 있다. 메인테이블 위에 꽃을 어떻게 장식할 것인지에 대해 생각한다. 커다란 꽃장식 대신에 부케는 많은 꽃잎을 풍성하게 사용하고 신부 들러리용 부케는 꽃다발 대신 2~3송이 정도의 꽃을 사용하여 부케를 대신할 수도 있다.

꽃은 보이는 것보다도 더 많은 것을 말해준다. 이런 조그마한 꽃들이 아름다운 향기로 예식을 가득 채우면 필요 이상의 효과를 얻을 수 있다. 그러나 좀 더 강렬한 장식을 원한다면, 계곡백합lily of the valley, 히아신스hyacinth, 프렌지패니frangipani, 사과꽃apple blossom, 오렌지꽃orange blossom, 함수초mimosa, 스토크stocks, 재스민jasmine, 스위트피sweet peas, 그리고 아네모네snowdrop와 같은 종류를 선택하고 플로리스트와 함께 상의하도록 한다.

컬러 테마와 트렌드

주된 목적은 신부가 혹은 웨딩 플래너가 좋아하는 컬러의 꽃을 선택하는 것이고 또 다른 요인은 충분히 심사숙고하는 것이다. 또한 리셉션과 예식이 이루어질 개최 예정지를 생각한다. 만약 핑크 계통의 부드러운 꽃들을 사용하고 싶은 생각이 있으나 웨딩이 개최될 곳에 진한 빨간색 패턴의 카펫이 깔렸다면 웨딩 플래너는 컬러 선택을 다시 생각해야만 한다.

또 개최지가 현대적이고 모던하다면 부드러운 색의 시골에서 피는 연약한 꽃을 사용하는 것이 장소와 어울리지 않을 수도 있기 때문이다. 다음은 어울리는 컬러를 숙고해야 한다. 신부의 얼굴색이 적당하다면 아이보리나 흰색 꽃을 선택하는 것이 좋고, 주황색이나 보라색 종류의 컬러는 너무 압도적일 수 있다. 크림색, 핑크나 흰색 꽃은 예쁘게 보인다.

플라워 테이블 디자인

목적에 맞는 가장 간단한 방법은 계절에 맞게 가는 것이다. 봄과 여름은 부드러움, 파스텔 컬러와 흰색 계통을 요구한다. 가을과 겨울의 웨딩은 조금은 어둡고, 좀 더 색채감 있는 것을 선택할 수 있다. 붉은색, 반짝이는 선명한 주황색과 나뭇잎이 믹스된 것과 캔들을 많이 조합하면 감동을 줄 수도 있다. 부케나 테이블 장식을 할 때에 패브릭이나 깃털, 비즈를 이용한 컬러의 조화로움에 대해 플로리스트와 상의한다.

필요한 꽃의 양

플로리스트와 상의하기 전 웨딩에 관련된 모든 장소 어디에 꽃을 장식할지 리스트를 만드는 것이 중요하다. 그리고 난 후 그 장소마다 어울리는 스타일이나 디자인을 결정한다. 교회나 행사장, 연회장, 부케, 신부·신랑 들러리 꽃, 꽃 장식 등 다른 액세서리들을 시각화하고 모든 꽃 재료를 적어보고 아이디어를 나눈다. 교회에서 결혼식을 한다면, 교회에는 플로리스트가 있을 수도 있고 직접 선택할 수도 있다. 교회 앞쪽의 기둥을 사용하는 것과 교회의 긴 의자 끝부분에 꽃을 장식하는 것을 숙고해야 한다. 또 사진을 찍을 수 있는 교회의 입구 부분에 장식도 해야 하고 게스트들이 축하하며 뿌리는 컨페티confetti에는 신선한 꽃잎들을 준비해야 한다.

일반 웨딩이라면 선서하는 곳에 테이블 장식이나 기둥이 있는 것이 보통이다. 웨딩을 마치기 전에 꽃을 행사장에서 연회장으로 옮기는 것이 꽃의 지출을 줄이는 방법이다. 연회장은 참석자들이 많은 시간을 보내는 장소이기 때문에 꽃을 화려하고 돋보이게 해야 한다. 첫인상이 평가되는 문 입구의 양쪽으로 환영의 꽃 기둥을 세우는 것이나 그물로 화관을 만들어 문을 장식하는 것도 비싸지 않으면서도 멋져 보이게 하는 좋은 아이디어이다.

테이블 장식은 지나치게 높지 않아야 한다. 게스트들이 그 위로 담소하거나 높은 화병이 있으면 그 아래에서 해야 한다. 신선한 꽃잎들을 테이블 위에 뿌리면 더 좋다. 어레인지먼트 arrangement를 의자 위에 묶을 수도 있고, 양초가 떠다니는 물 주변에 꽃을 매달 수도 있다. 낱개 꽃으로 냅킨을 묶을 수도 있다. 그러나 배열한 모든 물품에 커버를 전부 해야 하는 것은 아니다.

신부 부케

부케는 웨딩 최대의 액세서리이다. 부케의 선택은 신부가 상상하는 것과 플로리스트의 노련함, 꽃의 가능성에 의해 제한을 받게 된다. 웨딩 스타일과 드레스의 디자인이 완벽한 부케가 어떤 것인지를 잘 표현해 줄 것이고 의상과 꽃의 균형을 맞추는 것이 대단히 중요하기에 신부가 드레스를 선택하기 전까지 꽃을 먼저 선택하면 안 된다. 큰 부케의 경우 예를 들어 단순하거나 직선적일 때 너무 압도적일 수 있고, 우아한 드레스, 긴 가운 형태의 스커트나 전통적인 액세서리에는 작고 연약한 꽃다발이 드라마틱한 분위기를 만들 수 있다. 이것을 완벽하게 하기 위해서 부케를 만들 때 드레스의 형태에 신경써야 하며 항상 사진을 찍거나 스케치해서 플로리스트와 상의해야 한다. 꽃을 머리에 조화롭게 꽂는 것을 생각해야 한다.

웨딩 플래너는 특별히 뜨거운 날씨에서도 부케가 신선하게 보이도록 지켜봐야 한다. 또한 도착하자마자 가능한 손잡이 부분을 짧게 하고, 종이로 감싼 후 마지막 1분까지 태양광선을 피하고 서늘한 곳에 보관한다. 꽃은 자극적인 온도를 좋아하지 않기 때문에 냉장고에 넣지 말아야 한다. 부케는 꽃이 깨지거나 드레스에 자국이 남는 것을 방지하기 위해 항상 몸으로부터 멀리 두어야 하며 신부가 웨딩 후에도 부케를 보관하고 싶다면 플로리스트에게 작게 만들어 달라고 한다. 웨딩 후에 부모님께 집에 가져 가도록 부탁한 후 공기가 통하는 장식장에 몇 주 동안 걸어 말린 후 보존하면 오래 간직할 수 있다.

신부 부케 스타일

포지posy는 작고 간단하며 보통 리본을 사용하여 손으로 묶은 것으로 백합으로 만든 최소한의 꽃다발이다. 라운드round는 고전적 부케로 보통 큰 꽃들, 장미나 작약을 사용하여 느슨하게 한다.

핸드 타이드handed-tied는 철사를 사용하여 가볍게 묶은 꽃다발로 현대적이며 여성적인 드레스에 가장 잘 어울리는 부케이다. 샤워shower는 신부의 손에서부터 철사를 사용하여 폭포와 같이 흘러내리는 꽃 모양을 말한다. 키나 몸집이 작은 신부나 아주 심플한 드레스를 입

신부 부케

은 신부는 누구나 이 스타일을 조심해야 한다. 이것은 가장 전형적이며 형식적인 부케이다.

들러리 꽃과 버튼 홀

신부 들러리maid의 꽃은 신부 부케의 색, 스타일과 연결되어야 한다. 가장 대중적인 선택은 들러리들에게 각자에 맞는 꽃다발을 주는 것이다. 아니면 들러리 각자가 좋아하는 꽃을 들게 하기도 하는데, 컬러는 같아야 한다. 백합과 같은 긴 줄기의 꽃 한 송이를 드는 것이 최근 현대 웨딩의 트렌드이기도 하다. 꽃 뿌리는 어린 소녀인 플라워 걸도 가끔 꽃으로 가득 채운 작은 가방을 들거나 신선한 꽃잎을 바닥에 뿌리는 작은 바구니를 드는 것을 즐거워한다.

만약 들러리들이 아무 것도 들지 않기를 원한다면 머리에 꽃을 예쁜 디자인을 플로리스트와 상의한다. 작은 들러리들은 사랑스러운 코르사주를 입은 테디베어를 들고 축하의 마음을 2배로 전할 수 있다. 버튼 홀buttonholes 또는 부토니아는 항상 검은색 정장에 꽂으면 스마트해 보이는 편이고 모든 웨딩 파티를 결속시킨다. 또한 아버지의 버튼 홀이나 어머니의 재킷이나 핸드백에 핀으로 예쁜 코르사주를 달아 주는 것도 좋은 아이디어이다.

들러리 꽃과 버튼 홀

계절에 어울리는 웨딩 플라워

계절에 맞는 꽃을 선택하는 것이 웨딩 플라워 예산을 낮추는 가장 좋은 방법이다.

봄

아마릴리스amaryllis는 흰색에서 붉은색까지 색이 다양한 큰 꽃으로 웨딩에서 큰 부케나 중앙부의 장식으로 쓰면 아주 완벽하다.

아네모네anemone의 종류는 120가지로 무척 다양하며 주로 밝은색이어서 꽃다발로 적합하다.

봄철 웨딩에 어울리는 수선화daffodil는 밝은 노란색의 봄꽃이며, 작고 밝은색의 향기가 강한 꽃인 프리지아freesia는 웨딩에서 머리장식이나 꽃다발로 쓰면 좋다.

국화과인 거베라gerbera는 크기가 크고 드라마틱한 느낌을 주고 데이지와 같은 꽃으로 색은 주황색, 빨간색, 노란색, 핑크가 있으며, 은방울꽃lily of the valley은 하얗고 종 모양으로 아름답다. 달콤한 향기가 있으며 웨딩에서 작은 꽃다발 만들기에 좋다.

▶
다양한 꽃으로 구성된 부케 이미지

　웨딩에서 가장 대중적으로 사용되고 인기가 있는 꽃인 라눙클루스ranunculus는 다양한 색상이 가능하며, 아름다운 향기를 가진 스테파노티스stephanotis는 전통적이고 대중적인 웨딩 플라워이다.

　섬세한 꽃잎과 달콤한 향기가 있는 스위트 피sweet peas는 고전적인 느낌의 웨딩 플라워이다.

여름

이국적인 느낌과 번들거리고 윤기 나는 꽃인 앤슈리엄anthurium은 줄기는 짧고 잎은 길이가 30~40cm로 긴 잎자루에 달린다.

웨딩에서 버튼홀로 가장 많이 사용하는 전통적인 꽃인 카네이션carnation은 다양한 색상이 가능하며, 안개꽃gypsophila은 구름 같은 연출에 사용되는 작은 흰색이나 핑크색 꽃으로 웨딩에서 주로 묶음으로 사용된다.

백합lily은 100가지 정도의 종류가 있다. 흰색에서 선명한 붉은색에 이르기까지 다양한 색상을 가진 꽃으로 웨딩 리셉션 테이블 장식에 사용하면 좋다.

매그놀리아magnolia는 크고 미묘한 향이 나며 꽃 모양과 색이 아주 다양하다. 웨딩 리셉션 장식에 일반적으로 사용된다.

작약, 모란으로도 불리며 크고 향이 많은 꽃인 피어니peony는 연한 핑크와 흰색으로 아름답고 현대적인 부케를 만들 수 있다.

장미rose는 웨딩에서 부케와 꽃 장식에 사용되는 가장 대중적인 꽃으로 색상과 모양이 가장 다양해서 인기가 많다. 여름 웨딩에서 해바라기sunflower를 선택하면 새롭고 상큼할 수 있다. 비싸지만 크기 때문에 많이 필요하지는 않다.

가을

아가판투스는 자주 군자란agapanthus을 말하는 것으로 두드러진 자주색, 파란색의 큰 종 모양을 하고 있다. 웨딩에서 중앙 장식이나 부케에 색을 돋보이게 하는 데 사용될 수 있다.

과꽃인 애스터aster는 다양한 색상이 있으며 데이지과의 작은 꽃이다. 보통 꽃 가운데 밝은 노랑색의 술이 있다. 모든 부케 종류에 사용하면 다 예쁘다.

클레마티스clematis는 백일몽이라고도 부르며 길게 내려오게 하는 부케로 만들기에 적당하다. 꽃의 종류와 색깔이 다양하다.

데이지daisy는 1년 내내 밝고 생동감이 있어 보여서 젊은 커플의 웨딩에 어울린다. 많은 사람들이 선호하는 꽃으로 인기가 많다.

꽃이라고 정의할 수 없는 호스타hosta는 하트 모양의 잎사귀를 가지고 있으며 부드러운 파란색과 밝은 녹색까지 다양하다.

아주 큰 이국적인 꽃인 패션 플라워passion flower는 웨딩에서 밝은색의 반짝임을 더하고 싶을 때 사용한다. 핑크china pink는 패랭이꽃이라고도 하며 연한 색으로부터 아주 붉은색까지 모양과 색상이 다양하다. 부케로 사용하기에 좋다.

겨울

웅장하게 꽃잎이 벌어진 카멜리아camellia는 남쪽지방에서 난다. 잎은 겨울에도 푸르고 10월 이후 겨울에 꽃이 피어 봄까지 계속된다. 꽃색은 진홍빛이고 오래되어도 시들지 않는다. 남부 도서지방에서는 11월부터 꽃이 핀다. 꽃잎이 겹쳐서 피어 일반적으로 가지와 연결된 꽃으로 버튼 홀에 많이 사용된다.

노란빛이 도는 초록 꽃의 관목인 유포비아euphorbia는 1년 내내 볼 수 있어 행사장 장식에 유용하게 사용하고, 사랑스러운 진한 라일락색의 꽃인 해더heather는 겨울 테이블 장식에 어울린다.

보통 꽃잎이 2개가 있으며 부채 모양의 아이리스iris 꽃은 일반적으로 흰색과 라일락색, 보라색이 있고 중앙 테이블 장식에 어울린다.

누린nerin은 연한 핑크와 진한 핑크가 뿌려진 듯한 나팔 모양 꽃으로 아주 이국적이기 때문에 색다른 중앙 장식을 원할 때 좋으며, 판시pansy는 아주 연한 색부터 밝은색까지 색상이 다양한 작고 납작한 모양의 꽃이다.

연약하고 깨끗해 보이는 꽃인 스노드롭snowdrop은 신부의 부케에 고전적으로 사용되는 흰색 꽃 중의 하나이다. 작은 테이블 장식이나 손으로 묶은 작은 부케로 만들어도 좋다.

튤립tulip은 색이 다양하고 많은 사람들이 좋아하는 꽃으로 현대적인 부케로 사용된다.

리셉션 테이블과 센터피스

리셉션 테이블의 플라워 디자인은 계절감은 물론이고 리셉션 전체의 분위기를 생동감 있고 화려하게 만들어 준다. 리셉션의 테이블 센터피스에서 가장 중요한 점은 음식과 함께 즐기기 위한 것으로 위생적이어야 하며, 플라워 디자인에서의 꽃 소재가 직접적으로 음식에 닿지 않아야 좋다. 또한 향과 색이 강하지 않은 화훼 소재를 사용하며 대화할 때나 식사할 때 방해되지 않는 규모로 앉은 사람의 시선을 가리지 않도록 디자인되어야 한다.

▶
리셉션 테이블 센터피스

　착석디너 형식의 리셉션 경우 꽃 장식을 화려하게 하고, 행사장을 아름답고 즐거운 분위기가 가득 차도록 만든다. 리셉션의 크기와 상관없이 플로리스트는 꽃과 색의 테마를 리셉션의 콘셉트에 따라 맞추어 표현해야 한다. 이렇게 꽃 테마와 색채 구도를 통일시킨다면 전체적인 상황에서 시각적 통일감을 유지하고 기억에 오래 남는 연출을 전개할 수 있다. 또한 리셉션 테이블 센터피스는 어느 방향에서 보아도 균형 잡힌 디자인이어야 한다. 센터피스의 규모는 테이블의 크기, 앉을 사람의 수, 식사의 종류에 따라 영향을 받게 되며 식사에 방해하지 않는 규모이어야 한다.

주빈 테이블 센터피스

테이블에 앉아 식사를 하게 될 때 신랑·신부 주인공을 위하여 따로 만든 테이블을 헤드 테이블이라고 하며 결혼 리셉션 회장에서의 주빈 식탁은 길이가 긴 직사각형으로 하객을 향

하객 테이블

하여 일렬로 앉게 된다. 주빈 식탁의 꽃 장식은 중심에 위치하게 되며 길고 폭이 좁은 형태의 디자인으로 한다. 장식의 높이는 하객이 주빈을 바라볼 수 있도록 얼굴을 가리지 않는 낮은 형태로 중심의 기점에서 양끝으로 갈수록 낮아지는 다이아몬드 형태가 전통적이다. 테이블클로스의 옆면은 갈런드 장식과 작은 꽃이나 코르사주, 혹은 리본 등을 양면테이프나 핀으로 고정시킨다.

하객 테이블 센터피스

리셉션에서 하객을 위한 테이블의 형태는 둥근 원형round의 8~10인용 테이블이나 직사각형 테이블square table이 주를 이룬다. 이러한 식탁에서는 그 형태에 따라 꽃장식의 화형이 되어야 하고 리셉션 전체의 분위기와 주빈의 식탁 분위기와도 조화를 이루어야 한다. 착석디너의 경우 매우 클래식하거나 엘레강스한 분위기 때문에 이미지에 어울리는 꽃 소재와 소품들을 준비해 두면 격조 있는 연출을 할 수 있다.

저녁시간에 진행되는 리셉션은 양초를 효과적으로 이용하고 양초가 메인이 되는 플라워 장식으로 특별한 느낌을 줄 수 있다. 기품이 있고 품위가 느껴지는 색채 계획으로 중채도, 저채도의 자주색을 주조색으로 삼고 골드 장식과 함께 배열하여 클래식한 이미지를 잘 전달할 수 있다. 식사에 방해가 되지 않는 규모로 앉은 사람의 시야를 가리지 않게 앉은 사람의 얼굴보다 낮거나 혹은 머리를 훨씬 넘기는 높이 정도로 장식을 한다. 테이블에 꽃을 놓을 때의 규칙은 30cm 이하이거나 45cm 이상의 센터피스로 정해져 있다. 높이가 있는 철제 스탠드용 화기를 사용하여 매우 특별한 분위기를 연출할 수 있으나 반드시 화기를 안전하게 테이블에 고정시켜야 하는 것을 염두에 두고 초를 함께 디자인하거나 촛대를 장식할 경우는 안전성을 반드시 고려하여 세심하게 준비해야 한다.

웨딩 케이크 꽃 장식

리셉션 장식에서 웨딩 케이크는 크기나 모양에 따라 꽃의 스타일과 양을 결정한다. 일반적으로 케이크는 여러 층으로 쌓아 올려져 있고 꽃 장식은 사방이 둥근 원뿔 모양으로 상단에 장식하는 것이 전통적이었으나 최근에는 케이크 단 사이사이를 꽃으로 장식하여 전체

▶ 웨딩 케이크 꽃 장식

케이크를 통일하고 강조한다. 케이크에 슈거sugar 꽃 장식이 있는지를 살피고 컬러에 맞게 꽃으로 장식한 다음 테이블클로스의 컬러도 케이크에 맞게 세팅한다. 완성된 케이크는 높은 곳에 놓이게 되므로 균형감이 매우 중요하다.

또한 음식을 장식하는 것이므로 재료들은 청결한 것을 사용한다. 장식을 할 때는 길이에 맞게 대를 자르고 알루미늄 포일을 끝에 말아 케이크에 꽂아준다. 케이크의 바닥은 꽃잎과 갈런드로 장식한다. 케이크 나이프와 케이크 서버도 꽃과 리본으로 예쁘게 장식한다.

리셉션 뷔페 테이블

뷔페 테이블에서의 센터피스는 손님이 음식을 덜어 먹을 때 방해되지 않도록 가능한 한 원사이드one side나 작고 아담한 형태인 올사이드all side로 세팅한다. 칼라calla와 같은 꽃으로 느슨하게 대를 둥글게 말아 유리 볼에 넣어 장식하는데, 커다란 유리 볼 위에 하나의 유리 볼을 더 쌓아 높이감을 주도록 한다.

샴페인 테이블

샴페인 테이블champagne table은 간단하게 꽃과 잎으로 장식한다. 축배를 위한 샴페인 글라스는 잔의 손잡이 부분에 코르사주를 만들어 매달아 준다.

그 외 액세서리

리셉션 연출에서 꽃 장식은 테이블 이외에도 냅킨 홀더를 대신하여 꽃으로 장식하고 또한 네임 카드 테이블을 별도로 만들어 테이블의 중앙을 플라워로 장식하며 의자에도 미니데코를 이용한 꽃과 리본을 묶어 장식한다. 또한 하객에게 나누어 주는 선물도 포장할 경우 꽃으로 연출하면 더욱 효과적이다.

리셉션 뷔페 테이블

액세서리

웨딩 플라워

웨딩에서 사용하는 꽃을 다루는 플로리스트는 꽃에 관하여 폭넓은 지식을 가져야 한다. 플로리스트가 꽃, 부케, 테이블 플라워 전문가라면 서양에서의 플라워 디자이너flower designer는 대규모 일을 한다. 예를 들면, 리셉션 회장 전체의 장식이나 개개인의 꽃과 테이블 데커레이션의 꽃 장식 전문가를 말한다. 이들은 모두 꽃의 조달처, 꽃의 보존방법, 계절별 꽃의 선택, 콘셉트에 맞는 디자인, 감각적인 조형 테크닉, 예산 등에 대해 신중하게 고려해야 한다.

개인용 꽃

결혼식과 관련이 있는 사람으로 웨딩 파티 일행이 손에 들거나 몸에 다는 꽃을 퍼스널 플라워라고 말한다.

신부 부케
부케는 신부가 들고 있는 꽃으로 기록에 의하면 BC 4세기 신부는 머리에 꽃과 풀로 장식된 화관을 썼으며, 이는 꽃과 풀의 향기가 모든 악령으로부터 신부를 보호하는 의미가 있

▶
다양한 형태의 신부 부케

었다. 또한 그리스의 신부들은 깨지지 않는 사랑을 약속한다는 의미에서 아이비를 손에 들었으며, 로마의 신부들은 순종의 의미로 풀을 손에 들었다는 기록도 있다. 원래는 결혼을 주재하는 신이 가장 좋아하는 색이 황금색인데, 이것이 행운을 가져다준다고 하여 황금색의 베일을 썼다고 한다. 그러나 오늘날의 부케는 특별한 의미보다 신부의 아름다움을 적극적으로 표현하는 웨딩 소품으로의 역할이 크다고 하겠다. 16세기에는 도시의 신부들이 결혼식장에 실크 리본과 다산의 의미가 있는 마른 벼이삭을 들고 입장했고, 1756년부터는 모든 꽃 장식이 하얀색이 주류가 되어 화이트 웨딩white wedding이 시작되었다. 1880년 빅토리아 여왕 시대를 맞이해서는 여성 패션과 더불어 '빅토리아 로즈'가 유행하기도 했는데, 고전적인 의미로 하얀색의 부케를 들던 예전과 요즘은 다르다. 신랑·신부의 스타일, 취향에 따라 드레스 디자인이 달라지고 갖가지 형태의 부케가 나와서 선택의 폭을 넓혀 주고 있다.

부케 제작 시 고려사항

꽃의 선택

부케는 신부를 위하여 특별히 제작하는 것이므로 신부에 모든 초점을 맞추어 제작되어야 한다. 그 중 가장 중요한 요소가 되는 신부의 체형 중에서 신부의 키, 드레스의 스타일과 종류, 예식장의 유형, 드레스 천의 종류나 재질감, 신부가 선호하는 꽃의 종류 등을 고려해 선택하도록 한다.

색의 선택

신부의 머리카락, 눈, 피부, 메이크업 등의 신체적인 색과 드레스의 색, 드레스에서 풍겨 나오는 이미지 혹은 신부가 좋아하는 컬러도 생각한다.

부케 디자인의 선택

신부의 키를 고려하여 부케와 신부의 키가 조화를 이루도록 하며 드레스에 장식적인 요소가 있다면 그것을 고려하여 부케 모양을 생각하고 또한 결혼식의 유형에 따라서도 부케 디자인이 달라져야 한다. 예를 들어, 신부가 좋아하는 색으로 부케를 선택할 것인지 혹은 흰색으로 모두 통일감을 줄 것인지를 고려하며 신부 들러리가 몸에 착용하고 있는 색을 부케에 접목시킬 것이지 혹은 리본을 묶을 경우 모든 부케에 동일한 컬러의 리본을 사용할 것인지에 대한 것까지도 고려해야 한다.

보존방법

꽃은 오래 보존할 수 있는 것과 그렇지 않은 것도 있으므로 하루 정도는 시들지 않게 잘 관리되어야 하며 이동이 자유롭도록 너무 무겁거나 크게 제작되지 않도록 한다.

부케의 종류

라운드 부케

라운드 부케round bouquet는 원형의 둥근 모양으로 구성하는 부케를 말한다. 꽃의 줄기나 잎을 사용하지 않고 단순히 예쁜 꽃들을 원래의 형태가 훼손되지 않도록 규칙적으로 촘촘히 배열하여 제작되며 부케의 가장 기본적인 형태이다. 주로 꽃이 둥근 매스 플라워 종류인 카네이션, 장미, 달리아를 사용한다.

캐스케이드 부케

캐스케이드 부케cascade bouquet는 근대 100년 동안 가장 많이 제작된 것으로 줄기가 길고 아름다운 꽃들을 모티프로 이용했으며 덩굴 식물을 이용하여 아름다운 선을 강조하면서 아스파라거스, 아이비 등으로 자연적인 공간을 연출하는 디자인이다. 그리고 꽃송이가 큰 식

▶
다양한 부케

물들을 밑으로 향하게 배열하여 마치 폭포에서 물이 떨어지는 듯한 표현을 한다. 부케는 고전적인 스타일이나 다양한 테크닉을 응용하는 장점이 있어 개성을 풍부하게 표현할 수 있다.

크러치 부케

크러치 부케crutch bouquet는 자연스럽게 묶은 꽃다발 형태의 부케로 꽃과 식물의 줄기가 그대로 드러나는 것이 특징이다. 자연 그대로의 모습을 지닌 꽃들로 꽃다발을 만들어 부케로 이용한다.

샤워 부케

샤워 부케shower bouquet는 가느다란 리본이 늘어진 것처럼 가늘면서 많이 늘어지게끔 화려하게 만드는 형태로 요즈음 젊은이들이 선호하는 형태이다.

▶ 샤워 부케

▶ 스노 볼 부케

스노 볼 부케

부케 꽃을 공처럼 동그랗게 구형으로 만든 귀여운 형태를 스노 볼 부케snow ball bouquet라고 말하며 유색의 꽃을 사용할 경우 플라워 볼이라고도 한다.

초승달형 부케

곡선으로 만든 갈런드 2개를 중심 부분에서 서로 합하여 구성하는 초승달형의 부케crescent bouquet를 말하는데, 형태는 가로형과 세로형이 있다.

그린 부케

여러 가지 관엽 식물이나 줄기 식물을 소재로 하여 만든 그린 부케green bouquet는 여름에 산뜻하고 시원한 분위기를 연출하며 아름다움과 다양한 모양과 색을 가진 잎을 이용한다.

드레스 어레인지

플라워 부케는 드레스의 부족한 부분을 보충하는 것으로, 예를 들어 하이넥에 긴 소매의 고전적 드레스에는 장미꽃 부케와 같은 섬세한 꽃이 어울리지만 흐르는 듯 로맨틱한 드레스가 아닌 현대적인 드레스의 경우에는 앤슈리엄anthurium 같은 강한 이미지를 지닌 부케의 연출도 필요할 것이다. 또한 드레스의 원단 재질도 고려하는데, 양단이나 새틴 소재에는 광택이 있는 진한 잎을 곁들인 동백이나 치자나무가 조화된 부케가 어울리고 오건디 같이 하늘하늘한 소재에는 카네이션이나 국화가 잘 어울린다. 색의 선택 역시 흰색에서 조금씩 벗어나서 부케가 드레스를 서포트하면 패션이 완벽해지므로 고려해야 한다.

체형에 어울리는 부케의 선택

키가 작고 통통한 체형의 신부

키가 작고 통통한 신부는 키가 크고 통통한 신부와 마찬가지로 시선을 분산시키는 것이 중요하며 캐스케이드 부케나 혹은 작은 라운드 부케가 잘 어울리는 편이다. 그러나 키가 작으므로 크기에 주의해야 하며 강하고 아담한 스타일로 신부의 이미지를 귀엽게 만들 수 있도록 꽃잎, 나뭇잎은 모두 작은 것을 사용하여 한 가지 파스텔 색조로 하는 것이 좋다.

▶
키가 작고 **통통한** 체형의 신부

키가 작고 마른 체형의 신부

귀여운 것을 강조하고 싶은 신부는 하트형으로 디자인한 부케가 좋다. 너무 크거나 작은 부케는 되도록 삼가고 마른 체형을 커버하며 키가 커 보이는 느낌을 주기 위해 샤워 부케나 라운드형 부케를 선택하도록 한다.

▶
키가 작고 마른 체형의 신부

보통 키에 마른 체형의 신부

키가 크고 마른 체형의 신부

보통 키에 마른 체형의 신부

보통 신부들의 체형으로 화려한 컬러와 소재를 이용한 캐스케이드 부케를 선택하면 좀 더 화사하고 개성 있는 연출을 할 수 있다. 일반적으로 라운드형과 캐스케이드 부케가 잘 어울리는 편에 속한다.

키가 크고 마른 체형의 신부

이런 체형은 어떠한 형태의 부케와도 잘 어울리는데, 단 귀여운 스타일보다는 개성을 살리는 모던 스타일을 선택하면 좋다. 키가 큰 신부는 아래로 늘어지는 스타일을 선택하면 가장 좋은데, 너무 말라서 체형을 보완하고 싶은 신부는 귀여운 라운드형 부케를 드는 것도 좋다. 그러나 키가 큰 신부에게는 화려한 색과 소재를 이용한 캐스케이드 부케가 최선이다.

얼굴이 커 보이는 신부

얼굴이 커 보인다고 생각하는 사람은 크고 화려한 부케를 권하는데, 꽃이 크면 상대적으로 얼굴이 작아 보이는 효과가 있기 때문에 신부의 얼굴이 작아 보인다. 이때 플라워는 큰 양란이나 카사블랑카를 소재로 한 것이 좋다.

키가 크고 통통한 체형의 신부

몸이 많이 통통하다면 부케를 세로로 늘어뜨려서 시선을 분산시키는 것이 좋다. 개성 있는 소재를 통해서 몸에 쏠리는 시선을 부케로 유도할 수 있기 때문이다. 일단 화려한 색상을 사용하며 꽃송이가 큰 꽃을 가운데 두고 다양한 원색으로 감싸는 것도 좋은 방법이 될 수 있다. 전체적으로 커 보이기 때문에 부케에 장식이 많이 들어가지 않으면 좋고 비트 장식이나 반짝거리는 액세서리를 너무 많이 사용하면 큰 체형이 더 커 보일 수 있으므로 주의한다. 화려한 컬러와 소재의 캐스케이드 부케가 잘 어울린다.

신부 들러리 부케

신부 들러리bride maid의 부케는 신부의 드레스와 부케를 고려한 후 통일감을 주도록 한다. 신부 들러리의 드레스가 모두 같은 색일 경우는 부케의 색도 통일하도록 한다. 또한 메이드 오브 오너신부 들러리의 리더의 부케색이 다를 경우는 반드시 신부나 들러리의 콘셉트 스타일에 어울리는 것을 선택하도록 한다. 또한 웨딩 파티 일행 중에 꽃 알레르기가 있는 사람이 있

▶
신부 들러리 부케

는지 반드시 확인하여 신부 들러리가 버진 로드를 걸을 때 재채기나 눈물이 나오지 않도록 주의하여야 한다.

그외 하객 부케

어머니

생모, 계모, 시어머니, 양어머니, 할머니 등이 해당되며 코르사주는 통일감이 있는 콘셉트를 유지하여야 한다. 신부 부케의 백장미에 치자나무 꽃의 코르사주를 붙이는 것도 좋다.

남성

계절, 형식, 결혼식의 규모에 관계없이 친족 중에서 중요한 남성은 모두 부토니아를 다는 것이 적절하다. 그러나 부토니아에 관한 일정한 규칙은 없다. 로즈 웨딩에서 부토니아는 남성 전원이 한 송이의 장미를 달도록 한다. 신랑의 부토니아는 다른 남성의 부토니아와 달라야 한다. 예를 들어, 신랑은 신부의 부케에 사용되는 꽃을 달아 연결감을 주도록 하고 들러리와 같은 것을 달아서는 안 된다. 부토니아를 버튼 홀이라고도 부른다.

아이들

중요한 것은 아이들을 매력적으로 보이게 하면서 사이즈 문제에 대해 생각하는 것이다. 바구니에 꽃잎을 넣어 뿌리거나 혹은 플라워 리스나 리본을 사용하여 허리에 차는 향기주머니도 좋다. 플라워 걸의 경우는 대부분 공 모양의 스노 볼 부케를 들고 가거나 꽃잎을 뿌린

▶
부토니아

▶
플라워 걸 부케

다. 웨딩 파티 일행 중에 어린 남자 아이나 소년이 있는 경우는 신랑 들러리가 달고 있는 부토니아와 동일한 것으로 크기가 조금 작은 것을 달도록 해준다.

장식용의 꽃

일반적으로 식장의 꽃 데커레이션은 건물의 규모와 스타일, 결혼식의 형식, 커플의 취향, 비용과 회장의 규칙에 따라 정해질 수 있다.

예식

예식에서의 꽃의 어레인지는 화려한 것에서 심플한 것까지 커플이 원하는 대로 정한다. 보통 꽃은 좌우 대칭으로 장식하게 되는데, 캔들을 사용하는 경우는 불을 붙인다. 플라워 컬러는 예식의 경우 주로 흰색을 선호하는데, 이는 컬러 이미지가 주는 신선함과 순결함 때문일 것이다. 꽃 장식은 단상의 앞쪽과 버진 로드의 길 양쪽에 각각 배치하고 각각의 의자에도 장식을 한다. 크고 대담한 종류의 꽃을 사용한 어레인지가 심플하고 작은 꽃을 이용한 꽃장식보다 효과적이다.

캔들 라이트의 예식은 매우 효과적인데, 늦은 오후나 밤의 예식은 더욱 환상적으로 연출할 수 있다. 촛대에는 아이비나 담쟁이 넝쿨을 감고 의자의 가장자리는 흰색의 새틴보우를 사용하도록 한다. 특히 캔들을 초록색의 식물과 함께 사용할 경우에는 꽃의 양을 조금 줄여주면 좋다.

가든

가든 웨딩을 할 경우에는 바구니를 이용하여 정원의 꽃과 조화가 되는 것으로 색채를 정해 연출하고 때로는 정원에서 꽃을 직접 꺾어 연출하는 것도 흥미롭다.

가든이라는 훌륭한 인테리어를 포함하고 있기에 꽃의 어레인지는 정해진 규칙이 아니어도 꽃 장식이 웨딩 전체의 테마와 조화되는 것이라면 멋진 예식이 될 수 있다.

▶ 가든 웨딩의 꽃 장식

리셉션

리셉션의 꽃 장식은 값비싼 꽃으로 사람들의 이목을 집중시키는 것보다 독창적이고 창조적인 것으로 참석자를 놀라게 하고 감동시키려는 점이 중요하다. 리셉션 꽃의 데커레이션은 리셉션의 형식, 회장의 규모, 커플의 취향이나 예산에 따라 다양하다. 신부의 테이블이나 뷔페 테이블에는 꽃을 곁들인 캔들이 사용된다. 리셉션의 장소가 어디든지 간에 꽃색은 중요하며 변화가 풍부하다. 꽃이 모두 흰색일 필요는 없으며 여러 가지 색이 섞이거나 핑크, 노란색, 계절의 색이나 신부 들러리의 드레스 색과 융화되어 웨딩의 테마 컬러가 만들어지기도 한다.

웨딩카 장식

웨딩카는 실제 도로상에서 운행을 해야 하므로 장식적인 면도 중요하지만 고정 작업이 무엇보다 중요하다. 실리콘으로 제작된 핀으로 오아시스를 고정하고 오아시스 위에 꽃을 꽂아주는 것이 일반적이다.

웨딩카를 장식할 때 고려해야 할 사항으로는 자동차의 스타일과 꽃 장식이 잘 맞아야 한다. 웨딩카는 움직여야 하므로 장식을 목적으로 하는 자동차와 고장난 자동차는 피하도록 한다. 특별한 날이므로 가급적 고급 승용차를 준비하도록 하고 결혼식 테마에 따라 클래식한 자동차나 오픈카를 준비하도록 한다. 장식으로는 갈런드를 이용하여 자동차의 앞부분과 뒷부분을 연결할 수 있고 하트 모양과 리스 모양의 오아시스 틀에 꽃을 꽂아 사랑의 상징인 하트와 반지의 링 모양을 연출한다. 리본과 꽃으로 자동차 손잡이 부분을 장식하여 자동차 뒤의 꽃 장식이 서로 조화를 이루도록 한다. 자동차의 내부에는 운전하는 데 방해가 될 수 있으므로 꽃 장식을 되도록이면 안 하는 것이 좋고 보닛에도 너무 큰 장식물은 달지 않거나 시야를 가릴 만한 위치에는 달지 않는다.

▶
신랑과 신부의 이니셜을 이용한 꽃장식

꽃을 사용한 장식 테크닉

꽃을 선택할 때는 창의성을 발휘하도록 한다. 신랑의 이름을 써 본 후 신랑 이름의 영문 스펠링에서 힌트를 얻어 꽃의 이름과 꽃을 선택해 보고 신부의 부케에 넣도록 한다. 혹은 예전에 부모님이 결혼할 때 사용한 센터피스를 리폼하는 것도 흥미롭다. 혹은 커플이 만난 달의 대표적인 계절 꽃을 사용하는 것도 좋은 아이디어가 될 수 있다.

리본의 코디네이트는 웨딩 장식에서 대단히 중요하다. 부케, 코르사주, 센터피스에는 동일한 리본으로 폭이 다른 것을 사용하며, 와이어가 들어간 프렌치 리본을 묶어 주어 엘레강스하게 표현해도 좋다.

신부의 부케에 들어 있는 대표적인 꽃을 골라 센터피스에도 이용하고 아치를 만들 때 혹은 단상의 꽃 장식 등에 실크를 사용해서 더욱 감각적인 연출이 되게 한다.

벌룬이나 캔들도 꽃과 함께 이용한다. 고전적인 센터피스에는 벌룬을 첨가하기도 하는데, 벌룬 아치가 있다면 날리거나 떨어뜨리거나 해서 축하의 기분을 더해준다. 캔들에는 안전을 위하여 가리개를 해두도록 하는데, 캔들은 약간 어두운 식장에서는 한껏 매력을 더해준다.

Wedding Ceremonies

CHAPTER 14 **웨딩 예식**

웨딩은 리허설부터 시작해서 본 예식을 거쳐 리셉션까지를 일컫는다. 웨딩은 그렇기 때문에 세부적이고 치밀하게 계획되어야 한다. 미국에서의 웨딩은 실제로 예식 하루 전날부터가 실전이라고 할 수 있을 만큼 웨딩에 관련한 모든 일행이 예식장에 모여 예행연습을 하기도 한다. 우리나라의 혼례는 단순히 남자와 여자가 만나 부부가 된다는 의미말고도 새로운 가정을 이룬다는 뜻이 담겨 있는 매우 중요한 의례이다.

Wedding Ceremonies

웨딩 예식

서양 웨딩

웨딩 파티 일행의 구성

웨딩 파티wedding party라는 용어는 원래 우리가 흔히 생각하는 파티가 아니라 서양에서는 신랑·신부, 각각의 부모님, 신부 들러리, 신랑 들러리, 플라워 걸, 링 베어러 등의 일행을 총칭하는데, 각각의 역할은 다음과 같다.

브라이드 메이드

신부의 들러리로서 신부의 신변을 돌보는 사람을 말한다. 미국에서는 가까운 친구나 사촌 등이 담당하며 그녀의 의상을 브라이드 메이드 드레스bridesmaids dress라고 하며 같은 컬러의 드레스를 입는다. 이들 중의 미혼인 리더를 메이드 오브 오너maid of honor라고 부르고 리더가 기혼이면 메트런 오브 오너matron of honor라고 부른다.

어셔

어셔ushers는 신랑의 들러리로 미혼 남성이 역할을 담당하며 식순을 나누어주고 교회 등의 예식에서 웨딩 파티 일행이 입장할 때 에스코트 역할을 한다. 복장은 신랑에 준해서 턱시도를 입는다. 어셔의 리더를 베스트맨best man이라 부르며 반드시 미혼이어야 한다.

브라이드 메이드

어셔

플라워 걸

플라워 걸flower girl은 신랑·신부가 걷는 버진로드에 꽃을 뿌리며 입장하는 예쁜 여자아이로 우리나라에서는 화동이라고 부르기도 한다. 꽃을 뿌리는 것은 일종의 정화시킨다는 의미를 담고 있으며 구미에서는 실제로 꽃바구니나 플라워 볼flower ball 부케를 들고 꽃은 뿌리지 않고 버진로드를 걷기만 하는 경우도 있다.

링 베어러

링 베어러ring bearer는 링 필로우ring pillow, 링쿠션에 반지를 달거나 싣고 버진로드를 걸어 성직자에

플라워 걸

웨딩 파티 일행

게 반지를 건네는 역할을 하는 남자아이로 링에는 매치핀을 꽂아 거기에 링을 거는 방법이 일반적이다. 또한 실제로는 값비싼 진짜 결혼반지는 처음부터 메이드 오브 오너와 베스트 맨이 가지고 있고 이미테이션 반지를 걸고 버진로드를 걷거나 링 필로우만 가지고 걸어가 는 경우도 있다. 링보이ring boy라고 부르기도 한다.

트레인 베어러

트레인 베어러train bearer는 트레인이 매우 긴 드레스를 입은 신부가 버진로드를 걸을 때 그 위 에서 트레인을 잡는 역할을 하는 사람을 말하는데, 우리나라에서는 트레인을 면사포로 칭 한다.

성직자

성직자는 신랑·신부가 결혼할 때 증인이 되어 주는 사람을 말하는데, 평생을 함께하겠다 는 맹세의 증인으로 이해하면 된다. 베스트맨과 브라이드 오너가 증인으로 사인을 해도 성 직자 이외에는 증인으로 인정하지 않는 경우도 있다.

예식의 순서

웨딩 플래너의 완벽한 플래닝이 있다면 실전에서도 빛을 발할 수 있다. 예식 당일 플래너 는 신부의 외적 이미지와 관련한 코디네이트 업무는 물론 데커레이션 장식에서부터 포토그 래퍼, 유니티 캔들unity candle의 배치, 버진로드의 준비, 음악, 음향, 성직자와의 확인 등이 필 요하다. 예식회장에 들어오면 플래너는 신랑·신부, 참가자를 최종 확인하고 흥분한 신부를 케어하며, 웨딩·파티 일행의 최종 위치를 확인하고 음악의 스타트 신호를 보내 예식을 시작 한다.

가장 전통적인 입장곡은 바그너의 '브라이덜 코러스bridal chorus by Wagner'이고 퇴장곡은 멘델 스존의 '웨딩마치wedding march by Mendelssohn'이다. 전통적 예식의 방법을 순서대로 나열하면 초대 손님 입장→신랑 입장→신부와 신부 아버지 입장→서약→결혼 증명 서명→결혼 반지 교환→베일업 앤 키스veil up & kiss→결혼 성립 선언→신랑·신부 퇴장→초대 손님 퇴장이다.

▶
서양 웨딩

행렬

성직자, 신랑, 베스트맨은 먼저 재단에 위치한다. 일정한 간격을 두고 교회로 입장하는데, 우선 각각의 조부, 조모가 착석하고 신랑의 부모님, 마지막으로 신부의 어머니가 착석을 한다. 그들이 입장할 때 손을 잡고 에스코트해 주는 사람은 신랑 들러리여셔이다. 그리스도교에서 어셔를 그룸스맨groomsmen이라고도 하는데, 처음에 입장하여 재단의 가장 가까운 전면에 선다. 다음으로는 신부 들러리브라이드 메이드, 그 뒤에 메이드 오브 오너가 입장하는데, 남성이 먼저 입장하고 여성은 나중에 입장하게 된다. 그 다음에 신부가 아버지의 손을 잡고 입장하게 된다. 제단 앞에서 신부의 아버지는 딸의 손을 놓고 신랑에게로 인도해준다. 그리고 신부의 아버지는 신부의 어머니가 있는 맨 앞좌석으로 가서 그 옆에 앉도록 한다. 일반적으로 웨딩 파티 일행은 제단 또는 성직자의 앞에서 중앙 통로를 기준으로 나뉘며 중요한 역할을 맡은 사람이 중앙 근처에 있고 남성은 오른쪽으로, 여성은 왼쪽으로 나누어진다.

서약

서약은 웨딩에서는 무척 중요하다. 서약에 의해서 모든 예식과 파티가 가능하기 때문이다. "두 사람이 평생 함께할 것을 맹세하고"라는 말에 의해 시작된다. 서약 후에 커플은 반지를 교환하게 된다. 유대교식에서 결혼 반지는 보석이나 화려한 디자인이 아닌 소박한 것으로 한정한다.

퇴장

예식과 서약이 모두 끝나면 커플은 참석자쪽으로 향하게 되는데, 성직자는 처음으로 두 사람이 부부가 되었다고 소개하고 맹세의 키스를 하게 한다. 여기에서 음악은 포멀한 노래가 선택된다. 퇴장할 때는 신랑·신부 들러리가 각각 입장했던 처음과는 달리 그들도 각각 짝을 지어 퇴장하도록 하는데, 이것은 입장할 때 독신이었던 사람이 퇴장할 때 결혼한 커플이 되었다는 의미이다.

마지막으로 교회의 제일 끝에서 신랑, 신부, 양가 부모님, 메이드 오브 오너가 열을 지어 참석자에게 꽃을 준다. 또한 퇴장할 때 라이스 샤워 대신 버블비눗방울이나 한 사람씩 벨을 울려 축하하기도 한다.

종교별 예식 형태

예식의 70% 이상은 종교적이다. 몇 가지 콘셉트는 대부분 종교적인 것에서 기인한 것이며 성직자와 충분히 상담하여 적절하게 계획되어야 한다.

가톨릭교

결혼은 신이 인간에게 준 가장 엄숙하고 소중한 의식이므로 교회 자체도 미를 강조한 구조나 장식이 많다. 가톨릭catholic 예식은 미사를 포함해 약 1시간 30분 정도 걸리고 사제자는 신부priest라고 칭한다. 커플은 성체배령대 앞에 무릎 끓고 예수의 살과 피의 상징인 빵과 와인을 사제에게서 받아 배령하여 신의 축복을 받는다. 또한 신부의 어머니가 성모 마리아에게 꽃다발을 바치기도 한다.

프로테스탄트교

프로테스탄트교protestant의 결혼은 두 사람이 서로 사랑하고 신과 주위 사람들에게 축복을 받을 수 있어야 한다. 사제자는 목사minister라 칭하며 예식에는 신랑·신부 모두 그리스도를 기리도록 한다. 예식은 30분~1시간 내외이다.

▶
종교별 예식 형태

유대교

시너고그synagogue라고 불리는 유대교jewish의 예배당에서 이루어지며 기둥이 꽃으로 장식된 추파chuppah 안에 사제자로 불리는 랍비rabbi가 들어가고 우선 신랑과 부모님이 입장하고 추파의 밑에 선 다음에 신부와 부모님이 입장하고 신랑의 가족도 합류하게 된다.

4명의 부모님은 추파의 네 귀퉁이에 각각 한 사람씩 서고 신랑·신부가 추파 안으로 들어가는 모습을 지켜보게 된다. 추파는 4개의 기둥으로 이루어져 있는데, 신랑·신부의 새 보

▶
유대교의 예식 형태

금자리를 상징하는 것으로 부모가 귀퉁이에서 지켜본다는 의미를 담고 있다. 때로 추파 안에는 메이드 오브 오너와 베스트맨이 들어가서 신랑·신부 각각의 옆에 서는 경우도 있다. 유대교 웨딩은 부모님을 모시고 입장하며 케투바ketubah라는 서약서를 사용하여 신랑이 사인을 한다. 예식이 끝나고 추파를 나올 때 신랑은 손수건이나 냅킨으로 싼 와인글라스를 힘껏 발로 밟아 깨는데, 그것은 이제부터 가정을 지킨다는 강한 남성을 의미하며 유대교도가 박해를 받던 시대의 노예해방이자 기쁨의 상징이라고 알려져 있다.

이슬람교

이슬람Islam은 양도한다는 의미가 있으며 이슬람교의 신자를 총칭하는 무슬림muslim은 코란의 경전에 있는 대로 아랍의 신에게 양도된다. 즉, 정신적으로 귀속되는 것을 의미하는데, 예식은 오피스에서 법률상의 서명과 종교상의 계약으로 이루어진다. 신부에게는 가장 가까운 친척남성이 신부의 승낙 하에 신랑과 계약서에 대해 교섭을 하고 금·은, 현금이나 선물과 같은 혼수가 신부의 장래를 보장하기 위해 제공되며 축하연이 벌어진다. 축하연은 며칠 동안 계속되며 신부의 손발에 '헨나도료'라고 하는 붉은 액체를 사용한 전통적 칠을 한다. 마지막 밤에는 흰색의 드레스를 입은 신부와 신랑이 왕좌 느낌의 큰 의자에 앉게 된다.

신도

일본에 있는 신앙으로 신도shinto의 예식은 작은 규모의 비공개로 행해진다. 예식 중에 신랑과 신부는 서로 잔을 주고받으며 리셉션이 시작되면 신부는 시로무쿠라고 불리는 일본의 전통 혼례복을 벗고 기모노나 웨딩드레스로 갈아입는다.

시빌웨딩

시빌웨딩civil wedding은 전통적인 웨딩에서 종교적 요소를 배제하고 법률적 부분을 충족시키기 위해 하는데, 각 주에서는 담당자가 정해져 있다. 가장 일반적으로는 재판관이나 행정관, 판사 등의 결혼을 증명할 수 있는 발언 권리가 있는 사람들로 구성된다.

예식에 필요한 용어

결혼식에는 다양한 의미가 있는 물건이 있는데, 이를 살펴보면 다음과 같다.

섬싱 포

섬싱 포something four는 4가지의 중요한 것something을 몸에 지니고 예식에 임하면 행복해진다는 것으로 낡은 물건something old은 가족애를 상징하고 새로운 물건something new은 미래를 상징한다. 빌린 물건something borrow은 이웃사랑의 상징이며 푸른빛 물건something blue은 순결, 정조의 상징이 된다.

럭키 코인

영국 엘리자베스 여왕의 즉위를 기념하여 만든 6펜스 코인lucky coin은 실제 화폐로 사용되던 것으로 당시 신부들은 왼쪽 신발 안에 코인을 넣고 결혼식을 올리면 행복해진다고 믿었다. 현재 그 코인을 화폐로 쓰는 경우는 거의 없지만 오늘날에도 코인을 신발 속에 넣는 풍습은 계속되고 있다.

키프 세이크 북

키프 세이크 북keepsake book은 신랑·신부 두 사람이 만나게 된 경위부터 예식에 이르기까지의 일기장, 예식 당일의 방명록, 두 사람의 가계도, 신혼여행 사진 등 모든 추억을 헤아려 볼 수 있는 소중한 책이다. 신부는 이것을 잘 묶어서 실크 전용봉투에 넣어 일생 동안 간직하게 된다.

유니티 캔들

유니티 캔들unity candle은 제단에 마련된 3개의 캔들로 왼쪽에는 신부의 가족을 상징하고 오른쪽에는 신랑의 가족을 상징한다. 신부의 어머니가 왼쪽에 불을 붙이고 신랑의 어머니가 오른쪽에 불을 붙인 후 신랑·신부는 맹세의 말을 주고 받는다. 결혼반지 교환 때에는 각각의 어머니가 붙인 캔들을 가지고 중앙의 캔들에 불을 붙이는데, 두 사람이 예수 그리스도 앞에서 하나가 되었다는 뜻이다.

전통 혼례

혼례는 결혼이라는 일정한 의식을 거쳐 사회적으로 공인받는 통과의례로 남자와 여자가 만나 부부가 되고 새로운 가정을 이룬다는 중요한 의미가 담겨 있다. 요즈음 사용하는 혼인이라는 말의 혼婚은 장가든다는 뜻이고 인姻은 여자가 시집을 간다는 뜻이 담겨 있다. 옛날에 남자와 여자가 짝을 지어 부부가 되는 것은 양과 음이 만난 것이므로 그 의식의 시간도 양인 낮과 음인 밤이 만나는 해가 저무는 시간에 거행했기 때문에 날 저물 혼婚자를 써서 혼례라고 했다. 오늘날에는 전통적인 의례 대신에 계약과 구입으로 형식을 갖추는 편이며 대부분 서양식의 결혼식을 선호하기도 하나 뜻이 있는 젊은이들에 의해 조금씩 전통 혼례도 되살아나고 있는 편이다.

전통 혼례 테이블 세팅

혼례 절차

《사례편람》에 따르면 전통 혼례는 신랑·신부 두 집안이 서로 혼인을 합의하는 의혼을 시작으로 사주를 보내고 혼인 날짜를 정하는 납채, 혼수와 혼서, 물목을 보내는 납폐, 그리고 최종적으로 혼인식을 올리는 친영 등 여러 단계의 과정을 거친다. 이 혼례과정 중 가장 중요한 친영례는 '대례'라고도 한다.

혼담은 신랑 집에서 신부 집에 청혼을 하고 신부 측이 허혼하는 절차를 말한다. 납채는 신랑 집에서 신부 집에 혼인을 정했다고 알리는 것으로 신랑의 생년월일시四星를 적어 신부 집에 보내는 것이다.

납기는 신부 집에서 신랑 집에 혼인 날짜를 택일해서 알리는 것을 말한다. 납폐納幣는 신랑 집에서 신부 집으로 예물을 보내는 절차이다.

대례는 신랑이 신부 집에 가서 부부가 되는 의식을 행하는 절차를 말하며 전인례→교배례→서천지례→서배우례→합근례의 순서로 이루어진다. 전인례는 혼인식의 첫 번째 순서로 신랑이 신부 집에 가서 백년해로를 다짐하는 뜻으로 나무 기러기를 드리는 의식이다. 기러기는 사랑의 약속, 부부의 의, 훌륭한 삶의 3가지 덕목을 일컫는다. 교배례는 초례청에서 신랑·신부가 처음으로 나누는 상견례로서 서로 맞절을 하며 백년해로를 서약한다. 합근례는 신랑·신부가 한 표주박을 둘로 나눈 잔에 술을 따라 마시는 의례로 신랑과 신부가 부부의 인연을 맺었다는 것을 의미하며 근배례라고도 한다. 우귀례는 신부가 신랑을 따라 시댁으로 들어가는 것을 말한다.

전통 혼례 상차림

봉채떡

혼례식 전에 신부 집에서 함을 받기 위해 만드는 떡으로 이 떡을 봉치떡이라고도 한다. 함이 들어올 시간에 맞추어 찐 찹쌀 시루떡이다. 찹쌀은 부부의 금실이 찰떡처럼 잘 화합하기를 기원하는 뜻이 있으며 붉은 팥고물은 액을 면하기를 기원하는 의미를 담고 있다. 예전에는 신랑 집에서도 봉채떡을 만들어 신부 집에 보내기도 했다. 이 떡은 대문 밖으로 나가지 않는 풍습이 있어 그날 모인 일가친척이 다 먹어야 하기 때문에 많은 양을 하지 않는다.

동뢰상

대례상, 초례상, 교배상, 독대상, 행례상, 혼례상, 지암상이라고도 한다. 붉은 칠을 한 고족상을 놓는데, 이것을 동뢰상이라고 한다. 신랑이 신부 집으로 와서 혼례를 하는데, 신부 집에서 혼인 예식을 치르기 위해 안대청이나 안마당에 동뢰상을 차린다.

상차림은 지방마다 다르고 동쪽에는 대나무를, 서쪽에는 소나무를 놓고 각각 굽이 있는 그릇에 밤, 대추, 흰콩, 붉은팥을 담고 백편을 용 모양으로 만들어 황룡 및 청룡으로 물감을 칠하여 황룡은 동쪽에, 청룡을 서쪽에 두고 좌우에 홍촉, 청촉을 켠다. 흰달떡과 색떡도 놓고 청홍색 보자기에 싼 자웅의 닭을 남북으로 갈라놓는다. 《국조오례의》를 보면 찬품은 7가지를 넘지 말아야 하고 서민은 5가지를 넘지 말아야 한다고 했다. 대례상에는 장수, 건강, 다산, 부부금실 등을 상징하는 음식과 물품이 올려진다.

큰상

회혼 등의 축의 때 차리는 것으로 사람이 일생에 몇 번 받아볼 수 없는 가장 성대하고 화려한 상차림이다. 혼례식이 끝나면 신부 집에서 신랑에게 큰상을 차려주며 신부 역시 신혼여행에서 돌아오면 시댁에서 차려주는 큰상을 받을 수 있었다. 이때 남녀가 서로 유별하던 조선 시대에는 신랑과 신부의 친지들을 각각 따로 접대하는 연석이 있었다.

신부연석

혼인을 마치고 신혼여행을 다녀온 신부에게 시댁에서 앞으로 잘 부탁한다는 의미로 차려주는 큰상을 말한다. 큰상의 이미지는 화사하고 고운 이미지로 연출했다. 예전에는 신부의 독상으로 차렸지만 현재는 신혼부부와 시댁 식구들이 함께 모여 상을 받기도 하는 편이다.

폐백 상차림

폐백은 혼례를 치르고 나서 대추, 밤 등을 차려 놓고 시부모와 시댁 식구들에게 처음으로 인사를 드리는 의식으로 가풍에 따라 진행된다. 신랑·신부의 절을 받은 시아버지가 폐백 대추를, 시어머니는 폐백포를 며느리의 흉허물을 덮어준다는 뜻으로 주는 것에서 유래되었다.

폐백 음식은 시부모를 비롯한 시댁의 여러 친척에게 인사드리는 예를 행할 때 신부 집에서 마련하는 음식을 말한다. 각 지방과 집안마다 풍습에 따라 다소 차이가 있지만 일반적으로 대추와 편포로 한다. 서울의 경우 육포와 대추고임, 구절판 등 3가지가 기본이며 여기에 술과 닭을 더하기도 한다. 원래 서울 지방에서는 폐백닭을 하지 않았으나 요즈음에는 폐백닭을 상에 올린다.

신랑·신부의 절을 받은 시부모의 경우 대추와 밤을 던져주는 것도 본례가 아니다. 전라도의 경우 대추와 함께 꿩 폐백을, 경상도의 경우 대추와 함께 닭 폐백을 한다. 폐백 음식인 대추, 밤, 은행 등은 자손 번영, 수명장수, 부귀다남을 의미이며, 육포와 닭은 시부모님을 받들어 공경한다는 의미를 지닌다. 또한 이바지 음식이라고 하는 폐백 음식은 딸을 시집 보내는 친정 부모의 조심스런 마음과 시댁 어른을 예우하는 뜻을 담아 정성과 예가 있어야 한다. 이바지의 옛말은 '이바디'로, 잔치를 하여 '이받다'라고 하는데, 힘들게 만들어 음식을 보낸다는 의미도 있다. 폐백 음식을 받은 시댁에서도 사흘근친을 보낼 때 그에 대한 보답으로

폐백 상차림

얼마간의 음식을 보내어 사돈 간의 정을 주고받았으며 이바지 음식으로 잔치에 오신 손님을 대접했다.

회혼례 상차림

혼례를 올리고 나서 만 60년을 해로한 해를 회혼이라고 한다. 이때는 처음 혼례를 치르던 것을 생각하여 신랑·신부 복장을 하고 자손들로부터 축하를 받으며 의식도 혼례 때와 같이 한다. 다만, 자식들이 헌주를 하고 권주가와 음식을 권한다는 것이 조금 다르다. 큰상을 받은 당사자는 잔치가 치러지는 동안에 고임으로 차려진 음식을 먹을 수 없기 때문에 고임 뒤에 당사자가 먹을 수 있게끔 입맷상을 차린다.

큰상 차림

큰상 차림의 주식은 국수로 하고 교자상에 차리는 요리 등을 주인공 앞에 늘어놓고 편, 숙과, 생과, 유과 등을 높이 괴어 상 앞쪽에 색을 맞추어 배상한다. 괴는 음식은 계절이나 가풍에 따라 다르다. 유밀과로는 만두과, 다식과, 약과, 한과 등이 있고 강정은 깨강정, 세반강정, 실백강정, 매화강정 등이 있으며 송화다식, 흑임자다식, 밤다식 등의 다식류와 옥춘, 팔보당, 온당, 줄병, 원당 등의 사탕이 쓰인다. 또 사과, 배, 귤, 감, 생율, 대추, 호두, 은행, 실백, 곶감 등 생·건과와 각종 정과연근, 생강, 모과, 동아, 청매, 문동, 산사정과, 밤초와 백편, 꿀편, 화전, 주악, 단자 같은 편류, 문어오림, 어포, 육포, 건전복 등의 어물, 편육, 전유어, 전복초, 홍합초 등의 초, 닭적, 육적 등을 쓰는데, 예전에는 높이의 치수와 접시 수를 홀수로 하는 관습이 있었다.

손님상

국수장국과 편육 등의 음식으로 장국상을 차렸으며, 이때 국수는 메밀국수를 주로 했다. 계절마다 내놓는 국수의 종류는 차이가 있었다. 봄에는 도미국수를, 여름에는 메밀국수를, 겨울에는 국수장국을 차렸다.

문헌

국제파티협회(2011). **파티플래너 길라잡이.** 수학사.

김경애 외(2007). **플라워 & 테이블디자인.** 교문사.

김수인(2006). **푸드코디네이트개론.** 한국외식정보.

김영애(2012). **홍차, 그 화려한 유혹.** 차의 세계.

김정철 외(2006). **결혼문화 따라잡기.** 백산출판사.

김준철(2000). **국제화시대의 양주상식.** 노문사.

김진국 외(2013). **최신와인학개론.** 백산출판사.

김진숙 외(2012). **테이블코디네이트.** 백산출판사.

로이 스트롱 저, 강주현 역(2005). **권력자들의 만찬.** 넥서스북.

문기영(2014). **홍차수업.** 글항아리

문화관광부(2000). **한국전통음식.** 도서출판 창조문화.

박서영(2013). **홍차의 나날들.** 디자인이음.

박정혜(2006). **조선시대 궁중기록화연구.** 일지사.

백승범 외(2011). **The Party.** 백산출판사.

식공간연구회(2008). **테이블 코디네이트의 역사.** 교문사

안경모 외(2005). **이벤트 기획전략.** 백산출판사

오경화 외(2004). **테이블 코디네이트.** 교문사.

유한나 외(2010). **색채와 디자인.** 백산출판사.

윤영주 외(2008). **파티플래너 이론과 실제.** 시대고시기획.

윤현 외(2009). **파티플래닝 기획서 작성방법.** 21C 가교.

이경모(2002). **이벤트학 원론.** 백산출판사.

이경목(2008). **파티마케팅.** 팜파스.

이미혜 외(2012). **파티이벤트.** 대왕사.

이선영 외(2012). **About Party.** 한올.

이유주(2004). **식공간디자인 양식사.** 경춘사.

이유주(2006). **테이블 플라워디자인.** 경춘사.

장옥경(2007). **화훼장식가를 위한 색채학.** 도서출판 국제

정곡선사(1999). **중원의 차.** 도서출판 다움

정지수(2009). **이미지메이킹 파워.** 백산출판사.

정지수(2010). **웨딩테이블 데코레이션.** 교문사.

정현숙 외(2012). **세계 식생활문화 이해.** 양서원.

조연용(2009). **플라워 디자인.** 솔과학.

조은정(2010). **테이블코디네이션(식공간개론).** 국제.

주나미 외(2011). **음식과 공간미학.** 파워북.

Cha Tea(2014). **영국 찻잔의 역사 홍차로 풀어보는 영국사.** 한국티소믈리에연구원.

최동열(2006). **연회실무.** 백산출판사.

최예선(2009). **홍차 느리게 매혹되다.** 모요사.
하보숙(2014). **홍차의 거의 모든 것.** 열린 세상.
한복진(2002). **조선왕조 궁중음식.** 화산문화.
황규선(2007). **테이블 디자인.** 교문사.
황규선(2008). **소중한 날의 상차림.** 교문사.
황재선(2003). **푸드코디네이션.** 교문사.

Elizabeth & Alex Liuch(2002). *Easy Wedding Planning Plus.* Wedding Solutions Publishing Inc.
Jennifer Tung(2005). *In Style Parties.* Melcher Media Inc.
古屋典子(2001). パリ色の食卓－21世紀のテーブルコーディネート. 株式一社　講談社.
今田美奈子(2001). 貴婦人が愛した食卓芸術. 角川書店.

논문

김상희(2011). 레스토랑유형별 감성적, 식공간 연출이 고객감정반응, 만족 및 행동의도에 미치는 영향. 세종대학교 대학원 박사학위논문.
김선경(2011). 조선시대 궁중연회에서 화훼에 관한 연구. 경기대학교대학원 석사학위논문.
김선희(2004). 파티플래닝 고객인지도 비교에 관한 연구. 세종대학교대학원 석사학위논문.
김유나(2008). 조선시대 궁중연회 상차림의 조형연구. 대진대학교대학원 석사학위논문.
오현근(2007). 클럽파티문화의 효율적 운영방안에 관한 실증적 연구. 동국대학교대학원 석사학위논문.
이선미(2001). 라이프스타일 연출을 위한 테이블 데커레이션의 구성원리에 관한 연구. 숙명여자대학교대학원 석사학위논문.
이수정 외(2010). 라이프스타일의 변화에 따른 식공간디자인에 관한 연구. 한국화예디자인학회.
정지수(2006). 파티참가자의 만족도에 관한 연구. 한국이벤트컨벤션학회.
정지수(2012). 파티플래닝 구성요소가 학습자의 평가, 만족 및 충성도에 미치는 영향. 동국대학교대학원 박사학위논문.
홍종숙(2001). 도자식기를 위한 테이블코디네이션 연구. 서울산업대학교대학원 석사학위논문.

ABC협회(2007). *Wedding as a business American Wedding.* Association of bridal consultants USA.
Bridget Jones(2002). *Party Food.* Hermes House.
Carole Hamilton(2004). *The Sublime Wedding.* Collins & Brown.
Jaclyn C. Hirsschhaut(2000). *Wedding Organizer.* Chronicle Books LLC.

그림 출처

68쪽 – 장 미셸 모로. 훌륭한 저녁식사.
244쪽 – 파울로 베네세네. 가나의 혼인 잔치.
246쪽 좌 – 프랑수아 부셰. 퐁파두르 부인의 초상.
　　　우 – 엘리자베스 루이스 비제 르브룅. 장미를 들고 있는 마리 앙투아네트 왕비.
247쪽 좌 – 프란츠 사버 빈터할터. 빅토리아 여왕의 초상.
　　　우 – 메리 엘렌 베스트. 요크의 식당.

정지수

동국대학교 호텔관광경영학 박사
국내 1호 파티 플래너
인천문예전문학교 학장
아시아식문화페스티벌 조직위원장
한국이벤트컨벤션학회 이사
한국식문화예술협회 이사
한국식공간디자인포럼 이사
한국화훼장식학회 이사
제이에스키친파티 대표

테이블 코디네이트 _웨딩 앤 파티

2015년 2월 23일 초판 인쇄 | 2015년 2월 28일 초판 발행

지은이 정지수 | **펴낸이** 류제동 | **펴낸곳 교문사**

전무이사 양계성 | **편집부장** 모은영 | **책임진행** 손선일 | **디자인** 신나리 | **본문편집** 우은영
제작 김선형 | **홍보** 김미선 | **영업** 이진석·정용섭 | **출력·인쇄** 삼신인쇄 | **제본** 한진제본

주소 (413-120) 경기도 파주시 문발로 116 | **전화** 031-955-6111 | **팩스** 031-955-0955
홈페이지 www.kyomunsa.co.kr | **E-mail** webmaster@kyomunsa.co.kr
등록 1960. 10. 28. 제406-2006-000035호
ISBN 978-89-363-1466-8(93590) | 값 25,000원